国防工业出版社

"十二五"国家重点出版规划项目

《航天器和导弹制导、导航与控制》丛书　Spacecraft Guided Missile

顾问　陆元九　屠善澄　梁思礼

主任委员　吴宏鑫

副主任委员　房建成

国防科技图书出版基金

杨孟飞　华更新　冯彦君　龚　健　编著

航天器控制计算机容错技术

Fault Tolerance Techniques for Spacecraft Control Computer

国防工业出版社

National Defense Industry Press

图书在版编目(CIP)数据

航天器控制计算机容错技术 / 杨孟飞等编著. —北京：
国防工业出版社,2014.3
（航天器和导弹制导、导航与控制丛书）
ISBN 978 – 7 – 118 – 09074 – 1

Ⅰ．①航... Ⅱ．①杨... Ⅲ．①航天器 – 飞行控制 –
电子计算机 – 容错技术 Ⅳ．①V448.2②TP302.8

中国版本图书馆 CIP 数据核字(2014)第 031262 号

航天器控制计算机容错技术

编 著 者　杨孟飞　华更新　冯彦君　龚　健
责 任 编 辑　王　华
出 版 发 行　国防工业出版社(010 – 88540717　010 – 88540777)
地 址 邮 编　北京市海淀区紫竹院南路 23 号,100048
经　　　　售　新华书店
印　　　　刷　北京嘉恒彩色印刷有限责任公司
开　　　　本　710 ×960　1/16
印　　　　张　20½
印　　　　数　1 – 2500 册
字　　　　数　305 千字
版 　印 　次　2014 年 3 月第 1 版第 1 次印刷

定　　　价　98.00 元　　　　　　　　　（本书如有印装错误,我社负责调换）

致读者

本书由国防科技图书出版基金资助出版。

国防科技图书出版工作是国防科技事业的一个重要方面。优秀的国防科技图书既是国防科技成果的一部分,又是国防科技水平的重要标志。为了促进国防科技和武器装备建设事业的发展,加强社会主义物质文明和精神文明建设,培养优秀科技人才,确保国防科技优秀图书的出版,原国防科工委于1988年初决定每年拨出专款,设立国防科技图书出版基金,成立评审委员会,扶持、审定出版国防科技优秀图书。

国防科技图书出版基金资助的对象是:

1. 在国防科学技术领域中,学术水平高,内容有创见,在学科上居领先地位的基础科学理论图书;在工程技术理论方面有突破的应用科学专著。

2. 学术思想新颖,内容具体、实用,对国防科技和武器装备发展具有较大推动作用的专著;密切结合国防现代化和武器装备现代化需要的高新技术内容的专著。

3. 有重要发展前景和有重大开拓使用价值,密切结合国防现代化和武器装备现代化需要的新工艺、新材料内容的专著。

4. 填补目前我国科技领域空白并具有军事应用前景的薄弱学科和边缘学科的科技图书。

国防科技图书出版基金评审委员会在总装备部的领导下开展工作,负责掌握出版基金的使用方向,评审受理的图书选题,决定资助的图书选题和资助金额,以及决定中断或取消资助等。经评审给予资助的图书,由总装备部国防工业出版社列选出版。

国防科技事业已经取得了举世瞩目的成就。国防科技图书承担着记载和弘扬这些成就,积累和传播科技知识的使命。在改革开放的新形势下,原国防科工委率先设立出版基金,扶持出版科技图书,这是一项具有深远意义的创举。此举势必促使国防科技图书的出版随着国防科技事业的发展更加兴旺。

设立出版基金是一件新生事物,是对出版工作的一项改革。因而,评审工作需要不断地摸索、认真地总结和及时地改进,这样,才能使有限的基金发挥出巨大的效能。评审工作更需要国防科技和武器装备建设战线广大科技工作者、专家、教授,以及社会各界朋友的热情支持。

让我们携起手来,为祖国昌盛、科技腾飞、出版繁荣而共同奋斗!

国防科技图书出版基金

评审委员会

《航天器和导弹制导、导航与控制》
丛书编委会

顾　　　问　　陆元九*　　屠善澄*　　梁思礼*

主 任 委 员　　吴宏鑫*

副主任委员　　房建成
（执行主任）

■ 委员（按姓氏笔画排序）

马广富	王　华	王　辉	王　巍*	王子才*
王晓东	史忠科	包为民*	邢海鹰	任　章
任子西	刘　宇	刘良栋	刘建业	汤国建
孙承启	孙柏林	孙敬良*	孙富春	孙增圻
严卫钢	李俊峰	李济生*	李铁寿	杨树兴
杨维廉	吴　忠	吴宏鑫*	吴森堂	余梦伦*
张广军*	张天序	张为华	张春明	张弈群
张履谦*	陆宇平	陈士橹*	陈义庆	陈定昌*

陈祖贵　　周　军　　周东华　　房建成　　孟执中 *
段广仁　　侯建文　　姚　郁　　秦子增　　夏永江
徐世杰　　殷兴良　　高晓颖　　郭　雷 *　　郭　雷
唐应恒　　黄　琳 *　　黄培康 *　　黄瑞松 *　　曹喜滨
崔平远　　梁晋才 *　　韩　潮　　曾广商 *　　樊尚春
魏春岭

常务委员（按姓氏笔画排序）

任子西　　孙柏林　　吴　忠　　吴宏鑫 *　　吴森堂
张天序　　陈定昌 *　　周　军　　房建成　　孟执中 *
姚　郁　　夏永江　　高晓颖　　郭　雷　　黄瑞松 *
魏春岭

秘　书　全　伟　　宁晓琳　　崔培玲　　孙津济　　郑　丹

注：人名有 * 者均为院士。

总 序

航天器(Spacecraft)是指在地球大气层以外的宇宙空间(太空),按照天体力学的规律运行,执行探索、开发或利用太空及天体等特定任务的飞行器,例如人造地球卫星、飞船、深空探测器等。导弹(Guided Missile)是指携带有效载荷,依靠自身动力装置推进,由制导和导航系统导引控制飞行航迹,导向目标的飞行器,如战略/战术导弹、运载火箭等。

航天器和导弹技术是现代科学技术中发展最快、最引人注目的高新技术之一。它们的出现使人类的活动领域从地球扩展到太空,无论是从军事还是从和平利用空间的角度都使人类的认识发生了极其重大的变化。

制导、导航与控制(Guidance Navigation and Control,GNC)是实现航天器和导弹飞行性能的系统技术,是飞行器技术最复杂的核心技术之一,是集自动控制、计算机、精密机械、仪器仪表以及数学、力学、光学和电子学等多领域于一体的前沿交叉科学技术。

中国航天事业历经 50 多年的努力,在航天器和导弹的制导、导航与控制技术领域取得了辉煌的成就,达到了世界先进水平。这些成就不仅为增强国防实力和促进经济发展起了重大作用,而且也促进了相关领域科学技术的进步和发展。

1987 年出版的《导弹与航天丛书》以工程应用为主,体现了工程的系统性和实用性,是我国航天科技队伍 30 年心血凝聚的精神和智慧成果,是多种专业技术工作者通力合作的产物。此后 20 余年,我国航天器和导弹的制导、导航与控制技术又有了突飞猛进的发展,取得了许多创新性成果,这些成果是航天器和导弹的制导、导航与控制领域的新理论、新方法和新技术的集中体现。为适应新形势的需要,我们决定组织撰写出版《航天器和导弹制导、导航与控制》丛书。本丛书以基础性、前瞻性和创新性研究成果为主,突出工程应用中的关键技术。这套丛书不仅是新理论、新方法、新技术的总结与提炼,而且希望推动这些理论、方法和技术在工程中推广应用,更希望通过"产、学、研、用"相结合的方式使我国制导、导航与控制技术研究取得更大进步。

本丛书分两个部分:第一部分是制导、导航与控制的理论和方法;第二部分是制导、导航与控制的系统和器部件技术。

本丛书的作者主要来自北京航空航天大学、哈尔滨工业大学、西北工业大学、国防科学技术大学、清华大学、北京理工大学、华中科技大学和南京航空航天大学等高等学校,中国航天科技集团公司和中国航天科工集团公司所属的研究院所,以及"宇航智能控制技术"、"空间智能控制技术"、"飞行控制一体化技术"、"惯性技术"和"航天飞行力学技术"等国家级重点实验室,而且大多为该领域的优秀中青年学术带头人及其创新团队的成员。他们根据丛书编委会总体设计要求,从不同角度将自己研究的创新成果,包括一批获国家和省部级发明奖与科技进步奖的成果撰写成书,每本书均具有鲜明的创新特色和前瞻性。本丛书既可为从事相关专业技术研究和应用领域的工程技术人员提供参考,也可作为相关专业的高年级本科生和研究生的教材及参考书。

为了撰写好该丛书,特别聘请了本领域德高望重的陆元九院士、屠善澄院士和梁思礼院士担任丛书编委会顾问。编委会由本领域各方面的知名专家和学者组成,编著人员在组织和技术工作上付出了很多心血。本丛书得到了中国人民解放军总装备部国防科技图书出版基金资助和国防工业出版社的大力支持。在此一并表示衷心感谢!

期望这套丛书能对我国航天器和导弹的制导、导航与控制技术的人才培养及创新性成果的工程应用发挥积极作用,进一步促进我国航天事业迈向新的更高的目标。

丛书编委会

2010 年 8 月

前　言

　　控制计算机是航天器控制系统的核心部件之一，随着空间技术的发展，其功能日趋复杂，加之在空间应用中空间环境尤其是辐射环境的影响，对计算机的可靠性提出了更高的要求。因此，在实际的航天器设计中，为了提高控制计算机的可靠性，需要采用多种容错技术。美国 NASA 从 20 世纪 60 年代开始在航天器上采用容错计算机系统，例如 STAR（Self-Testing And Repairing）容错计算机。我国从 20 世纪 70 年代开始研制航天器容错计算机，并于 20 世纪 80 年代由北京控制工程研究所首次在卫星上采用容错控制计算机，成功实现在轨飞行。此后，容错技术在控制计算机中大量采用，并为航天器型号任务的成功做出了巨大的贡献。

　　本书针对容错技术在航天领域的重要性，介绍了我国航天器控制计算机研究和设计中所用到的容错技术，既涵盖了基本理论知识，也包括了工程实践中采用的方法和案例。全书共分为 8 章：第 1 章为绪论，概述了容错技术的基本概念和理论，针对航天器控制计算机的特点分析了空间环境及其影响，介绍了容错技术的发展历史并进行了展望。第 2 章结合我国的航天器型号和工程实践介绍了容错计算机的体系结构以及关键技术。第 3 章给出了常用的故障模型，在此基础上介绍了计算孔关键部件的故障检测技术。第 4 章介绍了航天器控制计算机中几种常用总线的容错技术，主要包括 1553B 总线、CAN 总线、SpaceWire 总线等。第 5 章介绍了软件容错的概念和基本原理，并重点讨论了单版本容错、多版本容错和基于数据多样性容错等多种具体软件容错方法。第 6 章针对空间辐射对 FPGA 的影响，重点介绍了 SRAM 型 FPGA 的故障模型和动态容错方法。第 7 章结合实际的工程实践介绍了故障注入相关技术，主要包括几类故障注入方法、故障注入评价方法及故障注入工具。第 8 章智能容错技术，是容错技术的最新进展，重点介绍了以可进化硬件容错和人工免疫硬件容错为代表的两种智能容错技术的基本概念和原理，以及具体的实现方法。

本书由杨孟飞、华更新、冯彦君和龚健进行策划。杨孟飞、龚健和冯彦君参加了第 1 章的编著，杨孟飞、冯彦君和龚健参加了第 2 章的编著，杨孟飞和龚健参加了第 3 章的编著，华更新、杨孟飞、冯彦君和龚健参加了第 4 章的编著，冯彦君和杨孟飞参加了第 5 章的编著，刘鸿瑾、杨孟飞和龚健参加第 6 章的编著，华更新和宫经刚参加了第 7 章的编著，龚健、杨孟飞和董旸旸参加了第 8 章的编著。全书由龚健和冯彦君进行格式和图表整理，最后由杨孟飞负责审校和定稿。

在本书的编著过程中，得到了北京控制工程研究所领导、专家和同事的大力支持和帮助，在此表示衷心感谢。同时，衷心感谢吴宏鑫院士的鼓励和帮助，衷心感谢张笃周、袁利、王大轶、丁诚、顾斌、吴一帆、杨桦、刘波、陈朝晖、刘淑芬、陆晓野、王磊、赵卫华、王嵘、袁艺、张少林等领导和同事的支持。本书的出版得到了国防科技图书出版基金的资助，在此表示衷心感谢。

本书内容不仅是作者对实际工作的总结，也融入了作者的研究心得，力图全面反映我国在航天器控制计算机容错技术领域的先进水平。本书理论联系实际，专业性较强，可作为从事各种高可靠计算机，特别是航天器计算机和电子系统研究和设计人员的参考用书，也可作为从事该方向研究的研究生教材。

限于作者的水平，书中难免存有欠妥和谬误之处，敬请读者指正。

编著者

2013 年 6 月

目 录
CONTENTS

第 1 章
绪　论

　　控制计算机是航天器控制系统的重要组成部分,其可靠性对航天器至关重要,控制计算机能否正常运行往往决定整个航天任务的成败。在飞行任务中,航天器暴露在复杂恶劣的空间环境中,并且要在无人维护的条件下长时间运行,这对控制计算机的可靠性提出了很高的要求。为了提高可靠性,在实际的控制计算机设计中需要采用多种容错技术。本章针对航天器控制计算机的特点及其可靠性要求,首先概述容错技术的基本概念和基础理论,然后分析空间环境、指出容错技术在航天器控制计算机中的重要性,最后总结容错技术的发展现状并进行展望。

▶ 1.1　容错技术的基本概念和理论

　　容错技术是保证航天器控制计算机可靠性的重要技术途径,其核心是用各种冗余手段来实现整个系统可靠性的提高。本节简要介绍容错技术的基本概念以及相关的基本理论。

1.1.1　基本概念

　　容错是容忍故障的简称,是指部件或子系统的故障不引起整个系统的失效,其最基本的思想就是采用低可靠的部件实现高可靠的系统。容错计算机系统是指在发生硬件故障或存在软件错误的情况下仍能继续正确完成指定任务的计算机系统。设计与分析容错计算机系统的各种技术称为容错技术。有关计算机容错技术的各种理论和实际的研究,称为容错计算(Fault Tolerant Computing)。

系统的可靠性保证很大程度依赖于容错技术的采用。在讨论容错技术之前,首先需要弄清容错技术中使用的几个基本概念:

(1)故障(Fault):指系统的硬件中发生的物理缺陷、设计制造的不完善或软件中隐含的错误。

(2)差错(Error):指系统中由于故障而造成的信息或状态的不正确。

(3)失效(Failure):指系统未能正确提供预先指定的服务。

故障可隐性存在或显性表现,差错则是故障导致并表现出的一种后果,失效是指系统由于某种原因而导致其不能完成应有的功能。系统表现出的差错可能使系统失效,也可能不失效。也就是说,存在有一定故障和差错的系统仍有可能完成其固有的功能,容错技术理论就是建立在上述概念的基础之上。由于这三者之间没有明显的界限,有时统称为故障(失效)。

故障依据其表现形式又可分为几种,如图 1-1 所示。永久故障是指系统中的部件出现永久性的失效。瞬时故障是指只在某些时间引起系统中部件的失效。间歇故障是指系统中部件的故障重复地出现,有时有,有时没有。当没有故障的时候,系统运行正常;当存在故障的时候,部件失效。仅仅引起某部件无效的故障称为良性的,这种故障是较容易处理的。恶性故障是更加险恶的情况,会导致某部件

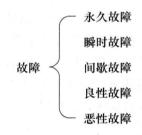

图 1-1　故障的分类

看起来正常但实际是错误的,或者使得器件发生不良的作用并把不同的值传递到不同的接收者。

目前,容错的策略主要有以下三种:

(1)第一种是故障屏蔽,它是一种通过冗余设计防止故障引入到系统的方式,故障的存在对系统运行是透明的,不产生影响,该种方式主要应用于对可靠性、实时性要求高的系统中。主要的方式有存储器纠错码和多数表决方

式,这一方式也称为静态冗余。

(2)第二种是重构,它是通过对故障系统的移除,并重新恢复系统的运行,其过程包括:故障检测——确认存在故障,它是实现故障恢复的必要条件;故障定位——确定故障的位置;故障隔离——隔离故障防止故障传播到系统的其他部分;最后是故障恢复——通过重构系统实现,使系统重新恢复正常运行。这种方式也称为动态冗余。

(3)第三种容错策略是上述两种方式的混合,即在一个系统中既有静态冗余又有动态冗余,通过两种方式的结合,实现系统的容错。

此外,通过对系统的功能分析,在不同的故障情况时,可以采用降级冗余。由于降级冗余实际上是系统功能的减少或不完整,因此在此不再赘述。

从上面可以看到,实现容错的关键是冗余,没有冗余就没有容错,冗余有两种类型,时间冗余和空间冗余。时间冗余是通过系统重复执行来实现的,空间冗余是通过多版本计算机资源来实现的。计算机系统的容错是通过这两种冗余实现的。

冗余实际上是在系统完成正常功能之外,为了得到对故障的容忍而增加的额外资源。容错技术中的两种冗余类型又可具体分为四种冗余形式,即硬件冗余、软件冗余、信息冗余和时间冗余。硬件故障一般采用硬件、信息和时间冗余来解决,而软件则采用软件冗余或时间冗余来解决。

(1)硬件冗余:是在系统中增加额外的硬件资源来克服故障带来的影响。例如,相对一个处理器,可以用相同的两个处理器来实现相同的功能,通过两个处理器比较,可以发现处理器的故障。如果有三个处理器,则可以通过多数表决,来屏蔽一个处理器的故障,三机多数表决是一个典型的静态冗余的例子。也可以由多个硬件冗余构成动态容错系统,此时备份部分用于代替失效的部件。如果静态和动态冗余结合在一起则可以构成混合冗余。硬件冗余涵盖从简单的备份到复杂的容错系统结构范围,是目前广泛采用的、最基本的一种冗余方式,实际上也与其他三种冗余相关,它们都需要额外的资源。

(2)软件冗余:是增加额外的软件来实现故障检测和容错的功能。基于不同的人不会同时犯同一错误的原理,希望通过不同的团队研发不同版本的方式来实现容错,这种设计的多样性可以使软件对于同一输入数据不会产生同样的错误。

（3）信息冗余：是增加额外的信息来实现容错功能，例如纠错码就是典型的信息冗余方式。信息冗余需要硬件冗余来实现检测错位。

（4）时间冗余：是以时间为代价，来实现系统的故障检测和容错。例如在同样的硬件上重复执行同样的程序，又例如重要程序运行结果的三取二就是一种典型的时间冗余方式。

冗余必然牵涉到额外资源的增加，因此对系统的性能、大小、重量、功能和可靠性均有影响。高可靠计算机系统的实现必然要以资源的增加为代价，因此设计一个高可靠的计算机系统时，要针对不同的应用要求，综合平衡，合理选择冗余方式和容错结构。一个高可靠的控制计算机往往是上述四种冗余方式综合运用的结果。本书综合了容错技术的内容，从系统结构、故障检测、总线、软件、现场可编程门阵列（Field Programmable Gate Array，FPGA）故障注入方面展开讨论，并对智能容错技术进行介绍，力争全面反映控制计算机容错方面的研究和应用情况。

1.1.2　可靠性理论

1.1.2.1　可靠性度量指标

设计一个计算机容错系统，需要进行定性和定量的分析和评估，与此相关的主要指标有可靠性、可用性、可维护性、安全性、保能性和可测性六个方面，对应每个方面都有一个定性指标和一个定量指标进行描述。

1. 可靠性（Reliability）与可靠度（$R(t)$）

可靠性是指系统在规定条件下、规定时间内，完成规定功能的能力。对可靠性的度量是可靠度，其定义如下：设 t_0 时刻系统正常，则系统在时间 $[t_0,t]$ 内正常的条件概率称为它在 t 时刻的可靠度，记为 $R(t)$；设 t_0 时刻系统正常，则系统在时间 $[t_0,t]$ 内不能正常工作的条件概率称为它在 t 时刻的不可靠度，记为 $F(t)$。系统的可靠度与不可靠度有如下关系：

$$R(t) + F(t) = 1$$

根据系统的不可靠度可以计算系统的故障概率密度函数 $f(t)$，即 $f(t) = \dfrac{\mathrm{d}F(t)}{\mathrm{d}t}$。

2. 可用性（Avaliability）与可用度（$A(t)$）

可用性是指系统在某时刻处于正常运行状态的能力。对可用性的度量是可用度,其定义如下:系统在时刻 t 的可用度是指在该时刻处于正常运行状态的概率,记为 $A(t)$,也称瞬时可用度,它的数学期望称为稳态可用度。

3. 可维护性(Maintainability)与可维度($M(t)$)

可维护性是指在规定条件下运行的系统,在规定的时间内、按照规定的程序和方法进行维修时,能够保持或恢复到规定功能的能力。对可维护性的度量是可维度,其定义如下:系统可维度 $M(t)$ 是系统在 t_0 失效后,在时间 $[t_0,t]$ 内被修复的概率。

4. 安全性(Safety)和安全度($S(t)$)

安全性是指系统工作或即使失效也不危及人和设备安全的性能。对安全性的度量是安全度,其定义如下:设时刻 t_0 系统正常,系统在时刻 t 的安全度 $S(t)$ 等于在整个 $[t_0,t]$ 时间内系统正常工作的概率 $R(t)$ 加上系统在时刻 t 处于失效安全状态的条件概率。所谓失效安全是指中断正常的功能,但不危及人的生命。可见,可靠性高,安全性就高;但反之,安全性高,可靠性不一定就高。

5. 保能性(Performability)与保能度($P(L,t)$)

保能性是指即使系统中出现故障也保持部分功能,并缓慢降级的性能。对保能性的度量是保能度,其定义如下:保能度 $P(L,t)$ 是系统在 t 时刻,其性能保持在 L 级水平或 L 级以上水平运行的概率。可靠性要求系统执行全部功能,保能性要求系统执行部分功能。

6. 可测性(Testability)与可测度

可测性是指系统易于测试、检测和定位故障,即测试的难易程度,测试生成的复杂程度。目前,可测度的定义还不统一,一般以测试成本进行度量。

总而言之,容错是系统正确执行功能的能力,即使系统中存在故障。容错技术使系统更加可靠,是实现系统可靠的重要手段。在上述六个指标中,可靠性和可用性是最重要的两个方面,因此在本书的讨论中,主要涉及这两个指标。

由于可靠性 $R(t)$ 表示系统在 $[t_0,t]$ 时间内连续运行的概率,因此与平均无故障时间(Mean Time To Failure, MTTF)和两次故障之间的时间(Mean Time Between Failure, MTBF)密切相关。MTTF 是系统平均无故障运行时间,即系统运行到失效的平均时间。MTTF 是不可修产品故障前工作时间的数学期望,即

$$\text{MTTF} = \int_0^\infty t \cdot f(t)\,\mathrm{d}t = -\int_0^\infty t \cdot \mathrm{d}R(t)$$

$$= -\left[tR(t)\right]_0^\infty + \int_0^\infty R(t)\,\mathrm{d}t = \int_0^\infty R(t)\,\mathrm{d}t$$

当系统的寿命服从指数分布时，即 $f(t)$ 为常数 λ，$R(t) = \mathrm{e}^{-\lambda t}$，则有 $\text{MTTF} = \int_0^\infty \mathrm{e}^{-\lambda t}\,\mathrm{d}t = \dfrac{1}{\lambda}$。

而 MTBF 是两次失效之间的平均时间，对可修产品而言，是两次相邻故障平均时间。MTTF 和 MTBF 的区别是：如果系统的恢复时间用 MTTR 表示，则它们之间的关系是：MTBF = MTTF + MTTR。

可用度 $A(t)$ 是在 $[0,t]$ 时间内，系统的可用部分比例（正常运行所占的比例）。它可由 MTBF、MTTF 和 MTTR 计算得到，即 $A(t) = \text{MTTF/MTBF} = \text{MTTF}/(\text{MTTF} + \text{MTTR})$。

通过 MTTF 和 MTBF 定义也可以验证可靠性和可用性并不具有正相关性，即可用性高的系统可靠性并不一定高。例如一系统 1h 失效一次，恢复时间为 1s，这样的系统 MTBF 仅为 1h，比较低，但可用度 $A = 3599/3600 = 0.99972$。

1.1.2.2　可靠性模型

在进行计算机系统设计时，为了计算、分析和比较可靠性，常需要用可靠性模型。可靠性模型主要有串联、并联、多模冗余等，下面分别进行介绍。

1. 串联模型

系统所有组成单元中任一单元的故障都会导致整个系统故障，这种系统称为串联系统，其可靠性模型为串联模型。这种模型是最常用的可靠性模型之一，其可靠性框图如图 1 - 2 所示。

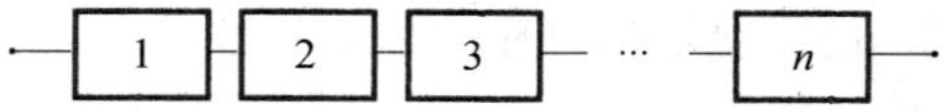

图 1 - 2　串联模型的可靠性框图

在串联系统中，如果各单元的寿命均服从指数分布，则串联模型的数学模型可用下式表示：

$$R(t) = \prod_{i=1}^{n} R_i(t) = \prod_{i=1}^{n} \mathrm{e}^{-\int_0^t \lambda_i(t)\,\mathrm{d}t} \tag{1 - 1}$$

式中:$R(t)$是系统的可靠度;$R_i(t)$是各单元的可靠度;$\lambda_i(t)$是各单元的故障率;n是组成系统的单元数。当各单元的寿命分布均为指数分布时,系统的寿命也服从指数分布,系统的故障率λ为系统中各单元的故障率λ_i之和,可表示如下:

$$\lambda = -\frac{\ln(R(t))}{t} = -\sum_{i=1}^{n}\frac{\ln(R_i(t))}{t} = \sum_{i=1}^{n}\lambda_i$$

系统的平均故障间隔时间为

$$\text{MTBF} = \frac{1}{\lambda} = \frac{1}{\sum_{i=1}^{n}\lambda_i}$$

由式(1-1)可见,系统的可靠度是各单元可靠度的乘积,单元越多,系统可靠度越小。从设计方面考虑,为提高串联系统的可靠性,可以采取以下措施:

(1)尽可能减少串联单元个数;

(2)提高单元的可靠性,降低其故障率$\lambda_i(t)$;

(3)缩短工作时间t。

2. 并联模型

组成系统的所有单元都发生故障时,系统才发生故障,这样的系统称为并联系统,其可靠性模型为并联模型。并联模型是最简单的有储备模型,也是最常用的可靠性模型之一,其可靠性框图如图1-3所示。

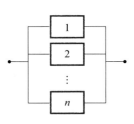

并联模型的数学模型为

$$R(t) = 1 - \prod_{i=1}^{n}(1 - R_i(t)) \qquad (1-2)$$

图1-3 并联模型的可靠性框图

式中:$R(t)$是系统的可靠度;$R_i(t)$是各单元的可靠度;n是组成系统的单元数。

当系统中各单元的寿命分布为指数分布时,对于最常用的两单元并联系统,有

$$R(t) = e^{-\lambda_1 t} + e^{-\lambda_2 t} - e^{-(\lambda_1 + \lambda_2)t}$$

$$\lambda(t) = \frac{\lambda_1 e^{-\lambda_1 t} + \lambda_2 e^{-\lambda_2 t} - (\lambda_1 + \lambda_2)e^{-(\lambda_1 + \lambda_2)t}}{e^{-\lambda_1 t} + e^{-\lambda_2 t} - e^{-(\lambda_1 + \lambda_2)t}}$$

由式(1-2)可见,尽管单元故障率 λ_1、λ_2 都是常数,但并联系统的故障串 λ 不再是常数。当系统各单元的寿命分布为指数分布时,对于 n 个相同单元并联系统,有

$$R(t) = 1 - (1 - e^{-\lambda t})^n$$

与无储备的单个单元相比,系统可靠度有明显提高,尤其是 $n=2$ 时,可靠度的提高更显著。但当并联单元过多时,可靠度提高的速度减慢。

3. **多模冗余($r/n(G)$)模型**

在 n 个单元及一个表决器组成的表决系统中,当表决器正常时,正常的单元数不小于 $r(1 \leqslant r \leqslant n)$ 系统就不会发生故障,这样的系统称为 $r/n(G)$ 表决系统,其可靠性模型为 $r/n(G)$ 模型。$r/n(G)$ 模型是工作储备模型的一种形式,其可靠性框图如图 1-4 所示。

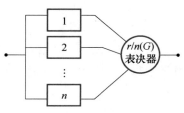

图 1-4 $r/n(G)$ 模型的可靠性框图

$r/n(G)$ 系统的数学模型为

$$R(t) = R_m \sum_{i=r}^{n} C_n^i R(t)^i (1 - R(t))^{n-i}$$

式中:$R(t)$ 是系统的可靠度,$R(t)^i$ 是系统组成单元(各单元相同)的可靠度;R_m 是表决器的可靠度。当各单元的可靠度是时间的函数,且寿命服从故障率为 λ 的指数分布时,$r/n(G)$ 系统的可靠度为

$$R(t) = R_m \sum_{i=r}^{n} C_n^i e^{-i\lambda t} (1 - e^{-\lambda t})^{n-i}$$

在 $r/n(G)$ 系统中,当 n 为奇数(令其为 $2k+1$),且系统的正常单元数大于或等于 $k+1$ 时系统才正常,这样的系统称为多数表决系统。多数表决系统是 $r/n(G)$ 系统的一种特例,三中取二系统是常用的多数表决系统。

当表决器可靠度为 1,组成单元的故障率均为常值 λ 时,其数学模型为

$$R(t) = 3e^{-2\lambda t} - 2e^{-3\lambda t}$$

此时若 $r=1$,则 $1/n(G)$ 即为并联系统,系统可靠度为 $R(t) = 1 - (1 - R(t))^n$;若 $r=n$,则 $n/n(G)$ 即为串联系统,系统可靠度为 $R(t) = R(t)^n$。

▶ 1.2　航天器控制计算机面临的空间环境

在太空中,空间计算机面临复杂的空间环境,包括力、热、空间辐射等,并且难以维护,这些特点给计算机带来了严峻挑战,导致在轨故障时有发生,这使得容错技术在航天器控制计算机中特别重要。

☑ 1.2.1　空间环境介绍

1.2.1.1　太阳辐射

太阳辐射是空间辐射环境中最活跃和最主要的因素,经长期观测,依据粒子能量和通量的不同,将太阳活动分为缓变型太阳活动和爆发型太阳活动,它们的辐射影响不尽相同。

缓变型太阳活动期间,日冕持续不断地向外膨胀,发射出速度为 300 ~ 900km/s 的太阳风,其主要成分为电子和质子,占 95% 以上,氦离子约占 4.8%,其他离子含量甚少。太阳风中低能粒子通量较大,高能粒子通量极低。在太阳低年宁静期,1AU[①] 处的粒子主要由大量低能太阳风和极少量银河宇宙射线(Galactic Cosmic Rays,GCR)组成。

爆发型太阳活动主要包括日冕物质抛射(Coronal Mass Ejection,CME)和耀斑爆发,有时也称为太阳粒子事件(Solar Particle Event,SPE)、太阳质子事件、相对论质子事件等。爆发型太阳活动期间,大量的带电粒子流、高能射线进入太空,高能粒子流的速度高达 2000km/s 以上,在爆发型太阳最剧烈的 5min 里,1AU 处的粒子主要由高能粒子组成,其通量比太阳低年宁静期高出几个数量级。

太阳活动周期为 11 年,CME 和耀斑等爆发型太阳活动在太阳活动低年发生概率较小,在活动峰年发生概率极大。与相对恒定的缓变型活动相比,爆发型活动属于小概率事件,持续时间极短,总能量小,但功率极高,其高能粒子通量比缓变型活动剧增了数个数量级,对航天电子设备和宇航员具有极大的破坏性,因此一直是太空辐射领域的研究重点。

---

① AU 为天文距离单位,等于太阳到地球的距离,约等于 150000000km。

在上述两类太阳活动中,伴随着离子发射,还有行星际磁场发射,爆发型太阳活动发射的行星际磁场强度极高,到达地球时和地磁场相互作用,会对低轨卫星甚至地球环境造成影响。

1.2.1.2 银河宇宙射线

GCR 源自太阳系外,其特点是离子密度极小、能量极高、各向同性。GCR 的成分为 83% 的质子、13% 的氦离子、3% 的电子和 1% 的其他高能离子,GCR 的总能量和通量极低。在太阳活动低年,GCR 通量略有提高,反之略有下降。

1.2.1.3 捕获带

太阳发射的行星际磁场和地球磁场相互作用,导致地球磁层发生变形,向日一侧被压缩,背日一侧被拉长,受惠于地磁场的作用,本来射向地球的带电离子大都偏离原来的方向,沿磁尾方向离开地球,使得万物生息。该作用使得地磁层很像一个拖着长尾巴的彗星,如图 1-5 所示。

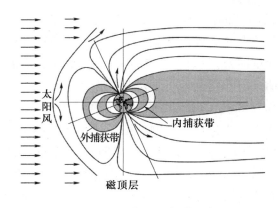

图 1-5 地磁场和辐射带示意图

侥幸穿过磁层顶的高能离子到达地球附近时,被地球磁场捕获,形成环绕地球的、以地球南北极为轴的内/外捕获带(类似洋葱),捕获带最早被范·艾伦(Van Allen)发现,也称为范艾伦辐射带。内捕获带位于子午平面上的纬度边界约为 $\pm 40°$ 的壳形空间内(该壳形空间在赤道上空的高度范围为 $1.2L \sim 2.5L$,L 为地球半径,约为 6371km,$L=1$ 表示在地球表面),内捕获带主要由质子和电子组成。外捕获带位于子午平面上的纬度边界约为 $\pm 55° \sim \pm 70°$ 的壳形空间内(该壳形空间在赤道上空的高度为 $2.8L \sim 12L$),捕获带内质子和电子的通量与空间位置的关系如图 1-6 和图 1-7 所示。

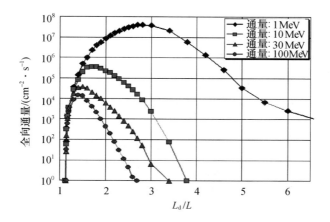

图 1-6　质子捕获带的能谱

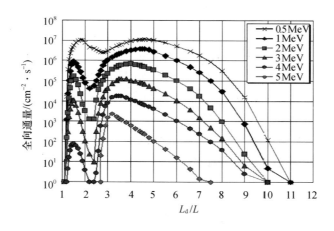

图 1-7　赤道上空电子分布

　　由于地球磁场强度不均匀,在南大西洋地区形成一个负异常区,在该区200km 左右的高度即有高能质子存在。此外,在两极地区由于磁力线的聚积作用,导致极区高能粒子的通量增大。

　　在没有爆发型太阳活动时,捕获带内高能粒子的组成和分布相对稳定。当爆发型太阳活动发生,或行星际磁场对地球磁场产生扰动时,捕获带内高能粒子的能谱和通量将会激增,且捕获带更靠近地球,从而导致地球卫星甚至是地面电气设施的故障。

1.2.1.4 次级辐射

当本源高能粒子穿过航天器材料时,会发生核反应,激发出次级粒子和射线,包括穿透力强的韧致辐射和中子。

1.2.1.5 空间外带电和内带电

外带电的原因主要是等离子体和光电效应,由于等离子体中电子的质量远小于其他粒子的质量,电子的运动速度将远高于其他粒子的速度。当卫星刚沉浸在等离子体中、未充电时,首先会有大量高速运动的电子和少量低速的其他离子沉积在卫星表面,形成电子收集电流 I_e 和离子收集电流 I_i;材料表面在入射电子和离子作用下产生次级辐射电子和离子,形成沉积的辐射离子电流 I_{si} 和离开的辐射电子电流 I_{se};电子入射到材料表面时,由于相互之间的碰撞,会产生反射电子,形成反射电子电流 I_b;如果材料处于光照区,表面会射出光电子,形成光电子电流 I_p。因此,材料表面总电流 $I_t = I_e - (I_i + I_{si} + I_{se} + I_b + I_p)$。充电开始时,由于电子运动速度高,总电流主要以电子收集电流为主,卫星表面将形成负电位,并不断降低,随着电位降低,卫星表面对电子的排斥力和对离子的吸引力加大,使总电流趋于零,此时即形成了相对于等离子体为负的平衡电位,即"绝对外带电"。表面电位与等离子体密度和能量相关,研究表明在 100eV 和 300eV 的等离子体中,卫星表面电位分别达 $-270V$ 和 $-830V$。由于高轨为热等离子体环境、极轨有大量高能沉积电子,而非极轨的低轨道(Low Earth Orbit,LEO)为冷等离子体环境,因此高轨和极轨处卫星的表面负电位比非极轨 LEO 卫星要严重得多。在卫星迎光面,持续的光线照射使得光电作用产生的电子不断逃离卫星表面,卫星迎光面逐渐呈现几伏至几十伏的正电位,而背光面仍存在较高的负电位,导致两区域间存在巨大的静电电位差,即"相对外带电",这是卫星在进入或离开地影区的时候容易损伤的原因。

内带电的原因为:能量大于 50keV 的电子可以穿透航天器蒙皮,驻留于深层不良导体或孤立导体,形成内带电。由于高能电子在高轨和极轨的通量较大,因此这些轨道卫星内带电问题更严重,此外,在 CME 和耀斑爆发时,高能电子的通量剧增且持续时间较长,也会造成严重的内带电。

1.2.1.6 辐射环境小结

空间天然辐射环境由多种粒子组成,其能量和通量连续,其中既有相对稳定的因素,如太阳风、捕获带和 GCR,又有太阳耀斑和 CME 等爆发因素。威尔松(Wilson)等人粗略地给出了空间环境的组成离子和能谱,如图 1-8 所示。

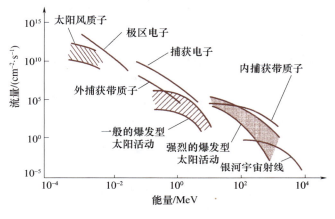

图 1-8 空间辐射环境

1.2.1.7 其他空间环境

除空间辐射外,在空间中还面对一些独特的空间环境及其负面效应,包括:

(1)真空环境:卫星在轨运行阶段,电子设备所处气压极低,即处于"真空"状态;在发射和返回段,电子设备所处气压是个渐变的过程。

(2)热环境:卫星向阳面和背阴面的温差极大,此外由于处在真空环境,一般只能通过传导和辐射两种方式进行热控,常规的对流热控方式已经失效,这给电子设备的热控带来了新的挑战。

(3)原子氧、空间碎片等。

1.2.2 空间环境的损伤效应分析

上述空间环境会对电子计算机和电子设备造成永久和瞬时、间歇故障,损伤效应分为总剂量效应(Total Ionization Dose,TID)、单粒子效应(Single Event Effect,SEE)、内外带电损伤效应、位移损伤(DD)效应,以及其他损伤效应。

1.2.2.1 总剂量效应

当高能粒子射入金属氧化物半导体(Metal Oxide Semiconduetor,MOS)或双极性器件时,与氧化物(SiO_2)发生作用,使之电离,产生大量电子空穴对,这些电子空穴对具有复合和漂移两种运动趋势。没有外加电场时,复合的趋势较强;有外加电场时,电子和空穴沿电场方向相向运动,由于电子的迁移率非常高,能很快离开氧化物,从而使得空穴得以在氧化物内累积,形成栅氧空穴捕获。电场强度越大,电子迁移率越高、栅氧捕获越强,这是加电元器件的 TID 损伤比不加电元器件受损严重的原因。

在电场作用下,还会在 Si – SiO$_2$ 界面形成界面捕获。对于 N 通道金属氧化物半导体(Negative Metal Oxide Semiconductor, NMOS),当 $V_g > 0$V 时,界面捕获为负性电荷累积;对于 P 通道金属氧化物半导体(Positive Metal Oxide Semiconductor, PMOS),当 $V_g < 0$V 时,界面捕获为正性电荷累积。

栅氧和界面捕获在器件功能区寄生了额外的电场,导致阈值电压 V_{th} 和传输延时 T_{pd} 漂移、静态电流 I_{cc} 增加、晶体管放大系数衰减等一系列损伤。当损伤超过一定限度时,会造成器件失效。

在辐射前期,栅氧捕获是主要影响因素,随着时间推移,界面捕获将占主导地位,因此,PMOS 的 V_{th} 为单调漂移,而 NMOS 的 V_{th} 开始为负漂移、然后为正偏移,表现出"反弹现象"。

栅氧捕获常温即可退火,在高温(如 100℃)时能加速退火,是可恢复性损伤;界面捕获累积速度慢,电荷捕获非常稳定,在常温和栅氧捕获能退火普通高温条件下不会退火,在某些偏置条件下甚至会加剧界面捕获的影响,从而加剧总剂量损伤,是难恢复或不可恢复损伤。

1.2.2.2 单粒子效应

SEE 损伤的因果链为:高能粒子引起的等离子体径迹⇒电荷在径迹内的流动⇒寄生器件或薄弱环节被激活⇒导致各类损伤。根据单粒子引起的结果不同,又可以单粒子效应分为单粒子闩锁(Single Event Latchup, SEL)、单粒子翻转(Single Event Upset, SEU)、单粒子烧毁(Single Event Burnout, SEB)等多种类型。

1. 单粒子闩锁

发生单粒子闩锁(SEL)的外因是:当单个高能粒子射入 Si 和 SiO$_2$ 等区域时,高能粒子径迹附近会发生强烈的瞬态电离,形成瞬态等离子体,可以形象地将径迹称为"瞬态等离子体针",在"等离子体针"消失前,如果"等离子体针"范围内有电势差存在,就会有电流流过。

发生 SEL 的内因是:互补金属氧化物半导体(Complementary Metal Oxide Semiconductor,CMOS)电路中寄生着双极性晶体管构成的 PNPN 器件,以图1-9(a)中的非门为例,P 衬底上 NMOS 的 n+、P 衬底的 p- 及 N 阱的 n+ 接触垫可以构成水平的寄生 NPN 晶体管 V_{sub},N 阱上 PMOS 的 p+、N 阱的 n- 及 P 衬底的 p+ 接触垫可以构成垂直的寄生 PNP 晶体管 V_{well};图1-9(b)为寄生 PNPN 的等效电路,其中 R_{well} 和 R_{sub} 分别为阱接触和衬底接触的寄生电阻。

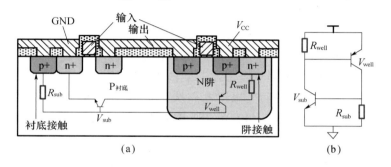

图1-9　PNPN 器件

(a) 非门截面图;(b) 等效电路。

正常情况下,V_{sub} 和 V_{well} 集电结零偏、发射结正偏,处于截止状态,此时 V_{CC} 和 GND 之间具有很高的阻抗。当高能粒子射入阱和衬底之间时,阱和衬底之间就会出现短时间的导通,由于电势差的存在,在阱和衬底之间就有电流流过,从而在寄生的 R_{well} 和 R_{sub} 上形成电压降,造成 V_{sub} 的发射结正偏,当正偏电压足够大时,就会使得 V_{sub} 导通,V_{sub} 的导通又会导致 V_{well} 的导通,从而使得 PNPN 进入正反馈,此时 V_{CC} 和 GND 呈现低阻态,如没有限流措施,低阻态产生的大电流可将器件内金属线熔断,造成永久性损伤。

寄生 PNPN 结构是 CMOS 电路特有损伤模式,CMOS 闩锁发生有三个条件:①PNPN 结构的回路增益 β 必须大于1;②必须存在合适激励,满足激活寄生晶体管需要有恰当偏置和足够启动电流的条件,使得闩锁正反馈得以开始;③电路电源必须提供足够的电流,使得闩锁正反馈得以维持。在实际的 CMOS 芯片上,有许多可能参与闩锁的寄生电阻和寄生双极性晶体管,会形成比图1-9更复杂的寄生电路,随寄生电路参数组合不同,闩锁电流大小差别很大。

关闭状态的 NMOS 管会发生 SES(Single Event Snapback)损伤,其等效电路为单个 NMOS 管的 n+源和 n+漏与下部的直接基材(衬底或阱)形成水平寄生 NPN 的双极性晶体管①以及基极上的寄生电阻,当重离子打入源时,由于源对衬底有电压存在,寄生电阻上会有电流和电压降,从而满足激活寄生双极性晶体管(BJT)发射结正偏、集电结反偏的放大条件;同时,源对衬底的电压会在寄生电阻上提供维持寄生 BJT 导通的电流,维持寄生 BJT 的导通状态。长时间较强的 BJT 导通电流会导致 NMOS 管的热损伤,造成永久伤害。

2. 单粒子翻转、扰动和功能中断(SEU、SET、SEFI)

SEU 机理如下:当等离子体径迹附近存在电势差时,会引起电荷的转移,当电荷转移足够大时,将引起相关单元逻辑状态改变,即逻辑翻转。字节中单个位翻转称为 SEU,当一个字节发生多位翻转时,称为多位翻转。以图 1 - 10 中 SRAM 单元为例,当重离子轰击左下侧的 NMOS 管、并致其导通时,会导致 A 点因接地而从 1 变 0,进而会导致 B 点从 0 变 1。除 SRAM 外,触发器、锁存器等时序逻辑器件也会发生 SEU 故障。事实上,由于器件结构非常复杂,实际的 SEU 的故障机理比图 1 - 10 更为复杂。

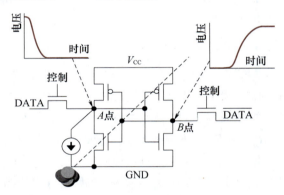

图 1 - 10 SEU 损伤的物理本质

当位翻转发生在器件的控制或配置单元(如网络协议芯片的工作模式选择寄存器、CPU 的寻址寄存器、FPGA 的配置单元)时,配置单元的翻转会导致器件功能错误,即发生了单粒子功能中断(Single Event Functional Interrupt,SEFI)。

当重离子轰击在模拟器件的敏感器,会导致模拟信号的瞬态扰动,超过一定程度的瞬态扰动会导致电路误动作,即发生单粒子瞬态扰动(Single Event Transient Effect,SET),显见 SET 和 SEU 的内在物理机制相同。

---

① 因此 Snapback 也称为单晶体管闩锁(Single Transistor Latchup)。

3. 功率器件的损毁

在功率型金属氧化物半导体场效应管(MOSFET)中,为了提高电流强度,常采用成千上万个并联的 MOS 管,或源漏接触面积大的条状 MOS 管,单个 MOS 管的拓扑结构如图 1−11 所示。源与其下的衬底之间形成了一个垂直的寄生 NPN 双极性晶体管 BJT[①],其中发射极为 n + 源,基极为 p 阱,集电极为 n 外延衬底。

当 MOSFET 关断时,源处于高压状态,如高能粒子穿过该高压源区(寄生 BJT 的发射极),就会激发垂直寄生 BJT,MOSFET 的高压将导致寄生 BJT 发射极和集电极之间有大电流流过,进而造成高压 n + 源的热击穿、直至熔化,即发生单粒子烧毁(SEB);而当功率 MOSFET 导通时,源和漏之间有泄放通路时,不会导致 SEB。功率 BJT 和 MOSFET 寄生的 BJT 结构相同,因此在功率型高压 BJT 中也存在 SEB 问题。由损伤机理可知,高电压是 SEB 的必要条件,工作于低电压的功率型 MOSFET、BJT,以及低电压逻辑 MOS 管都不会发生 SEB,这也是防护 SEB 的一种有效措施。

此外,当功率 MOS 管关断时,还会发生单粒子栅击穿(Single Event Gate Rupture,SEGR)损伤。如图 1−12(a)所示,当重离子轰击在栅极下侧时,衬底内的径迹附近将产生高密度等离子体,在电场作用下,电子空穴对相向漂移,形成图 1−12(b)所示的电荷累积。此时,栅氧类似具有大量电荷累积的电容,当电容两端压差足够高时,会击穿栅氧结构,从而造成不可恢复的物理损伤。

 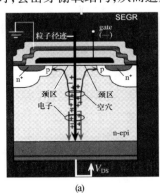 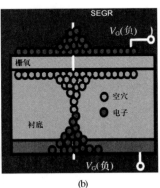

(a) (b)

图 1−11 MOSFET 寄生
BJT 结构导致的单粒子烧毁

图 1−12 SEGR 损伤的物理本质

---

① 与 SEL 的水平加垂直寄生结构、SES 的水平寄生结构不同。

4. 单粒子固定位故障

随着工艺提高,单个晶体管特征尺寸已减小到与单个高能重粒子的电离径迹大小相当,单个高能粒子撞击集成电路所沉积的局部剂量已能够造成单个 MOS 管失效于某固定状态,不能响应正常的偏置变化,这就是单粒子固定位故障,也称为微剂量效应。

1.2.2.3 内外带电损伤效应

带电损伤的因果链为:辐射环境⇒内外带电⇒静电放电(ESD)⇒各种损伤。绝对外带电不会造成损害,而相对外带电和内带电则会有 ESD 放电,形成强电流、强电磁干扰(EMI),使模拟器件出现虚假信号、数字信号出现逻辑翻转,导致 CMOS 器件闩锁。

1.2.2.4 位移损伤效应

当高能粒子入射到电子元器件及材料时,它可以充分地靠近被辐射材料晶格原子的原子核,与原子核产生库仑弹性碰撞,晶格原子在碰撞过程中得到机械能,离开它正常的位置,从而形成器件功能部位的晶格缺陷。如果入射高能粒子能量足够大,将会使晶格内大量原子发生位移,形成大的缺陷簇。晶格缺陷会导致器件性能参数(晶体管放大系数、太阳电池和 CCD 等光电敏感器件的转换效率)退化,缺陷逐步累积,直至器件丧失功能,因此位移损伤属于累积效应。

位移损伤与 TID 损伤表现类似,但本质不同:①损伤机理不同,TID 通过电离损失能量而导致器件损伤,位移损伤通过机械能量传递损失能量而导致器件损伤,属于非电离能量损失(NIEL);②位移损伤对象主要包括双极性器件、太阳电池和 CCD 等光电敏感器件,而 TID 损伤对象更广;③TID 与器件加电状况有关,位移损伤与加电与否无关。

1.2.2.5 其他损伤效应

真空及真空放电:真空放电效应一般发生在 $10^3 \sim 10^{-1}$ Pa 低真空范围,低真空放电主要影响上升或返回阶段加电工作的电子仪器,如返回式卫星的导航、制导和控制(Guidance, Navigation and Control, GNC)控制计算机。当真空度达到 1×10^{-2} Pa 或更高时,会形成微放电、电晕放电等,微放电和电晕放电对卫星电源系统具有较大的破坏作用。

上述空间环境是空间计算机系统所必须面对的,为了减缓这种空间环境所造成的影响,提高系统可靠性,确保任务成功,在航天器控制计算机中必须采用容错技术。

1.3 容错技术发展状况及其展望

随着计算机的迅速发展,其应用领域不断扩大。目前,计算机已经广泛应用在航空航天、国防、金融和工业控制等领域,人们对计算机的依赖性越来越强,如在航天应用方面,由于绝大部分系统不可维修,一旦计算机发生故障,将会带来巨大的损失甚至灾难,所以人们希望自己所使用的计算机系统是个高可靠的系统,即使发生了故障也能够正常工作或者基本正常工作,至少不产生严重后果。计算机容错技术正是在这种需求的牵引下产生和发展起来的。

计算机容错技术理论的提出最早始于冯·诺依曼提出的用低可靠性器件以冗余方式构造高可靠性的系统。第一代计算机(1946—1957 年)由电子管、继电器和延迟线存储器等构成,由于这些元件的失效率相当高,且容易受瞬时故障的影响,造成系统的平均无故障时间很短,只有几分钟到两三个小时,为此需要采用故障检测和恢复技术,例如该时期的 IBM 650、UNIVAC 等计算机均采用奇偶校验等措施来提高可靠性。容错技术在航天领域的应用开始于 20 世纪 60 年代。60 年代中后期,美国喷气与推进实验室(JPL)为"阿波罗"(Apollo)计划研制的容错计算机 STAR(Self-Testing And Repairing)投入运行,采用故障检测模块来发现故障,通过结果比较、卷回来屏蔽瞬态故障,通过替换永久故障单元来容忍永久故障,STAR 是早期容错计算机研发历史中的里程碑。这一时期典型的容错计算机还有 JPL 的"旅行者"(Voyager)深空探测卫星所采用的容错计算机,它采用了双机热备份动态冗余容错,通过交换信息来彼此监控,如果一台计算机发生故障,可采用自动或遥控方式由另一台接替计算任务,"旅行者"在太空运行了 35 年。这种动态冗余容错计算机结构在后续型号中广泛应用。

20 世纪 80 年代的航天飞机容错计算机是又一典型之作,该容错计算机由四台同构单机和一台异构单机组成,同构单机由一个 CPU 和一个 IOP 组成,其中 CPU 完成任务解算,IOP 完成对外输入输出。在关键任务阶段,四台同构单机同时运行,一个错误的同构单机被选举机构所屏蔽掩盖,只有宇航员能将四模冗余降级为三模冗余（TMR）。在 TMR 状态下，若发生确定性故障，则由宇航员将 TMR 降级为双机热备份。当双机热备份也发生错误时，即四台同构机器中有三机发生了错误，就认为是软件共性错误，将由宇航员切换到异构计算机。在航天飞机二十余年的运行期间，该容错计算机成功地完成了飞行任务。

我国空间容错技术的研究工作开始于 20 世纪 70 年代。在航天器计算机容错技术领域，根据对故障的处理能力将控制计算机的容错结构分为故障屏蔽型、故障检测型与系统重组型三种。故障屏蔽型是航天器计算机系统中最常采用的容错结构，通常容错理论中将故障屏蔽定义为静态冗余，采用这种技术实现的容错计算机结构的特点是利用硬件、软件、时间和信息等冗余资源将故障影响掩盖起来，以保证整个系统的正常运行。20 世纪 80 年代，北京控制工程研究所（BICE）第一次在航天器控制系统中采用双机容错结构的星载容错计算机，采用 Intel3000I^{2}L 工艺 CPU 芯片和小规模 CMOS 器件，完成卫星的程控和姿控，该卫星于 1987 年首次发射，中国第一台星载计算机圆满完成了卫星控制任务。此后，根据航天器任务需求的不同，控制系统所采用的计算机系统也不相同。

故障屏蔽、检测及系统重组型容错结构的典型代表是 20 世纪 80 年代中期开始研制的我国新一代返回式航天器控制计算机，1992 年首飞成功，该计算机首次采用三模冗余/单模（TMR/S）容错结构，能够实时进行故障诊断和故障处理，极大提高了系统的可靠性，并应用反馈测试的方法，提高了系统的故障自测试能力。这种结构也可以看成是 N 模冗余的特例，其实现是用结构完全相同且运行软件也完全相同的三个单机构成，接受相同的输入，产生三个结果送给表决器。表决器输出取决于三个输入中的多数，如果有一个单机出现故障，则另两个正常单机的输出可将故障机的错误屏蔽，输出仍然正确；如果某一单机出现永久性故障，则进行切除，以避免再有一台单机出现错误时可能造成错误表决或无法表决，此时及时将系统设定为单机系统，故称为三模/单模容错结构。这种容错结构的优点是良好的故障屏蔽效果，可以完全消除瞬时故障对系统的影响，也可以在单机出现永久故障时保持连续控制，适用于控制周期短的场合；而其强实时故障诊断能力和自主切换能力，又使之适用于对控制实时性要求较高的场合。此外，该容错结构技术还应用于 20 世纪 90 年代开始的"神舟"号载人飞船的 GNC 系统中，承担飞船全过程的制导、导航与控制任务,成功完成了飞行任务。

　　20 世纪 80 年代以后航天器的需求不断增长,两年以上长寿命卫星逐渐增多,针对这种情况,星载控制计算机多采用冷备份、冷热备份模块重组型容错计算机结构。在容错技术中,这种综合运用故障检测和诊断、静态冗余设计、系统重组、恢复运行等技术的结构也称作动态冗余结构,其特点是能检测出故障,定位故障,切除故障模块,启动冗余资源,使系统继续运行。这种用于控制计算机的容错结构,其关键技术是要解决计算机系统重构时控制过程的连续性问题,需要从控制系统整体采取措施,减小"间断"对控制系统的影响。其典型容错结构包括多机冷备份、模块级冷备份和冷热备份。目前,这些技术已成功应用于资源、通信、遥感和导航等卫星中。例如:资源系列卫星的控制计算机采用这种容错结构,包括采用多机冷备份加应急模块结构的控制计算机,解决系统的长寿命和可靠性问题;和采用模块级可重组、由硬件监控和切换的控制计算机。整机由结构完全相同的两套单机组成,一套工作而另一套处于不加电待用状态。若工作机的 CPU 板、I/O 板或存储器板中某一部分发生故障,由 80C31 组成的硬件负责启动处于冷备份状态的另一等同模块来替换掉故障模块,从而确保系统照常运行。单机处于冷备份状态在提高整机可靠度的同时也减少空间辐射环境总剂量电离效应对计算机的影响。又例如:通信卫星的控制计算机综合运用了静态冗余及动态冗余技术,设置了双机比较热备份、完整单机、重构单机以及单机冷备份多种工作模式。在单粒子效应出现时,可以采用双机热备份模式,通过双机比对消除瞬时干扰影响;针对长期运行的要求,则借助冷备份可以减少空间辐射环境总剂量电离效应对计算机的影响;而模块级重组则有利于进一步提高整机可靠度。目前,随着集成电路技术的发展,航天器控制计算机广泛采用这种多机冷备份加应急模块的容错结构,例如资源、通信、遥感和导航系列卫星的控制计算机。

　　纵观过去几十年容错技术的发展历史,容错计算机在航天器的发展中取得了显著的成效,应用的牵引、技术的推动,大大促进了容错计算机的发展。随着我国航天事业的发展,对航天器容错计算机提出了更高的要求,航天器控制计算机容错技术未来的研究方向主要体现在以下几个方面:

　　(1)高可信航天容错计算机系统结构研究。随着航天任务对计算机系统的要求越来越高,对容错计算机和容错结构提出了新的、更高的要求,需要对新的容错计算机系统结构进行研究,包括:①性能的提高要求星载计算机采用并行结构,需要研究如何充分利用这种并行结构所拥有资源,既满足性能的要求同时又实现可靠的容错功能的技术,尤其是在任务调度和可重构技术方面;②系统功能复杂度的提高,要求采用分布、集中或分布与集中相结合的体系结构,这就需要开展新型容错互联技术的研究(包括无线互联技术);③随着系统可信性要求的提高,对故障模式的适应范围扩展,因此需要开展容忍恶意故障(拜占庭故障模式)的计算机容错结构的研究。

(2)基于片上系统(System-on-Chip SoC)的容错技术研究。随着微电子技术的进一步发展,集成电路的功能越来越强,加之航天器对功耗低、体积小、重量轻的要求持续增强,这就使得片上系统(包括基于 SRAM 型 FPGA 的片上系统)将在航天器控制计算中被广泛应用。在应用中,面临空间环境带来新的挑战,因此需要开展:①片上系统故障模式及其检测定位、恢复可重构技术研究;②片上系统抗辐射加固技术研究;③基于知识产权(Intellectual Propety,IP)的系统可靠设计技术研究。

(3)智能容错技术研究。随着空间探索活动的不断推进,对星上自主处理能力提出更高的要求,这就需要计算机具有自主处理故障、修复系统的能力。智能技术是实现自主能力的重要手段之一,因此需要开展:①硬件可进化技术的深入研究,特别是解决实际应用中问题;②进一步开展人工免疫技术在计算机容错中的实现研究。

(4)高可信软件的构造与验证技术研究。在航天器计算机中,软件的作用越来越重要,保证软件的可信度一直是容错技术研究的重要方面之一。因此需要:①进一步研究如何提高现有软件容错技术应用的可靠性;②研究软件的可信保障技术体系,利用形式化方法对空间软件进行验证;③研究可信性软件验证的集成环境。

(5)容错验证技术研究。针对新的故障模式和新的容错结构,需要开展新的容错验证技术研究,包括:①容错计算机验证环境的模拟技术研究;②新型的故障注入技术(包括无探针、无插桩技术);③自动测试用例生成技术及容错性能评估技术。

第 2 章
容错系统结构及其关键技术

▶2.1 容错系统结构

在目前型号的航天器控制计算机中,一般都采用多种容错结构,容错结构是系统实现容错的基本方式,包括模块冗余和系统冗余。从硬件容错来讲,按照备份方式分为热备份、冷备份;按照冗余的数量有双机、多机备份;按照故障恢复方式分为静态冗余和动态冗余。选取何种冗余方式,主要是根据系统的实际要求确定。在航天器计算机系统中,决定冗余的方式包括系统的可靠性、自主性、寿命、重量、功耗和体积等因素。对于故障处理实时性要求高、可靠性和安全性要求高的系统,一般采用静态冗余方式,典型的有三取二表决方式,如返回式卫星控制计算机;对于寿命要求高的系统,可采用冷备份方式,如高轨通信卫星;对于可靠性要求特别高的系统,可采用混合冗余的方式,即静态和动态相结合方式,如"神舟"飞船 GNC 计算机。本节将对这些典型的容错结构进行介绍。

⚐ 2.1.1 模块级冗余结构

采用模块级冗余结构的系统是容错系统结构中出现最早的系统,早在 20 世纪 60 年代,由于电路的集成度不高,世界上第一台航天用容错计算机即

STAR 计算机就是采用模块式结构的容错系统。STAR 计算机曾应用在"阿波罗"飞船上,这种结构的系统是通过对整个计算机模块的冗余来实现系统可靠

性的提高。在计算机中,一般可以分为 CPU、存储器、I/O 模块,因此可以通过在这些模块上的冗余来实现故障的检测和处理。模块级冗余的形式可以有双重备份、多重备份的形式。这种方式的容错策略主要是检测出故障,然后要对系统进行重构。因此,在模块级的系统中都有故障检测和处理部分。这种系统典型结构如图 2 - 1 所示,其故障处理机制是利用一个监测处理模块来实现的。

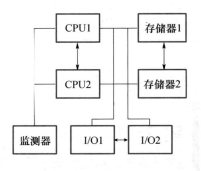

图 2 - 1   模块级冗余的典型结构图

同样,这种结构也可以采用冷备份和热备份方式,只是故障的检测与处理方式不同。在热备份中可以利用各自的结果进行比较,检测故障,通过监测器(Monitor)判断和重构。而在冷备份中,则主要靠监测器来进行故障检测和重构,有时主要依靠结果的分析和自测试来进行。一般的模块级备份都是采用双重备份方式。这种备份方式的可靠性由下式算出:

$$热备份 R = R_{mon} \cdot (2R_{CPU} - R_{CPU}^2)(2R_{mem} - R_{mem}^2)(2R_{I/O} - R_{I/O}^2)$$

式中:R_{mon} 为监测器的可靠性;R_{CPU} 为 CPU 的可靠性;R_{mem} 为存储器的可靠性;$R_{I/O}$ 为 I/O 的可靠性。

这种系统一个显著的优点是相对于同样结构的系统级冗余方式,其可靠性比较高。但是由于模块之间的重构比较复杂,故障处理难度大,系统中共用部分较多,存在的单点失效模式比较多。如果要解决这些单点失效模式,则可以通过增加冗余来实现,但又会对性能造成影响。因此,在工程上对系统的复杂度和单点故障如何取舍要根据实际情况来确定。

这种结构已在资源卫星系列和通信卫星系列中广泛应用。例如,某地球资源卫星是太阳同步轨道的长寿命卫星,可靠性和安全性是非常重要的指标。为了保证姿轨控计算机具有高可靠性,首次采用分布、分级式的系统结构,系统设计方法上采用了模块级冷备份、动态重组的容错结构方案。整个系统由 CPU 板、存储器、I/O 板、A/D&D/A 板,以及一个由主备份组成的计算机资源

管理控制单元(DHC)板组成,其结构如图 2-2 所示。计算机资源管理控制单元(DHC)是容错设计的核心,负责对各模板的工作状态进行检测,并对其进行加电和断电,具有自主切换能力,按一定的容错管理对策进行模块重组。

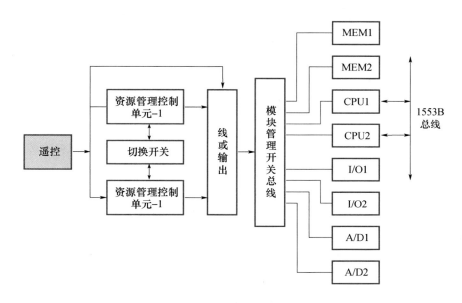

图 2-2　控制计算机组成结构

此外,该卫星控制计算机系统的容错管理方式具有自主管理及遥控管理两种方式,系统组合灵活,资源可以得到充分利用,适应长寿命卫星的要求。这种容错结构的突出优点是:资源利用率高,组合灵活,可靠性高,适用于长寿命卫星,其可靠性模型如图 2-3 所示。

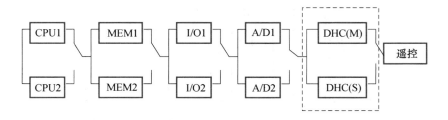

图 2-3　控制计算机可靠性模型

目前,随着集成电路水平的提高,模块冗余百分比正在逐步减少,这种方式更多地体现在片内功能的模块级冗余设计上,在要求长寿命高可靠的系统中,也采用这种方式。

2.1.2 备份容错结构

备份容错结构是常见的容错系统结构之一,与模块级容错计算机系统相比,其主要区别是以单个计算机系统作为备份单元进行备份。典型的方式有冷备份方式和热备份方式,以及温备份方式。由于温备份方式也可以视为热备份方式的一种变形,因此在实际系统中,这种模式比较少见,在这里也不作重点讨论。

2.1.2.1 冷备份容错结构

冷备份容错结构是指系统中只有一机加电工作、其余不加电的系统,其典型结构如图 2-4 所示。当工作机发生故障时,则通过容错切换到备份机,并使其加电到工作状态。在这样的系统中,有几个主要因素需要考虑,一个是故障的检测,一个是备份机切换和加电,第三个是状态的恢复。故障的检测是实现这种容错系统起作用的必要基础,在这样的一个系统中,故障检测的主要方式有:系统自测试、程序的重复运行、数据区的三取二方式,以及看门狗(Watching-Dog Timer, WDT)技术。系统的自测试可以发现系统中的大部分故障,缺点是必须保证自测试部分是正常的,另一方面,自测试的时间安排也是非常关键的,安排太长,故障检测率低,安排太短,系统的效率大大降低。其长短主要根据系统应用的实际情况来决定,无论是长是短,总是存在自测试不能运行到

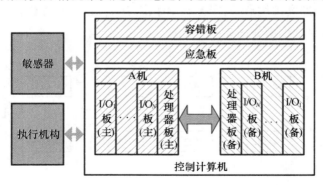

图 2-4 双机冷备份容错结构

的时候。因此在此阶段出现自测试不起作用的情况。这就带来三个问题：①自测试不运行时的瞬时故障问题，测试只对永久故障起作用；②在自测试不测试时永久故障的问题；③自测试本身出现问题。为了解决这些问题，系统必须采用其他的容错技术，如为增加故障检测率采用检错纠错码（Error Detection and Correction Code，EDAC）技术等。

对于瞬时故障的问题，在系统中可以采用多种方式来解决，最常见的方式有重复运行，这种方式就是使程序重复运行，通过比较运行的结果来解决瞬时故障的影响。另一种方式是对重要关键数据三取二。对于永久故障严重的程序跑飞问题，则主要采用 WDT 技术来进行处理。WDT 是一种故障监测技术，即通过状态的设置来监视系统的运行，一般包括监视部分、正常置位部分和复位部分。监视部分可以简单也可以复杂，复杂可能带来本身容错可靠性的问题。在 WDT 的设计中需要考虑清狗的时间和切机的时间。

设两个单机服从故障率分别为 λ_1 和 λ_2 的指数分布，则冷备份容错结构的可靠度为

$$R(t) = e^{-\lambda_1 t} + e^{-\lambda_2 t} - e^{-(\lambda_1 + \lambda_2)t}$$

这种结构适用于长寿命卫星的系统中，在航天器控制计算机中得到了广泛的应用，多个型号采用这种结构，下面是某型号卫星采用这种结构的典型例子。

卫星采用具有相同功能的两套处理器板和 I/O 板形成双机冷备份容错结构。双机的切换由一块容错板进行管理，当主计算机发生故障由容错板切换到备份计算机，而当备份计算机也发生故障时，则切换到一块只具备最基本功能的应急板上。对于双机结构中的一个单机，多采用处理器最小系统加上多块输入输出电路板的结构。上述控制计算机的容错结构如图 2 - 4 所示。

2.1.2.2　热备份容错结构

在备份方式中，为了提高检测故障的实时性，可以采用热备份方式，两机相互比较来检测故障，与冷备份结构的主要不同是备份机加电且相互之间存在通路，以实现关键数据的相互交换和比对，保证控制系统的故障检测和实时性。在这样的结构中，采用双机并行运行，且运行相同的软件，即有两个硬件结构完全相同的计算机同时运行相同的程序，两机输入端并联，输出端由双机切换控制电路选通，只允许其中一个计算机的输出信号送往外部。

双机热备份容错系统结构如图 2 - 5 所示。双机刃换控制线路是双机控

制的硬件,采用定时监控器配合相应的控制逻辑电路实现。每个单机都有对应的正常触发器,正常信号将其复位,而定时信号则置位正常触发器。因此在定时信号到来之前,某单机没有发出正常信号,即对应的正常触发器未被复位,则定时信号将产生切换信号,计算机输出选通处于正常状态的单机。如果两机都正常,没有切换信号,则任意单机的输出都可以作为整个星载计算机的输出,且输出选通状态不变。如果在某段时间内两机都处于不正常状态(即两机都不能输出正常信号),则总是由 B 机输出,即 B 机为主机,A 机为备份机。这样保证了在最坏情况下有一个当班,而避免了两机频繁切换的情况。

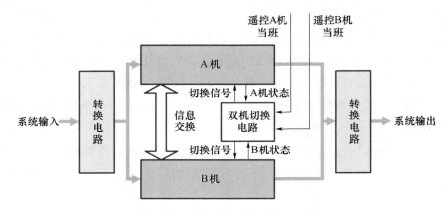

图 2-5 双机热备份容错系统结构

为了进一步避免瞬时故障引起整个系统的失效,在单机中加入信息交换输入输出接口,供两个单机对主要数据进行交换比较。硬件提供物理层次的接口,而实际的比较功能采用软件实现。如果两机的计算数值不相等,则停止该数据的计算和输出,且单机转入自检状态。如果自检可以通过,则表明出现瞬时故障,可以废弃本周期的数据,下一个周期继续进行数据计算和输出;如果单机自检不能通过,则表明该单机出现故障,监控和切换机构则会自动切换。

为了保证切换功能的可靠性,除了自主切换功能外,还有一套并行的遥控指令切换电路。当采用遥控切换命令时,自动切换功能被封锁,两机的输出切换根据遥控命令确定。

在软件方面,采用了双机信息交换比较程序和双机切换控制管理程序。

(1) 两个单机之间设置了信息交换接口,可采用应对方式相互交换信息。软件上相应配有双机信息交换对比程序,该程序在单机输出数据准备好后被调用,程序返回时按照信息比较结果分别判断比较正确与不正确。信息交换采用查询方式进行,这样就可能出现信息接收超时的情况,在这种时候,程序按照比较不正确处理。

（2）双机切换控制管理程序首先在单机任务运行的空闲时段对单机功能进行自检,根据自检结果和双机信号交换比较程序的比较结果进行判断,如果单机自检结果正常且双机信息比对正确,则管理程序输出正常结果,双机保持原有的工作状态;如果单机自检结果不正常,则管理程序输出不正常结果,切换电路将输出的单机切换到正常的单机;如果双机信息比对不正确,则管理程序停止双机信息比较。

双机热备份的可靠性计算如下:设单机的可靠度为 R_0 ,则理论上双机的可靠度可达 $2R_0 - R_0^2$,由于双机切换控制电路的存在(设其可靠度为 R_C),则实际上双机系统的可靠度为 $(2R_0 - R_0^2) \cdot R_C$ 。

我国第一台星载计算机就是采用这类结构的容错计算机系统,并于 1987 年首飞成功。

2.1.3　三机容错结构

前面提到的模块级冗余和多机备份冗余结构均属于动态冗余结构形式,在实现容错的过程中,需要经过故障检测、定位和重构恢复的过程,这种系统具有长寿命的特点,但进行这些过程需要时间来进行处理,因此在要求实时性高的系统中,需要采用静态冗余的方式来实现,这种方式的典型是三模冗余(TMR)结构系统,TMR 结构可以采用三机也可以大于三机构成,但至少应该由三机构成。TMR 结构系统采用三取二的策略实现系统的容错,三取二的系统是少数服从多数的原则,即系统中只要有两个机器正确时就可以输出正确的结果。这种结构如图 2-6 所示。

假设各模块的可靠度相等,用 R_M 表示,表决器的可靠度用 R_V 表示,则系统的可靠度为

$$R = (3R_M^2 - 2R_M^3) \cdot R_V$$

这种结构的关键是如何实现三取二,即表决器的设计。表决器的实现主要有两种方式,一是硬件实现的表决器,二是软件实现的表决器。表 2-1 是硬件实现的表决器真值表。

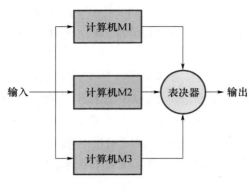

图 2-6　三模冗余系统结构

表 2-1　硬件表决器真值表

M_a	M_b	M_c	V
0	0	0	0
0	0	1	0
0	1	0	0
0	1	1	1
1	0	0	0
1	0	1	1
1	1	0	1
1	1	1	1

硬件表决器具有直观、快速的特点,但同时它本身是一个单点,表决器的输出出现问题则系统的输出错误。同时,随着输出的路数增多,则表决器越来越复杂,可靠性随之降低。对计算机性能的提高也产生影响。速度越高,则同步性也要求越高,实现起来也越困难。为了解决这个问题,可以采用软件表决硬件选通的方式,这种方式需要增加系统间的相互通信,以交换表决的信息,并且要有正确的状态表决决策输出选通电路。软件表决解决了上述问题,但增加了系统中的时间开销,此外也需要解决同步的问题。

在实际应用中,选用哪一种表决方式,则要根据实际情况,综合考虑决定。在系统实现中,无论采用何种方式,系统均需要解决同步问题,这将在后续章节中专门讨论。

三模冗余是多数表决系统的基本类型,为了实现更高的可靠性,可以采用四机、五机等多机冗余方式,但随着冗余的增加,其可靠性的增加并不是线性的。因此系统的利用率也逐渐下降,实际中一般采用三机系统,四机,五机的系统则很少。

为了提高系统的可靠性和资源利用率,TMR 结构的一种变形可以利用系统的容错策略实现 TMR/S,即由三机表决而出现故障时降为单机,从而提高系统的工作寿命。此外,要容忍更复杂的故障,必须采用四机及以上的冗余备份才能实现。例如,如果能够容忍拜占庭故障模型,则需要足够硬件冗余来容忍任意故障模式,这样的容错结构计算机即为拜占庭恢复容错计算机,可以实现不需预知系统故障表示的模式,提供所有可能的故障模式的容忍,实现时只需提供规定的最小数目的故障包容区、连通性、同步以及简单信息交换协议。

TMR 结构的容错在控制系统中得到广泛的应用,其典型的应用即为返回式卫星的 TMR/S 容错结构。TMR/S 结构是为了提高系统的实时可靠性而提出一种容错结构,其主要结构特点是采用三机的冗余方式进行容错,通过仲裁和信息交换完成三机故障检测和判断,而最终一个功能正常的单机输出作为整个星载计算机系统的输出。"神舟"载人飞船船载计算机也是基于这种容错体系结构开发的,这种结构提供了很高的实时可靠性,有利保证了任务的成功。

在 TMR/S 系统中包含三个具有相同硬件结构的计算机同时运行功能完全相同的程序,每机采用相同的处理器。三机输入端为一对三机的结构,输出端由硬件和软件组成仲裁管理控制单元,每次只允许其中一个计算机的输出信号向外输出。这种容错体系结构如图 2-7 所示,除了三个硬件完全相同的冗余单机外,该结构主要有以下几个主要组成部分和关键技术:

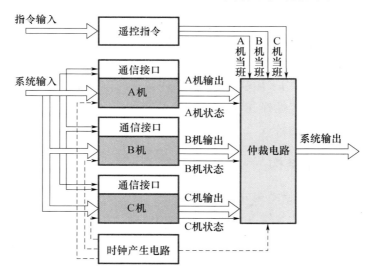

图 2-7 TMR/S 三机容错结构

(1)支持三机间的通信。通信采用串行方式,全双工发送和接收的方式。

(2)支持系统的同步。同步分两个层次,一是宏观上的周期同步;二是微观上的同步。宏观同步利用系统的周期性控制特点,采用统一的时钟频率定时电路实现,该电路独立于三机,因此其可靠性与三机没有关系,时钟频率定时电路也采用冗余设计以保证其本身的可靠性;微观同步即周期内同步,目的是使三机中的本机不受另外两机影响。三机通信交互数据过程中,可能出现数据接收不完整或者接收超时,微观同步通过定时中断的方式在这种情况下采取一定措施来保证。

（3）支持状态输出。每机根据本机的状态是正常还是不正常,输出状态送给仲裁管理控制单元,以决定当班机。

（4）仲裁电路输出。这部分电路根据系统中各机的状态信号,并结合遥控指令,决定当班信号;并根据当班信号,决定哪个机器输出,此输出即为整个系统的输出。

仲裁管理控制单元是按照各单机工作情况或遥控指令控制三个单机中的一个单机输出,即三个单机输出的数据经过三取二表决后,发出本机正常信号,自主地根据三个单机的正常状态信号决定一个单机的输出,其他两个单机的输出均被封锁。此外,遥控命令也可以控制某个单机输出,另外两个单机的输出被封锁。

三机间数据交换由每一机上的微处理器负责实现,交换数据的物理链路采用串口实现。

这种容错体系结构采用软件表决、硬件实现的方法,它的突出特点是:抗瞬时故障能力强,同步性好;能保证在一个故障的情况下,系统正常工作,具有可靠性高、实时性好的特点。

☑ 2.1.4　其他容错结构

除了上述几种容错结构外,还有冷备份与热备份结合的混合容错系统结构,以及由软件实现的容错系统结构,例如:软件实现的容错结构（Software Implemented Fault Tolerance,SIFT）和某型号的 TMR + SCD 容错系统结构。

▶ 2.2　同步技术

同步是一个实时容错控制计算机系统必须解决的关键问题,是系统正确运行的前提。本节将对同步技术进行介绍,首先介绍同步时钟系统的基本概念和故障模式,它是系统同步的基础;接着介绍了时钟同步算法,包括硬件、软件和混合时钟同步方法;然后介绍多机系统的同步方法,讨论了在同步时钟技术中为实现同步而进行数据交换时的同步问题;最后,对实时系统中由于中断的存在而引起的同步问题进行了介绍。

2.2.1　同步时钟系统

2.2.1.1　同步时钟系统基本概念和故障模式

1. 同步时钟系统基本概念

时钟系统为计算机提供最基本的时基信号,是计算机及其控制系统能够正常运行的基础。超大规模集成技术的深入发展使得使用功能强大的处理器、存储器及特定功能的控制器的大规模处理系统的设计和实现成为可能。实时控制计算机系统通过对处理器和存储器的复制构成冗余容错系统。例如在一个三模冗余系统中,三个模块产生关于一个对象的三个版本的数据,然后经过一个多数表决器获得一个最终的可使用的结果;在一个分布式计算机系统中,要使得一些设计问题的设计如检查点的设置、交互进程间的通信、资源分配和事务处理等能够简单地实现,这些都要求整个系统存在一个全局的时间基准。

最简单的解决方法就是通过一个公用的时钟为每一个处理模块或分布式系统中每台计算机提供同样的时钟信号。这种方法虽然可以很好地解决模块之间时钟同步的问题,并且在一定时期内得到了广泛的应用,但这个公用的时钟是系统中的单故障点,对系统的可靠性是一种威胁,因此需要采用容错的方法,给系统提供更为可靠的同步方法,这是本节讨论的重点。

我们这样定义一个时钟:能够周期性地在"高"和"低"两个状态之间进行转换的这样一个设备。而时钟同步的定义为:一组时钟信号(包括虚实钟和实时钟)是彼此同步的当且仅当这组时钟信号中的任意两个非失效时钟(Non-faulty Clock)在一个给定的时间限度 δ 内是同步的。更形象一点讲,同步的各个时钟信号对应的上升沿和下降沿彼此之间的偏差在一个给定的可以容忍的时间限度 δ 内。

2. 故障模式

容错时钟系统要面对的一个很重要的问题就是确立故障模型——对故障模块的时钟信号的限制条件。常见的几种故障模型为:

(1)固定故障模型(Stuck-at 0/1 Model)。在这种模型中,一个故障模块会保持不变地向其他时钟模块传递同一个二进制时钟信号。

（2）搭接故障模型（Fully Connected Model）。在这种模型中,所有的故障模块向其他模块发送一致的时钟信号。

（3）拜占庭故障模型（Byzantine Fault）。所谓拜占庭故障就是指一个故障时钟可以表现出包括分别向其他模块随意发送错误时钟值等任意行为的故障模型。简单地说就是故障模块在不同的时间可以向不同的模块发送不同的时钟信号。

（4）其他的时钟故障还包括频率漂移（Frequency Drift）、相位翻转和抖动（Phase Shifting and Jitters）、任务周期异常（Duty Cycle Viriation）、振幅故障（Amplitude Error）。

2.2.1.2 时钟同步算法

1. 硬件时钟同步算法

硬件同步算法主要包括基于压控振荡器的连续校正设计和基于自主振荡器的离散校正设计。它们都是若干结构相同的时钟模块相互连接,如果其中某些模块发生故障,在满足一定条件下,余下的模块会继续提供同步的时钟信号。

连续校正设计一般采用锁相环原理。各节点硬件时钟模块均包括一个时钟接收器,用来监视其他模块的时钟脉冲,与本地时钟信号进行比较,并产生参考信号,通过适当的滤波后,用来校正本地时钟振荡器的输出频率。通过这样控制每个时钟的频率,可以保证整个时钟网络中的时钟相位相互锁定,即同步。前提条件是各时钟初始相差有上界。其原理图如图 2-8 所示。

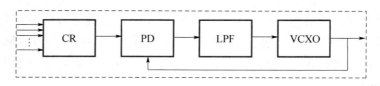

图 2-8　锁相环 PLL 时钟电路原理图

T. B. Smith 最先为容错多处理机（FTMP）提出一种同步算法,可用四个时钟最多容一个拜占庭故障。

在这个算法中,每个时钟模块的时钟接收电路（图 2-9）部分是对状态转换敏感的电路,它接收来自其他三个模块的时钟信号,然后对三个时钟信号的上升沿和下降沿进行排序,并且选出第二个状态转移信号为参考时钟的状态转移信号,然后通过锁相环将本地时钟信号和参考信号进行同步。实验证明这种时钟系统的最大时钟偏差值在50ns左右。然而,这个算法并不能推广到一般情况,即在容多于一个拜占庭故障的时候,就会暴露出它的问题。

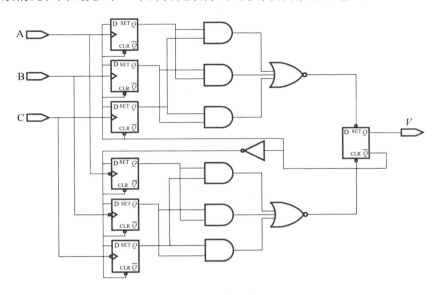

图2-9　时钟接收电路

下面考虑一个七时钟的系统。这样一个时钟系统能够容两个拜占庭故障。假设五个非故障时钟节点被命名为 a、b、c、d 和 e,故障节点时钟为 x 和 y。如果时钟间的传输延迟可以忽略,那么在所有节点的时钟序列中,所有非故障时钟信号的顺序应该是一样的,如果故障时钟的行为不定,那么它们被其他时钟所观察到的时钟序列中的位置也是不一样的。以下为一组时钟序列:

a 所见的时钟序列:$x\ y\ a\ b\ c\ d\ e$;

b 所见的时钟序列:$x\ y\ a\ b\ c\ d\ e$;

c 所见的时钟序列:$a\ b\ c\ d\ e\ x\ y$;

d 所见的时钟序列:$a\ b\ c\ d\ e\ x\ y$;

e 所见的时钟序列:$a\ b\ c\ d\ e\ x\ y$。

假设每个节点像 Smith 提供的算法那样使用中点选择算法来选择参考时钟信号。在上面的这个例子中,就意味着每个节点选择第三个时钟信号为参考信号,当然不包括它本身在内。这样,节点 a、b、c、d 和 e 会分别向节点 b、a、d、c 和 c 同步。因此产生了两个同步集合,$\{a,b\}$ 和 $\{c,d,e\}$。于是就出现了非同步的时钟集合,集合内的时钟可以彼此保持同步而不同集合间的时钟之间却没法确保同步。

为了解决这个问题,Krishna、Shin 和 Butler 提供了如下解决办法,即每一个节点 p 都以自己的时钟序列中第 $f_p(N,m)$ 个时钟为参考信号,这里

$$f_p(N,m) = \begin{cases} 2m & (A_p < N-m) \\ m+1 & (A_p \geqslant N-m) \end{cases} \quad\quad (2-1)$$

保证所有的非故障时钟处于一个集合中。N 为时钟总数,m 为所能容忍的最大故障数,A_p 为节点 p 在自己所感知的时钟序列中的位置。在 $N \geqslant 3m+1$ 的情况下,无论故障节点有何种故障行为,通过这个函数所选出的时钟参考信号可以确保所有的非故障节点的时钟同步。

对于前面提到的例子,$N=7$,$m=2$,所以

$$f_p(7,2) = \begin{cases} 4 & (A_p < 5) \\ 3 & (A_p \geqslant 5) \end{cases} \quad\quad (2-2)$$

这样,a 向 b 同步,b 向 c 同步,c 向 e 同步,d 向 e 同步,e 向 c 同步,这种同步序列可以保证所有的非故障时钟处于一个集合中。

Krishna、Shin 和 Butler 所提供方法,参考信号的选取要基于本地时钟信号在感知时钟信号序列中的位置,这就使得每个节点的硬件复杂度大大增加,因为首先要通过硬件来对接收到的时钟进行排序,然后要通过确认本地时钟在时钟序列中的位置来动态地选取参考时钟信号。

为了解决这个问题,Vasanthavada 和 Marinos 提供了一种与上面稍许不同的解决方法——使用两个参考时钟信号而不是一个,如图 2-10 所示。在他们的方法中,并不需要对接收到的所有的时钟信号进行彻底的排序,而只需要临时确定第 $m+1$ 个和第 $N-m-1$ 个信号就足够了。这在硬件中是比较容易实现的,只要设置一个计数器分别对第 $m+1$ 个和第 $N-m-1$ 个时钟信号进行识别即可。然后,本地时钟信号会分别计算它与这两个参考信号间的相位差,然后对两个偏差值进行平均,用于修正本地时钟信号。

上面提到的这些硬件时钟同步的算法最明显的优点在于,它们所获得的最大时钟偏差值与软件算法的最大时钟偏差值相比要小好几个数量级。然

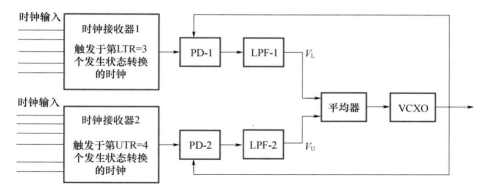

图 2 - 10 使用"平均算法"的一个时钟模块

而,这些硬件算法存在着两个主要的缺点:

（1）上面所提到的所有的算法都要求完全连接的时钟网络。在这样一个全连接的网络中,时钟同步的可靠性更大程度上取决于这些连接的失效率而不是时钟本身的失效率。并且,大数量的连接还会导致扇入扇出问题。

（2）上面所提到的所有的算法都是在传输延迟可以忽略不计的情况下提出的。而在实际的一些高速运行的系统中,模块之间实际的物理连接情况足可以导致不可忽视的传输延迟问题。

虽然针对上述两个问题相继提出了解决方法,但是这些都不能从根本解决这些问题。因此,在实际系统中,采用硬件时钟同步方法要根据实际的情况进行选取。

2. 软件时钟同步算法

为了克服硬件同步方法带来的实现复杂的问题,针对不同的实际应用,提出了用软件方法实现同步方法,这些方法主要有:

1）收敛平均算法

收敛平均算法主要基于下面的思想:每一个节点的时钟过程在本地时钟达到一定的值时,就会广播一个再同步（resync）消息,之后等待一段时间,在这段等待时期里,时钟过程收集其他节点广播来的再同步消息,对于每一个再同步消息,时钟过程都会按照自己的时钟记录消息到达的时间。在等待周期的末尾,时钟过程基于它所接收到的再同步消息的到达时间估计出它的时钟与其他节点时钟的偏差,然后计算出这些估计偏差的一个容错平均值,且在下一

个再同步周期到来之前,利用这个容错值来修正本地时钟。根据用于计算修正值函数的不同又可分为以下两种:

(1) CNV 算法:在 CNV 算法中,每一个节点用估计偏移值的算术平均数作为它的修正值,为了限制错误时钟对平均数的影响,被估计的偏移值都会与一个极限值做比较,凡是大于极限值的在计算平均数前都将被置为 0。

(2) LL 算法(中点算法):在 LL 算法中,每一个节点首先去掉估计偏移值的 m 个最大值和 m 个最小值(m 是最大可容忍的错误时钟数),然后使用剩下偏移值的中点作为它的修正值,以此来限制错误时钟的影响。

然而这种收敛平均算法的最大局限性就是它只能用于节点的一个完全连接的网络,这就导致了算法不能轻易地被升级。另外,它们也都要求已知读取的其它时钟误差(error in reading each other's clock)的上限和时钟的初始化同步。由这些收敛平均算法所保证的最坏情况下的偏差总是比读取误差的限度要大,所以有关时钟读取误差范围的设想还是一个严重的问题。当然,除了读取误差,最坏情况下的偏差还源于再同步的时间间隔、时钟漂移率、可容忍的错误数、系统中的时钟总数和时钟过程读取其他节点时钟值的时间间隔的持续时间,但在所有这些因素中,读取误差对于最坏情况下的偏差影响是最大的。

2)收敛非平均算法

和 CNV 与 LL 算法一样,收敛非平均算法也是不连续更新算法,但它们却不是使用平均的原则来同步非故障时钟,而是每一个节点都周期性地请求成为系统同步器,所有的非故障节点都知道节点试图成为系统同步器的时间。即使所有节点都是非故障的,也只能有一个成为系统同步器。如果系统同步器失效,被设计的算法也能使剩下的非故障节点不管故障同步器的错误行为而有效地接管和继续同步系统。

和收敛平均算法一样,收敛非平均算法也要求初始同步和系统中最大的消息传输延迟的一个范围,但收敛非平均算法并不要求节点的一个完全连接的网络,取而代之的是,它们要求有一个鉴定机制,使得节点可以用来对自己的消息进行编码,这样其他节点就不能产生同样的消息或者在毫无察觉的情况下对消息进行改动,这些可以通过使用数字签名或是一个适当的广播算法来实现。只要所有非故障节点可以互相通信,收敛非平均算法就能保证它们是同步的,但随着系统连通性的降低,由算法所保证的最坏情况下的偏差也随之增加。

在收敛非平均算法中,当一个节点的本地时钟到达了下一次的再同步时间或者它从其他节点接收到了一个有符号的消息,这消息表明那些节点已经再同步了它们的时钟,这时这个节点就会再同步自己的时钟。为了防止故障节点错误地引发一次再同步,每一个节点在对任何一个消息做出反应前都会进行有效性检查,按照有效性检查的不同可将算法分为 HSSD 算法和 ST 算法。

(1)HSSD 算法:在此算法中,当且仅当下面的条件满足时,一个节点就会认为一个再同步消息是有效的并且愿意再同步,即使在它的时钟到达下一次的再同步时间之前:

① 消息中的所有签名都是有效的,表明消息是可信的;

② 消息中的时间戳与下一次的再同步时间相一致;

③ 消息被接收到的时间充分接近于再同步的时间。

(2)ST 算法:在此算法中,一个节点认为所有的再同步消息都是可疑的,因此一个节点只有当它接收到一个来自于 $m+1$ 个其他节点表明它们已经再同步的消息,它才会在它的时钟到达下一次的再同步时间之前进行再同步。这样做是因为确保了至少有一个非故障节点的时钟已经到达了再同步的时间。与 HSSD 算法不同的是,此算法不要求在一个同步消息中时钟值被发送,这个特点可以被用来消除在一个时钟同步计划中被观测到的可能的一些失效模型。

收敛非平均算法的最主要限制是最坏情况下的偏差比任意两节点间的最大消息传输延迟还要大,在一个大型的部分连接的分布式系统中,由这些算法所提供的最坏情况下的偏差都是几十毫秒级的,这在许多应用中可能是不被接受的。

3)SWA(Sliding Window Algorithm)算法

SWA 算法是一种较新的收敛算法,所有的 n 个时钟估计值都被送入 SWA 收敛函数,如果对于一个特定的时钟没有估计值可利用,比如,从这个节点没有再同步消息被接收到,那么这个估计值就被一个独特的值 nil 所代替。这 n 个估计值可以被看成是一条时间线上的各点,而被提出的 SWA 算法的收敛函数滑动着一个从左到右合适大小的窗口,因此它被称为"滑动窗口"收敛函数。

只要一个时钟估计值正好位于滑动窗口的左边界,SWA 就会记录下窗口的位置以及窗口中时钟估计值的数量和布局,这样的一种记录被称为一个窗口实例,而空值被收敛函数所忽略,这样的滑动过程会产生最多 n 个窗口实例。首先,执行滑动过程,然后,选择出一个包括了最多时钟估计值的窗口实例,如果不是唯一的窗口实例包括了最多的估计值,就选择一个相互间差别最小的窗口实例,一旦一个窗口实例被选择,SWA 函数就返回这个窗口实例中所有时钟估计值的中值,最后以这个修正值来修正当地时间。

4)一致性算法

基于一致性的算法使用了一个与收敛算法完全不同的原理,它们对待时钟值就如同数据,并且试图通过使用一个交互式的一致性算法来确保一致。这是一个分布式的算法,其能确保通过一系列信息交换使非故障节点间的关于一个被指定发送节点的私有值达成一致。对于"一致性",预先定义了下面的两个条件需要被满足:

(1)所有的非故障节点对发送者的私有值达成一致。

(2)如果发送者是非故障的,那么被其他非故障节点达成一致的值要与这个发送者的私有值相等。

注意:这些非故障节点必须对发送者的私有值达成一致而不论这个发送者是否有故障,然而,如果发送者是有故障的,那么由非故障节点达成一致的值则不需要与发送者的私有值相等。

这种基于一致性的算法中,在每一个再同步时间间隔的末尾,每一个节点对待它的本地时间都如同一个私有值并且利用一个交互式一致性算法将这个值发送给其他节点。通过这些得自于其他所有节点的时钟值,每个节点都可以计算出与其他节点的偏差的估计值,然后,它就可以利用中间的偏差值在下一个再同步时间间隔开始时修正当地时钟。

和收敛算法一样,基于一致性的算法也要求读取误差有一个范围。在这些算法中读取误差的发生是因为两个节点间的时间有微小的不同,称为 p 和 q,决定了另一个节点的时钟值,称为 r。结果,虽然 p 和 q 会对 r 的时钟值达成一致,但它们计算出的各自的时钟与 r 的时钟之间偏差的估计值会有微小的不同。除了读取误差要有一个界限之外,基于一致性的算法还要求满足特定的条件来正确地执行一个交互式的一致性算法,这些要求包括最少的节点、足够的连通性和消息传输延迟的有界限。

这种时钟同步方案可以被进一步地扩展为可以容忍多于一个的拜占庭故障,但它却要求进行至少 $m+1$ 圈的信息交换,其中 m 是可以容忍故障的最大数,这就意味着更多的花费,但是由这种基于一致性的算法所保证的最坏情况下的偏差总是小于那些由基于收敛算法所保证的偏差。

5) 概率算法

以上所讨论的算法的最大局限性就是主要依赖于最大读取误差的最坏情况下的偏差值,这在将来的分布式系统中会是一个严重的问题,因为读取误差很可能随着系统规模的扩大而增加。为了解决这个问题,Cristian 提出了一个概率同步方案,在这个方案中最坏情况下的偏差值可以被减小到所希望的程度,当然,由这个同步算法所强加的成本也会随着我们降低偏差值而急剧增加。另外,与前面已经讨论过的其他算法不一样的是,这种算法失去同步的可能性并不是零,并且这种可能性随着所期望的偏差值的减少而增加。

Cristian 的主要思想是,假设消息传输延迟的概率分布已知且让每一个节点都多次地去读其他节点的时钟,在每一次读取之后,如果这次读取中所得到的时钟值被用来决定修正值的话,则节点可以计算出可能发生的最大错误。通过足够的多次读取,一个节点可以读取其他时钟到一个很接近所期望的概率的被指定的精度。这个方案特别适合于有主 – 从结构的系统,在这个系统中一个时钟已被指派或者选为主节点而其他时钟则为从节点。

这种实现方法的一个局限性是需要限定读的次数,因为这直接关系到这个算法所强加的成本,这也意味着一个节点很可能总是不能按照所期望的精度读到主节点的时钟,而因此导致失去同步的结果。第二个限制是它不是容错的,因为它不能轻易地探测到主节点的失效,另外,指派或选出一个新的主节点的算法是相当复杂和耗时的。

为了更清晰地比较各种软件同步算法的优缺点,可以选取了一些指标进行对比:指标是否要求网络的全连接,体现了该算法是否能轻易被升级和所应用网络的规模大小,如果要求网络的全连接,则所适用的网络规模不能太大,且算法不能轻易地被升级,这就有了一定的局限性;由于读取误差的存在,被一个接收时钟过程所感知的偏斜与这两个时钟之间所存在的实际偏斜是不同的,这种错误主要源于两节点间传输延迟的不可预料的变化,一些算法要求知道读取误差的上限,这就必然增加算法的工作量;时钟初始化同步的需要虽然不是一个很严重的问题,因为已经有了一些算法来保证它,但其毕竟要进行更多的工作;指标最坏情况下的偏差体现了同步算法的精确度,如果偏差过大,则在许多应用中可能都是不能被接受的;而信息交换量的大小可能影响算法的执行速度和时间,一些信息交换量大的算法还很可能造成网络的拥堵;算法复杂度就是在以上这些指标的基础上,进行的一个综合比较,算法越复杂所要面临的问题也就越多,当然一般来说所实现的功能也就越强;最后是算法的适用范围,总结各个算法均适用于哪些情况,是比较各算法的一个很重要的指标。

3. 混合时钟同步算法

1)CNV 改进方法

Ramanathan & Shin 提出混合同步算法,也可看作是对 CNV 算法的某种改进。

CNV 算法遇到的问题:①转发节点故障;②发送与接收信号间的时延;③接收与处理信号间的时延。

本算法在同步周期的某段时区内,各节点向外广播本地时钟信号,而每个节点将收到其他各个节点通过不同中转站送来不同版本的信号。此节点记录各信号到达时刻,然后按照广播机制转发出去,转发前,将信号在本地停留时间加入时钟信号中。在同步周期末端,节点计算本地时钟与发送源时钟经不同路径传来的各种版本时钟的偏差,取其中第 $m+1$ 个值,作为源节点与本地节点的时钟偏差,并用其他所有节点时钟与本地时钟误差的平均值来校正本地时钟,达到同步,而硬件电路可用来完成记录时刻,计算时差等任务。此算法的优点在于:首先,此算法不需要一个单独的时钟网络,且时钟发送可在同步周期的任何时刻进行,这就防止了多个节点同时发送信息,造成网络通信的突发性拥挤。此外,对硬件要求不高,只额外增加了为信息加盖时间戳的电路。最重要的是此算法的最大时钟偏差比普通软件算法小 2~3 个数量级,且对信息传输延迟不敏感。混合时钟同步算法必须在支持高可靠性广播机制的拓扑结构中实现,尤其适用于支持广播机制的大型非完全连接系统的时钟同步。

2)带约束的软时钟同步方法

从上述的分析可以看出,硬时钟要容拜占庭故障,系统中的机器数必须满

足 $3m+1$ 关系式(m 是故障数),这进一步降低了系统的资源利用率,同时时钟的校正量是用偏差量来得到的,并不一定获得最好的效果。针对这些问题,为了提高系统的资源效率,下面提出一种机器数为 $2m+1$ 的同步时钟方法。

首先通过分析可知,实现软时钟同步系统的基础是有处理机,因此,通过进一步的分析,采用二级诊断的策略来解决出现时钟拜占庭故障时的同步问题。

在一个软时钟系统中,系统的同步是通过各个处理机读取本地时钟的数据,并进行相互交换来进行同步的。因此,任一个处理机的基本结构可以简单地分为两部分,即

$$处理机 = 处理机本地时钟 + 处理机其他部分$$

这样,就可以把时钟的故障(用 P_c 表示)与处理机其他部分(用 P_o 表示)的故障分开。无论 P_c 发生什么故障,但在 P 读取时钟数据的时刻,它的数据是唯一的;而当 P_o 发生故障时,则可以通过其他方法进行处理。因此,这种方法的同步策略是:先用系统诊断的方法诊断 P_o 有无故障,然后再进行时间同步。这里假设按 P_o 无故障的情况下,P_c 发生故障时的同步方法进行讨论。

如前所述,由于 P_o 在时刻 t 读取 P_c 的时刻是确定的(即使 P_c 发生任意故障),因此在进行数据交换时,数据也是确定的(为了下面讨论方便,P_o 简写为 P)。

设系统中有 n 个机器,分别用 $P_1,P_2,\cdots,P_i,\cdots,P_n$ 表示。

定理 2.1:在一个包含 n 个机器的系统中,在系统存在 m 个故障的情况下达到同步的条件是 $n \geq 2m+1$。

证明:$n = 2m+1$ 时的情况,如果系统中有 m 个故障,则 $2m+1-m = m+1$ 是无故障,这样通过互相的比较按多数表决的原则就可以把 m 个故障时钟找出来,从而通过对 $m+1$ 时钟的计算得到同步时钟。证毕。

下面给出确定各机器中时钟同步点的方法。设通过交换,P_i ($i=1,2,\cdots,n$)得到的各机器的时钟值为:$St = \{t_{P1},\cdots,t_{Pi},\cdots,t_{Pn}\}$。

第一步:对 $\forall i$,计算 Δ_{ij} ($j=1,2,\cdots,n,j \neq i$)。

第二步:对 $\forall i$,依据 $\Delta_{ij} \leq \delta$,如果对于 i 有 m 个 $\Delta_{ij} \leq \delta$,则 P_i 无故障,否则 P_i 有故障,形成无故障集合 $Sn = \{P_i\}$ ($i=1,2,\cdots,m+1$)。

第三步,将 Sn 中对应的时间值求算术平均,获得统一时钟,设为 t_b。

第四步:以 t_b、t_{Pi} 之差对 P_i 时钟进行校正,使系统在一个同步点上。

第五步:结束。

例如:在一个 $m=2$、$n=5$ 的系统中,假设 $\delta=1$,系统中机器分别用 P_1,P_2,P_3,P_4,P_5 表示,$\mathrm{St}=\{4,2,5,4,2\}$。

第一步,计算 Δ_{ij}:

$$\Delta_{12}=|4-2|=2>\delta$$
$$\Delta_{13}=|4-5|=1\leqslant\delta$$
$$\Delta_{14}=|4-4|=0\leqslant\delta$$
$$\Delta_{15}=|4-2|=2>\delta$$
$$\Delta_{23}=|2-5|=3>\delta$$
$$\Delta_{24}=|2-4|=2>\delta$$
$$\Delta_{25}=|2-2|=0\leqslant\delta$$
$$\Delta_{34}=|5-4|=1\leqslant\delta$$
$$\Delta_{35}=|5-2|=3>\delta$$
$$\Delta_{46}=|4-2|=2>\delta$$

第二步,对 P_1 有:$\Delta_{13}\leqslant\delta$,$\Delta_{14}\leqslant\delta$,因此 P_1 无故障;

对 P_2 有:$\Delta_{25}\leqslant\delta$,只有一个 $1<m$,因此 P_2 有故障;

对 P_3 有:$\Delta_{13}\leqslant\delta$,$\Delta_{34}\leqslant\delta$,因此 P_3 无故障;

对 P_4 有:$\Delta_{14}\leqslant\delta$,$\Delta_{34}\leqslant\delta$,因此 P_4 无故障;

对 P_5 有:$\Delta_{25}\leqslant\delta$,只有一个 $1<m$,因此 P_5 有故障。

$$\mathrm{Sn}=\{P_1,P_3,P_4\}$$

第三步,$\mathrm{Sn}=\{P_1,P_3,P_4\}$,对应 t_{P_i} 是 $\{4,5,4\}$,按由小到大排序为 $\{4,4,5\}$,$t_b\approx4.33$

第四步,对于 P_1:$4.33-4=0.33$,调快 0.33;

对于 P_2:$4.33-2=2.33$,调快 2.33;

对于 P_3:$4.33-5=-0.67$,调慢 0.67;

对于 P_4:$4.33-4=0.33$,调快 0.33;

对于 P_5:$4.33-2=2.33$,调快 2.33。

第五步,结束。

本节通过分析 P_i 的结构,用分级诊断策略解决时钟出现拜占庭故障时,

$n = 2m + 1$ 的同步问题,给出了同步算法,并用实例进行了具体说明。这种方法由于与系统容错结构相结合,节省了系统的资源,提高了系统资源利用率,这样也有利于同步时钟系统的实现。

✍ 2.2.2　系统同步方法

2.2.2.1　实时多机系统的同步方法

在上节讨论中,由于硬件时钟同步系统实现的复杂性和电路的延时性,在实际系统中采用的不多,目前广泛采用的同步方法是软件时钟同步方法或者软件为主加上硬件的混合时钟同步方法。然而除了时钟同步之外,在一个多机容错系统中,为了实现系统的正常运行,往往需要进行数据交换。因此交换的正确执行和同步是系统实现同步的一个重要环节,同时也表明系统中只有时钟的同步是不够的。本节主要介绍一种实现数据交换的同步方法,即:等待限时法,实验表明它能较好地解决系统中数据交换的同步问题。

在容错控制计算机系统中,除了输入的接收和输出要有同步的措施外,由于要实现软件的控制、诊断和重构,一般要采取相互交换数据的方式来实现,双机或多机间的数据交换的同步对系统的运行是非常重要的,因此下面讨论由于数据交换而需要的系统同步问题。

在数据交换中,一般有两种方式,即非应答方式和应答方式,所谓的非应答方式的通信,是指两个设备间交换数据时,不需要对方的应答确认。而对应的应答方式则是需要在接收数据后,给予回答收到(正确)或未收到(不正确)。在非应答式通信方式中,涉及到通信的开始时间,通信的数据量,通信的速率(波特率)问题,由于控制系统的数据交换一般均是周期性运行的,其交换的间隔是一定的,如果交换周期是同步的,则交换时刻的变化范围也是已知的,例如,如果周期为 T,容错处理时间为 T_1(含通信时间),系统运行处理所需时间为 $(P_{min} \sim P_{max})$,P_{min} 表示最小处理时间,P_{max} 为最大的处理时间,系统的数据交换在处理之后进行(因为要进行容错处理,交换来自任务的处理结果),则交换开始时刻处于 P_{min} 到 P_{max} 之间。显然,$P_{max} + T_1 < T$,而且在控制系统的设计中,为了提高系统的可靠性,一般均要求系统的可用时间 $\leqslant 80\%$,因此要求更苛刻。在非应答式中,系统的同步取决于通信结束的时间,如果时间允许,则同步比较容易实现,特别对于每次只通信一个数据的系统更是如此,但是对

于多个数据通信时,则需要认真考虑数据之间的等待时间的问题,关于这个问题将在下面进行具体讨论。

对于应答式通信方式,同步则要求更严,在上述分析中,最坏情况,如果一台机器运行的处理时间为 P_{min},一台为 P_{max},则必须设置等待时间为 $P_{max} - P_{min}$,由于在实时系统时,P_{min}、P_{max} 其实是比较难以估准的,虽然对于程序执行时间的估计有许多方法,如最坏执行时间估计(WCET),但误差均较大,所以估计带来的 P_{min}、P_{max} 的偏差比较大,在单个数据的通信还不非常明显,但对多个数据的通信则会非常严重,如果等待时间选择不合理,则严重影响系统的正常运行,因此在系统设计中这种方式用的比较少。

在控制计算机系统容错设计中,为了实现系统的容错目的,需要进行容错处理,这样在一个控制周期中可以划分为系统运行处理时间和容错处理时间,在容错处理时间内,由于需要获得所有设备的状态及其处理结果,因此存在某一段时间内相互交换信息的问题,为了使系统在交换数据后能够同步,需要有同步方法。这里介绍一种限时的同步方法。

假设这个多机系统包括三个处理机分别用 P_1,P_2,P_3 表示,它的数据交换如图 2 - 11 所示。

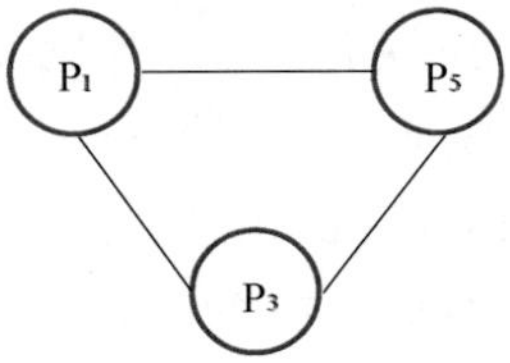

容错处理过程是:本机向其他两机发送数据 →接收另两机数据→容错处理,以 P_1 机为例,其流程如图 2 - 12 所示。

图 2 - 11　三机系统数据交换

从流程中可以看出,存在两个等待状态。如果不设置超时功能,则在故障情况下,会导致系统一直在等待。因此,在上述流程中要加入两个等待时间,以确保系统能同步正常运行。加入等待时间的容错处理过程流程如图 2 - 13 所示。

系统进入容错处理后,开始三机之间相互交换数据。有两种情况,一种是数据接收采用查询的方式,一种是采取中断的方式。先分析第一种情况,如果系统进入交换数据的起点在 $P_{max} - P_{min}$ 之间,设为 t_1,那么为了接收到正确数据,则等待时间最大应为 $\Delta t_w = P_{max} - P_{min}$。

由于 t_{11} 范围是 $P_{max} \sim P_{min}$,由此可得 Δt 的等待时间至少为 $\Delta t = P_{max} - P_{min}$。所以在三机系统中进行数据交换最小的等待时间为 $P_{max} - P_{min}$。在查询方式中,如果交换的数据是多次的,则交换数据将更为复杂。因此,在系统设计中,接收数据一般采用中断方式来进行。采用上述限时等待方法的三机交换系统已经实现,表明在实现同步方面,该方法是可行、有效的。

2.2.2.2　带中断的系统同步方法

前面讨论了时钟同步及其系统的同步问题,但是在带有中断的实时系统中,仅靠时钟的同步是不够的。在多机实时控制系统中,由于对外部任务响应的实时要求,在系统中必须设置中断,通过中断的方式对这些外部任务进行处理,因此,在这类系统中,不但要保证时钟的同步,同时还要考虑中断对系统同步的影响,这也是系统达到同步的非常重要的方面。本节将对带有中断的多机系统进行讨论。

这里的系统仍旧是指两机或两机以上的系统,系统的正常运行是指通过某些规则(即双机数据一致,三机以上多数表决机制)而获得的结果。

在实时系统的运行中,中断是对实时性要求非常高的一种有效的响应办法,是在应用中经常遇到的。对于一个事件的

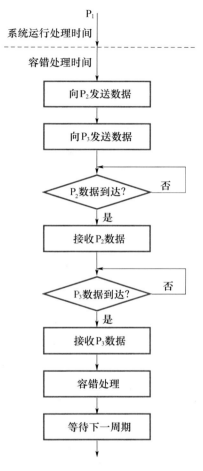

图 2 - 12　容错处理过程流程

处理,如果用中断来进行响应,应该来讲系统是容易实现同步的,但是当中断中需要从外面输入数据,则情况就不一样了。考虑如下一种实际情况:

假设系统由三机构成,三机同时运行,用三取二表决的方式获得系统的结果。系统的运行需要从外部获得输入量,这些输入量是通过发送命令之后才能输入的,由于对外部数据输出的透明性要求和相关的可实现性,不可能一个机一个机对外发送取数命令,因此系统的对外取数命令发出亦是通过三取二的方式由硬件选通发出的,这样实现了对外的一次获取数据只有一个采样信

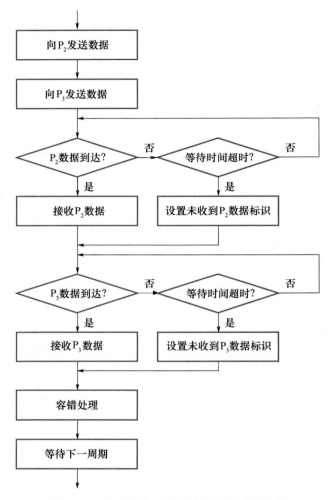

图 2 – 13　加入等待时间的容错处理过程流程

号数据输出的情况,实现了系统输出的透明性要求,这种情况如图 2 – 14 所示。

　　该计算机系统与外部数据设备交换的过程是:外部数据设备发出中断信号和交换的数据类型→计算机系统响应中断信号,并分析数据类型→发出取数命令→外部数据设备向计算机系统发送数据→计算机系统接收数据。

　　从上述过程可以看出,如果要实现三机均正确地收到数据,则取数命令要

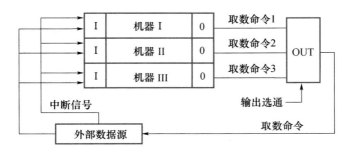

图 2-14 多机系统中数据输入结构

保持同步,而在实际情况中,要使三机取数命令同步是几乎不可能的。在实际系统中,做到接收数据正确是非常重要的,因此需要实现获得可靠数据的方法。

为了分析的方便同时又不失一般性,假设三机使用的时钟是同样的,即三机的时钟是同步的。

很显然,最简单的办法是不需要取数命令,而是采取一个字节一个字节接收的方式,这样每次都用中断进行响应,虽然解决了同步的问题,但是中断的响应是需要时间开销的,同时也增加了程序运行的不确定性,增加了软件过程的复杂性,降低了系统的可靠性。因此在实时性要求强的系统和可靠性要求高的系统中是不可取的。

另外一种方式是用类似 DMA 的形式,但是增加了系统的硬件外部接口的复杂度,因此在空间的应用也是不可取的,亦降低系统的可靠性。

下面以图 2-15 的系统为对象进行讨论。

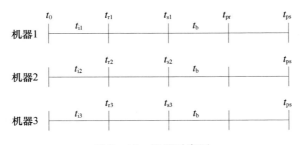

图 2-15 机器时序图

假设外部中断发生的时刻为 t_0,取数命令发出的时间分别为 t_{s1}(机器 1)、t_{s2}(机器 2)、t_{s3}(机器 3),三机响应中断的时间分别为 t_{r1}、t_{r2}、t_{r3},由于 t_{s1}、t_{s2},

t_{s3} 与 t_{r1}、t_{r2}、t_{r3} 具有相关性,即它们存在固定的关系,因此在下面的分析时仅考虑 t_{r1},t_{r2},t_{r3} 就可以了。

在这样一个系统中,系统的数据获取与下面几个时间是密切相关的:外部设备的中断信号时刻(用 t_0 表示)、t_{s1}、t_{r1},机器的中断响应时刻又与 CPU 响应中断的方式相关,设中断是硬中断,响应的模式为当指令执行完后就响应,因此还与最长指令执行时间有关,设为 t_i,与取数命令从计算机系统到外部设备的时间(用 t_b 表示)有关,也与外部设备发送数据到计算机系统的时间(用 t_{Pb} 表示)有关。一般来讲,t_b 与 t_{Pb} 相同,因此用一个量即可,这里用 t_b 来表示。这样,系统的时间与下述时间有关,即 t_0,t_{s1},t_{s2},t_{s3},t_i,t_b。下面分析这几个量之间的关系,最终建立正常接收数据的条件。在下面的分析中,假设传输路径带来的时延差异忽略不计。接收的数据设为 n 个数据。

在一个多机系统中,虽然时钟是一样的,但由于许多因素的影响,执行到一个时刻时,机器不可能绝对同步,因此指令执行的时刻也是不一样的,因此存在三个机器执行指令不一样的情形,设为 t_{i1},t_{i2},t_{i3}。

定理 2.2:当且仅当 $t_{ij}(j = 1,2,3)$ 满足 $\max t_{ij} < t_b$ 条件时,三机均正常接收到外部的数据。

证明:由于外部的输出只能选择一个机器输出,不失一般性,假设选择机器 1 输出。设机器 1 响应时间为 t_{r1},则 $t_{r1} + t_b$ 此时是到外设的时间,外设接收后,向计算机系统发送数据,此时数据到达机器 1 的时间为:$t_{r1} + t_b + t_b$,即 $t_{r1} + 2t_b$,这是第一个数据。

第一个数据到达的时间为 $t_{11} = t_{r1} + 2t_b$,从 t_0 开始时是 $t_{i1} + 2t_b$。

第二个数据到达的时间为 $t_{11} + t_b$。

第 n 个数据到达的时间为 $t_{11} + (n-1)t_b$。

相应地对于机器 2 有,第一个数据到达的时间为 $t_{21} = t_{21} + 2t_b$。

如果 $t_{21} - t_{11} = 0$,则显然能正确接收数据。要机器 2 正确接收数据,则要求在第二个数据到来时,第一个数据已接收好,即

$$t_{22} = t_{21} + t_b$$
$$t_{22} > t_{11}, 即 t_{21} + t_b > t_{i1} + 2t_b$$
$$t_{i2} + 3t_b > t_{i1} + 2t_b, 即 t_{i2} + t_b > t_{i1}$$
$$t_{i1} - t_{i2} < t_b$$

同理可得

$$t_{i1} - t_{i3} < t_b$$

在最坏的情况下,三个机器执行情况如图 2 - 16 所示。

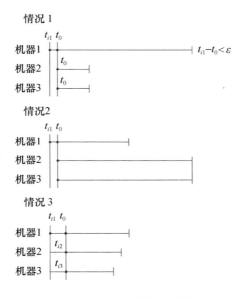

图 2 - 16　三个机器执行的情况

因此在上述各种情况下,只要满足 $\max t_{ij} < t_b$,则系统均能正确接收数据。

推论 1:由定理 2.2 可得出如下推论:

要使系统具有很好的同步性,则 t_b 越大越好,指令执行时间 t_i 越小越好。即在实际系统的设计时,应尽量少用执行时间长的指令,如在 X86 中的串指令。至于 t_b 的选取,如采用串口要与实际的要求作一权衡,在机器时间比较充裕的情况下,应尽量慢一些,采用串口的波特率低一些。

更一般地,定理 2.2 可以推广到由 n 个机器组成的系统。

定理 2.3:在一个由 n 个机器组成的系统中,系统中任一机器均正常接收到外部的数据的条件是,当且仅当 $t_{ij}(j=1,2,\cdots,n)$ 满足 $\max t_{ij} < t_b$ 时。

在上面的分析中有两种情况未加考虑:①计算机的数据处理时间;②如果在执行过程中还有中断时的影响,对于第一种情况,只要求数据处理时间小于 t_b 即可,当然如不能做到这种情况,则在外设中相应地要加入延时,即可解决这个问题。

对于②的情况，又可分为两类：第一类是有多个中断，但一旦响应，即关中断来完成此次的数据接收，在这种情况下，可以保证数据的可靠、完整接收，也是在实际卫星控制计算和系统中常采用的一种方法。第二类是不关中断，在整个中断过程中可以接收新的中断，此种情况下则与中断响应的处理时间有关，如果中断响应的处理时间为 p_t，则要求 $p_t + \max t_i < t_b$，由于在实际系统中 p_t 一般大于 t_b，因此，此不等式总是不满足的，容易引起数据的丢失，即采用这种方式的系统是不可取的。

▶2.3   硬件冗余容错设计

在容错系统中，冗余是基本的手段，因此，冗余的设计是非常重要的，尤其是如何使冗余设计不给系统带来单点故障更是设计的关键。下面主要结合工程的实践，介绍冗余容错设计的概念、流程，以及基本特点。

2.3.1   冗余设计的通用逻辑模型和流程

冗余设计一般可用图 2 - 17 所示的通用逻辑模型描述，其中：

（1）基本功能单元（Basic Function Unit，BFU）是具有完整功能的、非冗余的最小单元。

（2）隔离保护单元（Isolation and Protection Unit，IPU）的功能为：当一个备份发生故障时，用于确保该故障不会影响其他备份正常工作的功能单元。

（3）交叉连接切换单元（Cross-Strapping and Switching Unit，CSSU）为冗余模块提供交叉连接和信号流切换的功能单元。

（4）故障检测管理单元（Fault Detecting and Managing Unit，FDMU）用于监测 BFU、IPU 和 CSSU 的健康状态，判断是否出现故障，并在确认故障后发出冗余管理命令的功能单元。

FDMU、CSSU 和 IPU 是冗余设计中应考虑的"三要素"，这些功能单元可有不同的实现方式。

冗余设计流程是在方案论证、设计实现、分析验证和测试验证等环节中进行的迭代优化过程，冗余设计流程强调"有依据"和"可验证"，即先通过定量

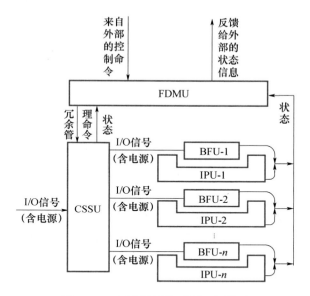

图 2-17　冗余设计的通用逻辑模型

计算,确保冗余方案合理,再通过分析,完善可靠性,最后通过测试,进一步验证并改善可靠性。

2.3.2　冗余的方案论证

2.3.2.1　确定冗余方案

一般通过定性判断和定量分析来确定是否需要冗余以及具体的冗余方案。

定性判断主要根据总体任务要求和故障模式影响分析(Failure Mode and Effects Analysis,FMEA)来定性判定哪些设计不必采用冗余、哪些设计应采用冗余。对于不能定性判定的设计,应进行定量分析。

定量分析主要通过可靠性计算来发现设计中的薄弱环节,判断是否需要冗余,并优选冗余设计方案。定量分析的流程一般为:

(1)构建候选方案:先构建简单设计方案,然后从最低层的元件级冗余方案开始,由下向上,分别构建模块级、组件级,直至分系统级冗余方案,候选方案应明确串/并结构、冷/热结构和备份数量等。应按 QJ 2172A—2005 和 QJ 3161—2002 规定的可靠性分配、可靠性建模、可靠性计算等技术构建候选方案。

（2）定量比较：主要通过可靠度定量计算，结合可靠性、重量、体积、功耗、成本等定量因素进行比较；若条件允许，可通过模拟仿真或构建并测试原型系统等方法进行比较。

（3）循环迭代：定量方案设计是一个迭代优化的过程，需要多次循环。

示例：以三极管驱动继电器为例，采用 MIL - HDBK - 217F 中的模型，可求得三极管和继电器在 3 年寿命内的失效率分别为 6.14624×10^{-5} 和 0.002432，当简单设计不满足可靠性要求时，先对继电器冗余，若仍不满足可靠性要求，才对三极管进行冗余。

2.3.2.2　冗余方案论证中应遵循的准则

（1）全局准则。从系统层次考虑冗余设计，追求总体最优，而不是个体最优，避免可靠性"木桶效应"或过于复杂的冗余方案给可靠度带来的负面影响。基于定量的可靠性预计结果，从系统角度针对薄弱环节进行冗余设计，体现方案的合理性。

（2）独立性准则。冗余模块间的功能独立，避免互相依赖、互相制约以及可能的互相影响，避免冗余设计中的共因故障。

构建候选方案时，应遵循低层次优先的准则，其中最低层次为元件级，之后依次是模块级、部件级，直至最高的分系统级。

2.3.3　冗余的设计实现

2.3.3.1　基本要求

冗余设计应考虑"三要素"的可靠度，避免为可靠性带来好处的同时，成为故障的潜在因素。同时还应考虑电源设计、可测性设计以及其他方面的设计。设计初期，应按冗余逻辑模型，清晰界定"三要素"所对应的元件和电路，既有助于设计方案的模块化和简单化，又有助于进行分析验证和测试验证。

2.3.3.2　FDMU 设计

FDMU 是"三要素"之一，大多数冗余设计依赖于故障检测和管理。在实际应用中，应根据具体情况采取多数表决、比较、自检、看门狗或其他专用的检测子系统（如电流、位置、温度等传感器）来检测故障。FDMU 设计一般应确保：

（1）确保当 FDMU 发生故障时，不影响系统正常运行。

示例：某型号火工装置检测电路如图 2-18 所示，由于 FDMU 对地短路，导致检测电路中的 10Ω 电阻烧毁；在改进设计中，通过在检测线上增加一个 1kΩ 电阻，解决了此问题。

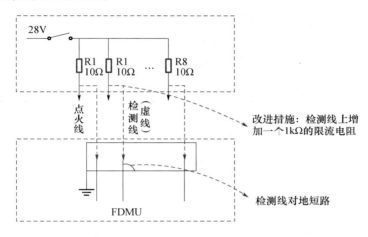

图 2-18　FDMU 导致系统故障示例

（2）当被检测单元发生故障时，FDMU 应及时报警并管理，避免因故障蔓延对其他单元产生致命影响，或故障自身恶化为不可恢复故障。

示例：对于单粒子闩锁，及时检测并断电，确保闩锁断电前不影响母线供电，力争闩锁断电后故障可恢复。

（3）检测信息完备性准则。BFU、CSSU 和 IPU 应向 FDMU 提供尽可能详细的故障信息，以便 FDMU 根据故障详情，采取正确的冗余管理。

（4）直接检测准则。尽可能对被检测对象进行直接检测而不是间接检测。

（5）对 FDMU 进行容差设计，合理设置故障检测阈值，确保在全寿命周期中各阶段和各种环境条件下，FDMU 都能可靠工作，既不因过于敏感而误动作，也不因过于迟钝而不动作。

（6）当遥控管理和自主管理并存时，应做到：

① 无论何时，确保遥控管理优先。

② 自主管理时，慎重选择主备份循环切换的方式。

③ 一般情况下,自主管理信号为单脉冲输出。

2.3.3.3 CSSU 设计

CSSU 是"三要素"之一,它包括电源和信号的连接和切换。CSSU 设计时应确保:

(1) 确保 CSSU 本身不存在单点故障。表 2-2 给出根据信号类型设计 CSSU 的参考。若 CSSU 是单点,则应根据具体情况,采用串联、并联、并/串或串/并等冗余设计,如针对三极管 CE 极短路的故障模式,可采用串联冗余设计。

表 2-2 根据信号类型设计 CSSU 的参考

切换的信号	数字开关	模拟开关	继电器	晶体管/场效应管	232、422、1553、I^2C、CAN 等
电源	—	—	●	○	—
低速模拟弱电	—	●	●	●	—
高速模拟弱电	—	●	○	●	—
低速数字	●	●	●	●	●/○
高速数字	●	○	○	●	●/○

注:●可选;○具体分析;—不可选

(2) BFU 之间的"疏远"准则。BFU 之间尽可能采用独立的 CSSU 和 IPU,以消除单点故障。

示例:如图 2-19(a)所示,CSSU1/IPU1 是备份 A1 和 A2 的单点故障,图 2-19(b)则不存在单点故障。

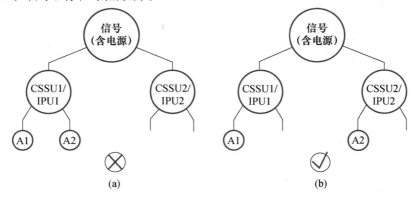

图 2-19 BFU 之间的"疏远"准则

2.3.3.4　IPU 设计

IPU 是"三要素"之一,用于隔离故障,设计时应确保对 IPU 进行完备的降额设计和 FMEA 分析,应做到:

(1)核算正常状态和故障状态下 IPU 所受应力,进行充分降额,确保 IPU 在全寿命周期内不因过应力而失效,力争被保护对象在发生故障后可恢复。

(2)隔离保护没有固定的模式,根据 IPU 和被保护对象的 FMEA 分析结果设计合适的 IPU。

除表 2-1 中的 CSSU 具有隔离保护功能外,还有一些专用的隔离保护器件可供选择,表 2-3 汇总了常见的 IPU 器件及其应用参考。

表 2-3　IPU 器件及其应用参考

被保护对象类型	IPU 器件							
	二极管①	电阻②	电容③	变压器③	运算放大器	光耦	熔断器	霍尔器件
电源	●	○	—	○	—	—	●	—
模拟	●	○	○	○	●	○	—	●
电平信号	●	●	—	—	○	●	—	○
脉冲信号	○	●	●	○	—	●	—	○

注:1. ●可用;○具体分析;—不可用

　2. 有些场合需要多种保护机制配合,才能提供完备的保护

① 二极管:二极管的单向特点使二极管只能对被保护对象提供"常0"故障保护或"常1"故障保护,实际应用中根据被保护对象的 FMEA 结果,采取具体的保护方式:

(a)保护输出端的"常0"故障:在多个输出端并联输出时,可保证某一输出端的"常0"故障不影响其他输出端的正常输出

(b)保护输入端的"常1"故障:在多个输入端并联接收数据时,可保证某一输入端的"常1"故障不影响其他输入端的正常接收

② 电阻:串接在冗余的 CMOS 数字输入端,可避免单个输入故障影响其他冗余的输入端。

③ 电容和变压器:

(a)可保护多对一输出电路的输出端,确保某一输出的故障不影响其他输出端正常输出信号

(b)可保护一对多输出电路的输入端,确保某一输入的故障不影响其他输入端正常接收信号

(c)变压器可保护交流电源,也可保护某些模拟信号(如 1553B 的耦合变压器),使用时具体分析

2.3.3.5　电源隔离保护

电源自身大多采用冗余设计,应将电源隔离保护从 IPU 设计中单列出来。

电源故障主要表现为对电源隔离保护的设计欠缺,故障的根源在于缺少对共因故障的分析以及对潜在因素的忽视。电源保护隔离应确保冗余电源之间有完备的隔离保护设计。尽可能给各备份 BFU 独立供电,若不能独立供电,则各备份 BFU 之间应具有电源隔离保护,避免单个 BFU 成为单点故障。

常用的电源隔离保护电路可选用二极管、限流电阻、熔断器或过流保护电路,适用范围和优缺点如表 2-4 所列。需要特别强调的是:

表 2-4　电源隔离保护电路的适用范围及其优缺点

电源隔离保护电路	适用范围	优点	缺点
过流保护电路	用于所有规模的电路保护	保护的故障类型多,且可恢复	电路较复杂或需引入新型元器件
二极管	只能保护冗余电源自身短路故障	简单	有管压降,且单向保护
熔断器	适用于熔断后不会导致整星失效的冗余设计	简单	不可恢复
限流电阻	适于小规模的冗余设计	简单	有得有失、权宜之计

(1)优选过流保护电路。

(2)选用熔断器时,应避免熔断器熔断后出现重大功能降级。

(3)慎用限流电阻,必须使用时应满足最坏情况降额,且应确保负载短路时,限流电阻的阻值不变小。

2.3.3.6　可测性设计

可通过改进设计方案、增加测试点、提供间接和直接遥测等手段来提高冗余功能和电路的可测性。对于关键动作和关键冗余管理模块,应进行直接遥测。对于冗余设计中的不可测试项目,应采用过程控制等手段来保证其可靠性。例如:对于并联冗余保险管,可在其中一个备份通道上设置测试跳线器,初始时跳线器开路,从而确保在焊接完成后每个保险管可测。在测试完成后,再将跳线器短接,从而将不可测项目改进为可测项目。

2.3.3.7　其他设计事项

(1)尽量简化冗余的结构和电路等,多余逻辑可能带来不可预料的故障。具体到每个功能,应考虑实现该功能的电路是否最简单;具体到每个器件,应考虑该器件能否取消或与其他器件合并。

(2)外部接口独立准则。冗余的对外接口尽可能独立,消除因共用接口器件造成的单点故障。若不能独立,则应采取一定的隔离保护措施。

（3）异构准则。条件允许时,冗余间应原理不同。

（4）若采用双点双线,应确保"O"形拓扑,避免"Q"形拓扑。如图2-20(a)的"O"形拓扑中,任意一处出现开路故障都不影响信号畅通,而图2-20(b)的"Q"形拓扑,若C机和B机之间开路,则C机将无法连通。

图2-20 双点双线冗余设计

2.3.4 冗余的分析验证

2.3.4.1 硬件法 FMEA

硬件法 FMEA 采用从下而上的方法,找出各种可能的故障模式,分析故障的影响,发现薄弱环节,进而采取改进措施,提高可靠性。硬件法 FMEA 是冗余设计可靠性分析的基础工作之一,应采用硬件法 FMEA,系统地分析冗余设计逻辑模型中的 FDMU、CSSU 和 IPU。应分析每个元件的所有故障模式,确保不存在不可接受的故障模式。

2.3.4.2 冗余切换分析(RSA)

RSA 技术是 FMEA 在冗余分析中的特定应用,用于分析冗余设计中发生单个故障时,是否会影响冗余切换功能。RSA 的一般步骤包括:

（1）标识并绘制包含冗余备份模块的完整电路图。

（2）接口部分应细化到每个元器件。

（3）针对每个元器件的所有故障模式,确保不影响冗余切换。

进行 RSA 时,既应确保故障不传播,又应确保发生故障时能切换成功。RSA 分析结果应落实到调试细则和测试细则中,以便通过故障注入验证分析结果。例如图2-21为冷备份 A_1 或 A_2 驱动负载 L_1 和 L_2 的案例。如果驱动 A_1 断电时的接口阻抗低于 A_2 加电时的输出阻抗,则在 VD_1 发生短路故障时,

A_2 的输出会被断电的低阻抗 A_1 拉低,导致 A_2 无法同时驱动负载 L_1 和 L_2,即 VD_1 的短路故障会导致不能由备份 A_1 切换到备份 A_2,但不影响 A_2 切换到 A_1。为避免该切换故障,对二极管 $VD_1 \sim VD_4$ 分别进行串联冗余。如果驱动 A_1 和 A_2 在断电时的阻抗足够高,则不存在上述切换失效问题。

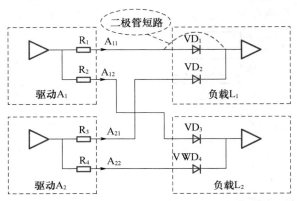

图 2 – 21　RSA 分析示例

2.3.4.3　共因故障分析

共因故障分析是 FMEA 的子集,用于分析冗余系统内部发生单个故障时,是否会导致冗余系统及其外部对象出现(或在很短的时间内相继出现)两个或更多的故障。应确保冗余备份之间、冗余备份与外部对象之间没有共因故障,提高冗余设计可靠性。冗余备份之间的相互关联和依赖是共因故障的内因,确保独立性是解决共因故障的上策,应做到:

(1)冗余模块之间尽可能独立,减少互相依赖的电气接口和彼此制约的操作环节。

(2)若条件允许,尽可能采用异构设计。

(3)冗余模块尽可能配置在不同区域,防止某区域遭到破坏时所有冗余备份都发生故障。

2.3.4.4　冗余电源的可靠性分析和检查

电源自身往往采用冗余设计,冗余方案主要存在电源切换环节,电源的隔离和保护能力分析是冗余可靠性分析的重点之一。冗余电源之间以及冗余模块之间应具有可靠的电源隔离保护机制。检查项目包括:

(1)对于冗余电源,应确保任何故障模式都不在备份电源间传播。热备份电源一般均衡供电。

（2）确保母线上的单个短路不影响供电。先界定由该母线供电的所有冗余备份和其他负载,再分析各冗余备份和负载的电源隔离保护设计,确保单个短路不影响母线供电。

（3）冗余模块优选独立供电,若不采用独立供电,则应提供完备的隔离保护。

（4）对于电源隔离保护设计,应确保:

① 隔离保护电路尽可能靠近电源源端,以涵盖更多的故障模式。

② 合理设定电源保护阈值,确保正常的峰值功耗不会触发短路保护。

③ 采用分级保护机制时,若底层模块发生过流,应确保底层保护装置首先启动。

④ 采用熔断器时,应确保熔断器熔断后,不会对系统造成灾难性的功能降级。

⑤ 采用自恢复的电源保护装置时,应确保自恢复延迟时间满足系统的实时性要求。

（5）不能忽视电源通道上的线缆和电连接器的可靠性:

① 冗余电源电缆应独立成束、禁止混扎,且备份线束之间应留有足够的安全距离。

② 电源电缆和电连接器应进行足够的耐压、绝缘和电流降额,电连接器点号分配上的电源及其回路应有足够的安全距离。

例如:图 2 – 22 为某卫星中的温度测量冗余电路,其中 R_{ti} 为小阻值的热敏电阻,R_i 为大阻值的精密电阻,热敏电阻安装在各个测温点,装配环境复杂,易与结构地短路;精密电阻安装在检测箱中,装配环境较好,不易对地短路。图 2 – 22(a)为不良设计,若某热敏电阻 R_{ti} 对地短路,则会将电源拉低,导致所有

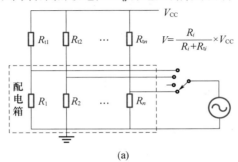

$$V=\frac{R_i}{R_i+R_{ti}}\times V_{CC}$$

(a)

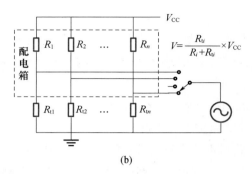

$$V = \frac{R_{ti}}{R_i + R_{ti}} \times V_{CC}$$

(b)

图 2 – 22　某卫星温度测量冗余电路

冗余检测通道都失效;图 2 – 22(b)为正确的设计,即使某热敏电阻 R_{ti} 对地短路,也只导致该检测通道失效,而不会导致所有冗余检测通道都失效。

2.3.4.5　冗余管理电路的潜在电路分析

潜在电路分析的目的在于发现不同的状态和时序组合下的不期望的功能。冗余管理电路是安全性关键系统,是潜在电路分析的重点。应确保冗余管理电路中,不期望的功能在任何情况下都不被激活。例如:图 2 – 23 中的冗余电路禁止两个备份同时工作。当"禁止/允许自动切换"开关处于"允许自动切换"状态时,可手动或自动选择备份;当该开关处于"禁止自动切换"状态时,只能通过手动选择备份。出现潜在电路的条件为:处于"禁止自动切换"状态,而自动启动备份 2 的信号为真。当手动启动备份 1 时,备份 1 工作;但与

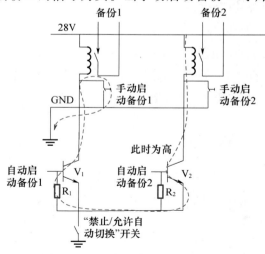

图 2 – 23　冗余设计的潜在电路示例

此同时,会出现虚线所示的潜在电路,该潜在电路会启动备份 2 工作,从而导致备份 1 和备份 2 同时工作。该问题的解决途径是在三极管的集电极处增加一个二极管,以堵截可能出现的潜在电路。

2.3.5 冗余的测试验证

2.3.5.1 冗余系统的故障注入测试

分析验证存在一定的局限,应通过测试进一步验证冗余设计。冗余测试时,首先进行常规的功能测试,确认原理设计的正确性;然后测量 BFU、FDMU、CSSU 和 IPU 的详细性能,调整参数,获得鲁棒性好的冗余电路。除上述常规测试外,还应进行故障注入测试。应以"黑盒"(或"白盒")方式对每个 BFU 进行故障注入测试,以"白盒"方式对 FDMU、CSSU 和 IPU 中每个元件进行故障注入测试。故障注入测试应满足测试覆盖性要求。

2.3.5.2 冗余系统的电源专项测试

冗余电源自身和冗余备份之间的电源隔离保护是冗余设计的重要环节,冗余加断电瞬间(尤其是加电瞬间)是冗余故障的高发期,应对电源隔离保护能力及其加断电瞬间进行专项测试,确保冗余系统可靠供电。在原理样机阶段,尽可能模拟冗余电源自身以及冗余负载的短路故障,验证冗余电源以及冗余负载保护措施的有效性。注:在原理样机阶段宜采用功率管和模拟负载,通过调节功率管承载电流的大小来模拟正常工作电流、闩锁或短路时的异常电流。重点关注冗余电源电缆和电连接器的耐压和绝缘测试。

模拟航天器上电源的加断电特性(含时序要求),验证冗余系统加断电可靠性。充分考虑被测对象上剩余电荷的缓泄特点,确保在可能的断电间隔后不出现加电瞬间故障。

2.3.5.3 冗余测试中应注意的其他事项

尽可能按在轨操作流程进行冗余系统的地面测试,尽可能按地面测试流程运行冗余系统。应注意的其他事项还包括:

(1)流程一致:尽可能保持地面测试流程和在轨操作流程一致。

(2)环境一致:尽可能按在轨真空、热、电磁等条件设置试验环境,更充分暴露问题。

(3)无法满足上述要求时,应通过分析或仿真等手段证明地面测试和在轨操作之间的等效性。

第 3 章
故障检测技术

故障检测技术是容错系统实现可靠性和重构的重要手段,本章将结合航天器控制计算机的结构和具体实现情况,分别论述计算机系统部件(CPU、存储器和I/O)和系统的故障检测技术和实例。

3.1 故障模型

故障模型是容错技术研究的基础,研究容错首先要确定发生故障的部分以及具体的故障,并对故障进行分析和归类。故障模型的正确和合理与否直接影响故障检测和恢复的算法的选择,直接影响容错系统的设计。为了研究故障对电路或系统的影响,定位故障的位置,有必要对故障作一些分类,并选择最典型的故障,这个过程叫做故障的模型化。用以代表一类故障(对电路或系统有类似影响的故障)的典型故障称为模型化故障。

故障模型化的基本原则有两个:一个是模型化故障应能准确地反映某一类故障对电路或系统的影响,即模型化故障除应具有典型性、准确性,还应有全面性。另一个原则是,模型化故障应该尽可能简单,以便作各种运算和处理。显然,这两个原则是矛盾的,因此往往要采取一些折中的方案。

由于解决的问题不同和研究的侧重面不同,而采用的故障模型也不同,因此在决定使用什么样的故障模型时,首先要考虑所研究对象的重点是什么,所研究电路和系统的实现技术和采用器件是什么,最后还应考虑到研究用的设备、软件和其他条件。总而言之,故障的模型化在故障检测中起着举足轻重的作用,一个好的故障模型化方案往往能使故障检测的理论和方法得以发展和完善。

故障模型可以从时间和空间两个方面进行分类:时间是指故障持续的时间;空间是指故障在电路中发生的位置,一般也是指电路的物理层次大小,因此也可称为物理层次故障模型。

3.1.1　按时间分类的故障模型

（1）永久性故障:指一旦发生将永久存在,直到采取维修措施才能消除的故障。对硬件来说,永久性故障意味着不可逆的物理变异,如一个电路坏了、线断了等。

（2）暂态故障:暂态故障是相对永久故障而言,有两种类型,即间歇性故障(Intermittent Faults)和瞬时性故障(Transient Faults)。

① 间歇性故障:指故障重复的发生、消失,这种故障是短暂的,但有其不定期的重复性。故障通常由元器件参数变化引起的性能波动、接插件不牢靠或焊点虚焊,以及温度、湿度和机械振动等原因引起。

② 瞬时性故障:是指发生后很快消失、持续时间很短的故障,其出现是暂时的,且是非重复性的。常常由于电源方面的干扰、电磁干扰,或是空间辐射引起。这样的故障有可能仅出现一次,或很长时间出现一次,但却可能造成数据的错误,甚至系统瘫痪。

统计表明,间歇性故障和瞬时性故障占整个故障的很大比例,成为系统出错的主要根源。早期美国空军的一项研究报告指出:这两类故障占所有故障的80%,后来 IBM 公司的一项报告指出:这两类故障占所有现场失效的90%。由此可见,如何纠正因间歇性故障和瞬时性故障而引起的错误是容错技术和容错计算机系统首要解决的问题。

3.1.2　按空间分类的故障模型

在硬件的层次上有晶体管级、门级和功能级等不同级别,可以对不同层次级别建立故障模型。一般来说,故障模型建立的级别越低,进行故障处理的代价也越低,但故障模型覆盖的故障也越小,因此也需要更多的模型来覆盖所有故障。通常一种高级故障模型能覆盖多种低级故障模型。

(1)晶体管开关级故障模型。晶体管是组成数字电路的最底层基本单元,因此晶体管开关级故障模型也是级别最低的故障模型,一般包括以下物理故障:①晶体管或连接线的开路与短路;②物理故障的时延效应;③电路中接点间的耦合或串扰;④元件的性能下降。其中,最常见的故障模型是晶体管常开常闭型故障模型。

(2)门级故障模型。门级故障模型又称为逻辑级故障模型,是故障模型中应用最多的一种,其原因主要有:门级故障模型建立与应用较为方便;门级故障模型可使用布尔代数来为复杂系统产生测试码;门级故障模型适用于多种不同电路。常用的门级故障模型有:

① 逻辑固定型故障模型(Stuck-at Fault Model)。固定型故障(Stuck Faults)模型主要反映电路或系统中某一根信号线(如门的输入线或输出线、连接导线等)的信号在系统运行过程中永远固定在某一个值上。在数字系统中,如果信号固定在逻辑高电平上,则称为固定 1 故障(stuck-at-1),简记为 s-a-1;如果信号固定在逻辑低电平上,则称为固定 0 故障(stuct-at-0),简记为 s-a-0。

逻辑固定型故障模型对故障作如下规定:门级逻辑中的每个门的每根输入输出线均可能发生两种故障,即该线固定为逻辑 1 或固定为逻辑 0;故障不改变门的基本功能;故障是永久故障。需要着重指出的一点是,故障模型 s-a-1 和 s-a-0 都是对于电路逻辑功能而言的,和具体的物理故障没有直接关系。因此 s-a-1 故障不单纯指节点与电源的短路故障,s-a-0 故障也不单纯指节点与地之间的短路故障,而是指始终使节点上的逻辑电平停留在逻辑高电平或逻辑低电平上的各种物理故障的集合,这也体现了不同硬件级别可以建立不同的故障模型。

② 桥接故障模型(Bridging Fault Model)。桥接故障即短路故障,其情况多种多样,有可能改变电路的拓扑结构,导致电路的基本功能发生根本性的变化。因此,一般不能研究全部桥接故障,通常是找出最常见的几种,例如通常考虑两种故障:元件输入端之间的桥接故障,即不产生反馈的信号线短路故

障;输入与输出之间的反馈式桥接故障,即产生反馈的信号线短路故障。此外,信号线的短路产生"线与"或者"线或"作用,等价于增加了一个与门或者或门,即线与/线或故障模型(Wired-AND/Wired-OR Fault Model);另外还有支配型故障模型(Dominant Fault Model),即当一个信号较另一个信号有较强驱动能力并且在两信号桥接时,使两信号都输出较强信号的值。

③ 断路故障模型(Breaks In Lines Fault Model)。断路故障模型又叫开路故障模型(Open Circuit Fault Model)。该故障模型和短路故障相对,但此故障模型并不常采用。

④ 内部功能故障模型(Function Fault Model)。数字电路由与门、或门、非门等基本逻辑门,以及触发器组成。内部功能故障模型指这些电路基本组成单元内部功能不正常,基本组成单元的内部功能故障将直接影响整个电路系统的功能。

⑤ 时延故障模型(Delay Fault Model)。该故障模型虽然是一类和时间相关的故障,但并不是指故障在时间上的持续特性,而是指由于时间延迟引起的故障,对有一定时间和时序需求的电路有影响。

(3) 功能模块级故障模型。复杂的数字电路多由功能模块组成,每个模块再由具体的逻辑电路实现。在许多情况下,只需知道某个模块是否故障,因此在功能模块级上建立故障模型十分有用。功能模块级故障模型覆盖晶体管开关级故障模型和门级故障模型,而且可处理性比其他两个低级模型都要好,在很多实际的容错系统中都是针对该级别的故障模型实施容错策略的。虽有很多优点,但是功能模块级故障模型的准确性一般不易做得很高,因为抽象级别越高,信息丢失的可能性也越大。功能模块级故障模型一般有:译码器故障模型、多路转接器故障模型、存储器故障模型、可编程逻辑阵列(PLA)故障模型、微处理器故障模型等。

在故障模型方面,有以下四点值得进一步研究:

(1) 随着集成电路的进一步发展,集成化 SoC/SoPC 技术的出现,如何针对集成电路冗余设计进行建模。

(2) 随着计算机系统设计技术和工具的发展,对设计故障的研究越来越受到关注,需要研究设计故障的故障模式。

(3) 由于数字和模拟电路的集成,相互之间的故障影响和故障建模也需要进一步研究。

（4）深入分析空间环境对电路的影响，提高建模的准确性。

3.2 故障检测技术

本节讨论了故障检测技术的概念，及其涉及的范围；重点针对单机情况，讨论了 CPU、存储器和 I/O 的故障检测技术，并给出几种常用方法。

3.2.1 概述

故障检测是指当系统中存在故障时，能通过一种或多种方法把故障检测出来的技术。在故障检测技术中，应用最多和最简单的是二模冗余技术，采用两个相同的副本，当出现故障时，两个副本所产生的结果不再相同，只要简单做个比较就可检测出故障。这种比较技术既简单又价廉，而且对性能影响较小，它适用于计算机设计的所有范围和级别。它能检测除了比较电路故障以外的所有单故障。二模冗余有多种变形。有的是把二模冗余和其他技术结合在一起，结果增加了某些类故障的覆盖率。如增加覆盖率的一个方法是在 C. mmp 多处理器中用的交换与比较技术，这种技术开始用于存储器中的重要数据结构，后来扩展到计算机的其他地方。交换和比较技术除了覆盖所有的单故障、非重叠故障外，还能覆盖影响两个副本的大多数相同故障。二模冗余故障检测技术的明显缺陷是两个副本易发生相同的故障（共模故障），尤其是两个副本有同样的设计差错或驻留在同一 IC 片上时更是如此。此外，比较电路的故障检测和其本身的可靠性也是这种技术存在的一个不足。

检错码也是使用较多的一种故障检测方法。它是信息冗余的系统应用。如奇偶检错码，它是把一个附加位加到每一组二进制位使得所得到的字有偶校验或奇校验而构成的码，究竟是偶校验或奇校验取决于具体的实现方法。这种码能对差错进行实时检测。

在实际的系统应用中，故障检测最廉价的方法之一是累加和。把一个块中全部 s 个字按模 n 加在一起就形成该块的累加和，其中 n 是任意的。这种码字最适用于数据量大的场合，但是随着数据量的增大，计算累加和的时间也随之增加，这对实时性要求比较高的系统而言是一个需着重研究的问题。

　　此外,还有人提出了算术码和循环码及监视定时器(WDT)等故障检测技术。

　　虽然二模冗余和编码技术是解决故障检测的普遍方法,但这些技术对其中的比较电路(二模冗余)或译码器/检测器电路的单点失效都是无能为力的,为了解决这个问题,提出了自校验、故障保险和失效 – 安全逻辑设计技术,这些逻辑设计技术可用于通用逻辑设计以及比较器和校验器中。

　　在航天器控制计算机中,针对单机通常采用故障检测的方法。一个单机系统一般由 CPU、存储器、I/O 部分组成,下面分别对它们的故障检测方法进行讨论。

3.2.2　CPU 的故障检测方法

　　在一个计算机系统中,CPU 是系统的核心部分,因此当 CPU 发生故障时,及时准确地检测出来对于保证系统正常运行是非常重要的。在讨论 CPU 的故障检测方法之前,首先给出 CPU 的故障模型。

　　CPU 是目前最复杂的集成电路芯片之一,引起其故障的原因很多,故障的表现也很多,但它发生的故障类型主要有两种:一是永久故障(硬故障),源于电子器件的永久性损坏;二是瞬时故障(软故障),主要由各种辐射(包括空间辐射)、电磁环境等引起,可引起状态的变化,但可恢复。

3.2.2.1　CPU 的故障检测方法

1. 增加硬件电路来实现故障检测的方法

　　在这种方法中,通过增加硬件的方式来实现对 CPU 故障的检测,主要有:

　　(1) 基于差错控制码的方法,在这种方法中把差错控制码放在 CPU 的设计中,通过这种方法设计出来的 CPU 也称为自校验处理器。差错控制码包括检错码和纠错码两类,常用的检错码有奇偶码、伯格码、n 中取 m 码等。

　　在系统中,是通过增加硬件来实现差错控制码的,因此它这种码增加了硬件开销。基于差错控制码的自校验微处理器所增加的硬件开销与各部件所用的检错码的码制有关。典型的实验数据表明,它的大致范围是 $38\% \sim 60\%$。

　　这种方法具有较高的故障检测率,既能检测永久故障又能检测瞬时故障,同时故障检测的实时性好。但由于这种方法与 CPU 产品密切相关,这种类型的 CPU 形成产品的很少,一般实际系统所用 CPU 均不是这种类型的 CPU,因此这种方法不适合在实时系统中应用。

(2) 在系统中对 CPU 采用备份的方法,即在 CPU 芯片级采用备份的方式。采用这种方法的典型例子如 PAD 微型计算机。这种方法同样具有较高的故障检测率,既能检测永久故障又能检测瞬时故障,同时故障检测的实时性好。但由于双模需要故障比较电路,因此硬件开销大于 100% 且实现起来在时序的同步上很复杂,所以实际中应用也少。

2. 软件的方法

对于 CPU 的故障检测的另一种方法可以通过时间冗余的办法来实现,这种方法中有两种方式:一种是重复运行同一功能程序,依据它们的结果的比较,实现故障检测;另一种方式是设计自测试程序,在程序运行过程中定期对 CPU 进行测试,依据测试通过与否来判断是否存在故障,即检测出故障。

(1) 双模软件比较。利用时间冗余的最基本形式是在系统中运行两套同一功能的程序,也称双模软件比较方式,运行的程序功能上是一样的,程序可以完全是一样的,也可以是同一功能不同版本的程序(这种方式由于程序的相对独立,可以检测到的故障种类要多,如软件设计错误、共因失效等),然后通过比较两套程序执行的结果来检测错误。由于这种技术明显地增加了时间开销,而且在一个任务中如何设置程序的长度大小对于不同的任务也是不一样的,很难形成与应用无关的确定办法。因此,这种方法在实时控制系统中应用受到很大的限制。

(2) 自测试软件方式。利用时间冗余的另一种方式是针对 CPU 设计自测试程序,通过周期性地运行 CPU 的自测程序来检测 CPU 的故障。这种方式的特点是测试的方法与 CPU 承担的任务无关,只与 CPU 的结构有关,它的时间长度也是确定的,并可以根据系统的要求设计不同时间长度要求的程序,因此在实时控制计算机系统中是广泛采用的一种方法。

3.2.2.2 CPU 的故障检测实例

由上面的分析可知,自测试方法由于其所具有的优点在实时系统中得到了广泛的应用。下面通过一个实例给出针对一类 CPU 的一种自测试方法。

一般而言,现在所使用的 CPU 主要由下面几部分组成:接口部分,负责地址输出及数据的发送和接收,控制信号对外接口;执行部分,包括指令的控制、运算执行单元和寄存器组;随着 CPU 的发展,现在有内设存储器的 CPU 出现,由于对于存储器的测试在 3.2.3 节详细讨论,因此,对于 CPU 的测试主要考虑上面两部分。不失一般性,下面着重通过分析在空间应用较广的 80C86 系统进行讨论,可推广到其他 CPU 单元的自测试中。

80C86 是一个 16 位的 CPU 芯片,它由执行部件(EU)和总线接口部件(BIU)两部分构成,并通过内部总线相联,彼此相互独立地工作于异步方式,其结构如图 3-1 所示。

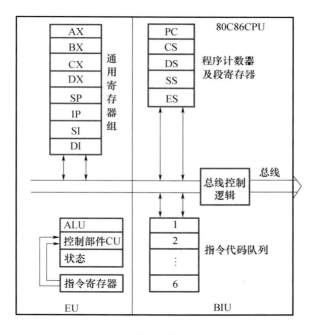

图 3-1 80C86 内部结构简单图示

从图 3-1 中可以看出,80C86CPU 主要由三部分组成,即寄存器部分、算术运算部分和控制操作部分。与此相应 80C86 的指令系统也可分为三部分:与寄存器相关指令、与算术运算相关的指令以及与控制操作相关的指令。由于对 80C86CPU 是否存在故障的确定实际上是看 CPU 能否正确地执行指令,因此对 CPU 的故障检测的问题可以转化对 CPU 指令系统执行情况的检测。

所以提出一种通过检测指令的执行情况来检测 CPU 故障的方法。

1. CPU 永久故障检测方法

由于 CPU 指令系统中不同的指令,执行的结果不同。在出现故障的情况下,其表现的行为也不一样,所以为了完成 CPU 的自测试,首先对 CPU 指令系统进行划分,根据不同的划分类型给出检测方法。按照指令操作的类型和与 CPU 对应的结构将 CPU 指令分为三部分,即寄存器相关指令组、算术运算相关指令组以及控制操作相关指令组。通过对上述指令组的指令形式和 CPU 中的实现结构分析,针对这三部分分别设计相应的检测程序。

(1)寄存器指令组:寄存器主要用来作为数据和状态的暂存及一些关键参数或变量的保存。通过对寄存器写入测试数据,然后读出来进行比较判断是否存在故障。如对 AX 寄存器测试程序为

```
            mov ax,0
            cmp ax,0
            jnz ax_fault
            mov ax,5555h
            cmp ax,5555h
            jnz ax_fault
            mov ax,0aaaah
            cmp ax,0aaaah
            jnz ax_fault
            mov ax,0ffffh
            cmp ax,0ffffh
            jnz ax_fault
            jmp ax_ok        ;AX 正确
ax_fault:                    ;AX 故障
```

(2)算术运算指令组:算术运算指令主要用来处理数据运算和逻辑操作。通过设置不同的数据进行操作,然后对结果进行判断可以检测出故障来,与寄存器测试一样可以写出相应的程序,这里不一一列出。

(3)控制操作指令组:用于程序的控制,通过分析指令执行的结果,设计测试程序对其检测。具体程序这里不列出。

上述的方法主要能检测永久故障,对于瞬时故障则覆盖率很低。

2. CPU 瞬时故障检测方法

在空间环境中,引起计算机瞬时故障的原因主要是空间辐射,其主要表现为 SEU 现象。因此这里主要讨论由 SEU 引起的瞬时故障检测问题。

1)故障行为分析

为了找到检测瞬时故障的措施,这里先讨论受 SEU 影响后,CPU 中不同部分会出现什么情况(相对程序运行而言)。

(1)总线控制逻辑。它决定于 80C86 的对外时序关系,包括最大/最小工作模式控制,操作地址/存取地址及存取时序功能,在发生 SEU 的情况下,表现为状态翻转,具体如下:

① CPU 工作在最大模式时,发生 SEU,变为最小模式,则时序乱,导致存取不对或程序走飞。

② CPU 工作在最小模式时,发生 SEU,变为最大模式,则时序乱,同样导致存取不对或程序走飞。

③ 操作地址不对或引起时序增加/减少,导致程序乱或程序走飞。

可以看出,这些现象通过某种手段应该是可观察的。

(2)程序计数器和段寄存器。这是一组寄存器,主要受状态翻转的影响,但表现形式有所不同。首先 PC 是程序运行的偏移指针,它与 CS 一起形成程序的最终运行地址,PC 是一个 16 位的寄存器,如果它的某一位从 0 变为 1,或从 1 变为 0,都将引起程序运行上的变化。除了极个别的情况外(如一组 NOP 指令,则 PC 的低位错误对程序执行不产生影响),这种运行上的变化,都将产生错误,因而是可观察的;CS 是程序段地址寄存器,它也是一个 16 位的寄存器,它的某一位变化,都将引起程序较大的转移(最小 16 个字节),通过设置跟踪标志或程序运行结果,可以较好地观察到它是否发生状态翻转;DS 和 ES 是两个 16 位的寄存器,用于存数据段和数据扩展段的地址,在程序的运行过程中它是可以设置的,这样可以根据程序的安排,通过读写来看它们与设定值是否一致,从而判断是否发生翻转,因而是可观察的;SS 是堆栈的段地址,一般在程序运行中不变,因此可以通过设置给定的值来检测其是否发生变化。

(3)指令寄存器和指令代码队列寄存器。这是一组 16 位的寄存器,是为了提高 80C86 程序的运行速度而设置的。当这组寄存器的某一位翻转时,引起指令运行上的变化,从而引起错误。值得指出的是,对于这组寄存器指令的不同,其表现的结果也有所不同,甚至不表示出来。如有跳转之后的指令发生问题就是如此。因此,为了能尽量地检测出 SEU,应少用转移指令。

(4)通用寄存器组。对于这组寄存器而言,它们的数据可根据需要进行设定,这样当其发生翻转时,可通过程序检测到。

(5)状态寄存器。它的作用是用来保存程序运行中发生的一些状态信息,如运行结果是否为零、是否溢出和是否有进位等,这些状态发生 SEU 后能否导致错误不取决于程序的内容,不同的程序内容,表现不同的现象。可能的几种情况是:使程序跳转,进入其他处理程序;使运算结果发生变化;有的则不引起任何变化,原因是这些状态随着程序的运行结果而可以重新置入,从而在引起错误之前得以修复,而这种情况的发生与时间相关。该寄存器的状态可以通过程序的读取来进行判断,是可观察的。

(6)ALU。它是由组合逻辑构成的一种电路(或者可等效为这样的一种电路)。SEU 对它的影响主要表现在瞬时性和不可寄存性,能否检测得到,取决于作用到 ALU 上的时刻,即当在打入通用寄存器时,如果发生 SEU,则可以记录下来,否则记录不下来,也不会引起错误。在实际中亦是如此,即大部分情况不会造成错误,因此这里对其不作过多的考虑。

(7)CU。它负责指令的译码和执行代码产生,也是一种组合网络,具有无记忆性。在其上发生的 SEU 也是不能保持的,但可以通过指令的执行结果表现出来,从而引起指令执行的错误,是可观察的。

通过上面的分析,对于 80C86 内部的电路受 SEU 的影响可能表现的结果归纳如下:①引起程序的执行顺序发生变化,严重时程序跑飞;②引起数据运算结果的变化;③引起寄存器数据的变化;④不引起任何效果。

2)故障检测方法

针对上述几种情况下面提出检测的方法。

(1)对程序运行的轨迹进行监视,一旦程序跑飞或走入其他分支即采用复位的方法把它拉回来,并记录一次 SEU,这可以检测到上述大部分指令寄存器及与之相关的寄存器中的 SEU 现象。

(2)对程序运行轨迹进行监视,一旦程序走入其他可恢复的分支,不按顺序走下去,则通过与正确顺序比较来检测 SEU 现象。

（3）周期性地测试，通过寄存器组来判断这些寄存器是否发生了 SEU 现象。具体地说就是在测试开始设置一固定数，然后看是否发生错误，由于这里考虑的是由 SEU 引起的状态翻转，所以对基于图形敏感的错误这里可以不考虑。

（4）安排相应中断和调用程序，以测试堆栈段和堆栈指针是否由 SEU 导致错误。

（5）进行全指令集测试，以测试 CU 部分的 SEU 现象。

由于 CPU 是计算机系统的核心部分，控制着系统程序的运行，所以在存在故障的情况下，无论是上面的哪种方法，由于检测到故障的前提条件是程序能正常运行，当程序不能正常运行时，故障的检测就不能进行，因此在 CPU 发生导致程序不能正常运行的故障时，为了能检测到这种类型的故障，需要采取其他办法进行解决，以便实现系统的正常运行。解决这个问题的方法之一是：采用看门狗技术，它的实现方式主要有两种：一种是看门狗定时器技术；另一种是看门狗处理机技术。由于看门狗定时器技术比看门狗处理机技术更加简单和易于实现，在实际系统中被广泛采用。

☑ 3.2.3 存储器的故障检测方法

在实时控制计算机系统中，使用得最多的存储器是半导体存储器，因此在这里主要以半导体存储器作为讨论对象。在半导体存储器中，根据其存储内容可修改与否又分为只读存储器和随机存取存储器。

3.2.3.1 只读存储器检测方法

在空间应用中，只读存储器（ROM）是必不可少的，主要用来存储运行的程序及一些重要的参数和初始数据，在讨论只读存储器的检测方法之前，先介绍 ROM 的主要故障模型。

I. ROM 故障模型

ROM 一般由地址译码部分和数据存储单元组成。因此，在 ROM 中出现的故障相对应的有下面几种。

1）地址译码故障

（1）一个地址对应多个单元：即选定一个地址时，有多个单元被选中，此时，输出数据将可能不定，有可能正确，有可能不正确，这种故障简称一对多地址故障。

（2）多个地址选中一个单元，即多个地址由于发生故障，实际上只对应于一个单元的数据，此时，对于一个单元的数据输出是确定的，但由于多个地址选择的单元原本是不一样的，数据最大可能也是不一样的，因此，输出的数据也不能正确反映所选的单元需求，简称多对一故障。

（3）交叉地址故障，即由于故障的原因，所选择的地址发生变化，不是原来所需要的，如选定地址为 X_1，结果由于译码部分的故障，变为 X_2（$X_1 \neq X_2$）。

（4）不在地址空间内，即由于译码电路的故障，未选到任何单元。

2）存储单元故障

（1）固定零故障，即一位固定为 0 的故障。

（2）固定 1 故障，即一位固定为 1 的故障。

此外存储单元故障还有耦合故障、数据敏感故障，由于这两种故障出现的概率相比前两种故障较低，因此，在这里主要讨论前面两种存储单元的故障。

2. ROM 故障检测方法

在空间控制计算机系统中，由于实时性的要求，采用的 ROM 故障检测方法主要是编码检测方法和累加和方法，下面着重从故障检测率和实时性方面进行讨论。

1）编码检测方法

在编码检测方法中，主要有奇偶校验码和纠一检二码方法即 EDAC 法。

（1）奇偶检验码方法。奇偶检验方法，是在数据单元之外，加一位奇（偶）校验位的方法，在有故障的情况下，对于一个字中的一位故障来讲是能够检出来的，所以，它的检错能力是：存储单元的单错能够检出来，但对于译码故障，则除了第四种错能检出来之外，其他均不能检测出来。

奇（偶）检验方法虽然具有很好的实时性，但由于需额外增加硬件，且故障的检测效率不高，因此在实际系统实际中，用得比较少。

（2）EDAC 方法。EDAC 方法是在随机存储器中大量采用的一种方法，如果在 ROM 中也采用 EDAC 方法，它对于故障检测范围来讲，与奇（偶）校检法相类似，这种方法的本身是针对存储单元的，而对于地址译码部分的故障也是检测不出来的，因此同样虽然增加了硬件，实时性好，但故障检测率不是很高，在工程实际中也是用得比较少。

结论:编码校验方法由于其对数据单元进行编码的特征,在 ROM 的故障检测中,具有实时性好的特点,但增加了另外的资源且对于地址译码部分的故障大部分检测不到,因而在工程实际中基本上不采用。

2) 累加和方法

在 ROM 的故障检测中,另一种方法是累加和方法,所谓累加和方法是指:对 ROM 中的存储单元的内容事先计算累加和,由于 ROM 一旦形成后就不会变化,因此,在运行的过程中,系统定期地对 ROM 进行累加和计算,通过与事先计算机的累加和来进行比较,判断是否出现故障。

为了讨论的方便,下面对 ROM 作一描述。假设 ROM 的字长为 m 位,系统的存储空间为:$S = \{P_0, P_1, \cdots, P_i, \cdots, P_{n-1}\}$,存储空间大小为 n。

(1) 带进位累加和方法。带进位累加和方法又可分为两种:

第一种,设累加和用 s 表示,按存储单元进行累加,则

$$s = \sum_{i=0}^{n-1} p_i = c \cdot 2^m + s_1 \qquad (3-1)$$

在这种情况下,由于字长为 m 位,则最后的累加和可用两部分来表示,一部分为进位,一部分为累加的尾数,因此所形成累加和可以用两个数字来表示,一个数字表示进位,即 c,一个数字表示相加的尾数,即 s_1。

下面讨论累加和需要的存储单元数,由于每个单元为 m 位,则最大的数值为 $2^m - 1$,则

$$s = \sum_{i=0}^{n-1} p_i = \sum_{i=0}^{n-1} (2^m - 1)$$
$$= n \cdot (2^m - 1) = n \cdot 2^m - n < n \cdot 2^m \qquad (3-2)$$

由此可以确定进位的位数,在上式中进位为 n,由于 m、n 都是已知的,所以可以知道进位所需的存储单元数。例如,如果 $m = 16$ 位,$n = 64\text{KB}$,则 $y = 2^{16} = 64\text{KB}$,即只需一个字。

下面分析这种方法的故障检测情况。

对于存储单元的故障有如下的结论:

① 对于任意存储单元的一位错,则此种方法能够检测出来。

② 对于任意存储单元的多位错,则此种方法能够检测出来。

③ 对于不同存储单元的多位错,则不一定,在某些情况下能检出来,有时

检测不出来。

对于译码部分的故障：

① 一对多故障,是能够检测出来的。

② 多对一故障,多个地址对应于一个地址,是能够检测出来的。

③ 交叉地址故障,不能检测出来。

④ 地址不在地址空间内的故障,能够检测出来。

（2）分块累加和方法。当存储空间较大且实时性更高时,上述方法还是不够的,同时为了提高地址译码部分的故障检测率,这里提出分块跳跃 ROM 检测方法,这种方法把存储空间分成若干块,设为 l 块,累加和的计算是在每一个块中取一个字来进行累加,这样形成累加和的原始数据,这种方法可以大大提高交叉故障的检测率,从而提高 ROM 的故障检测率

存储空间分成 l 块,则每一块的大小为 n/l,块用 $b_1 \sim b_l$ 表示,如图 3-2 所示。

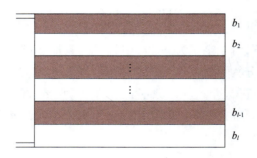

图 3-2 存储空间的分块结构

这样每一块有 n/l 字,因此最后形成 n/l 个累加和,即

$$s_0 = p_{b1,0} + p_{b2,0} + \cdots + p_{bl,0}$$

$$s_{l-1} = p_{b1,l-1} + p_{b2,l-1} + \cdots + p_{l,l-1}$$

式中: $p_{i,j}(i=1,2,\cdots,l; j=0,2,\cdots,l-1)$ 表示第 i 块中的第 j 个字。

经过分析,可以看出,在 ROM 的故障检测方法中,累加和由于其检测时间、故障检测率方面的优势是一种比较可取的检测方法。在累加和的方法中,分块累加和的方法比其他方法又有明显的优势。同时在实际工程应用的实时系统中,所需时间又可以根据实时性要求进行灵活的选取,因此具有更大的优势,是一种可供选择的方法。

3. 2. 3. 2　RAM 存储器的故障检测方法

经过几十年对存储器测试方法的研究,到目前为止,已产生了许多存储器测试方法,如乒乓测试方法、模式敏感测试方法等。下面首先介绍故障模型,然后介绍测试方法。

1.　存储器故障模式

到目前为止,存储器存在的故障模式主要有:

(1) 常 0/常 1 故障,亦称 stuck0/stuck1 故障。即在存储器中出现一位永久为 0 或为 1 的故障。

(2) 译码故障,任何存储器系统均有译码电路部分,译码故障指这部分出现的故障,出现故障后,将有如下结果:

① 选不到地址,获取不到数据。

② 一对多选址,只对一个单元操作时,而实际对多个单元进行了操作。

③ 多对一选址,多个地址对多个单元操作时,实际上只对一个单元进行了操作。

(3) 耦合故障,是一个单元的故障耦合到相邻单元,并造成相邻单元的故障。

(4) 数据区模式敏感故障,存储器的故障与数据区的内容有关(敏感)。即有的数据内容不产生故障,有的数据内容产生故障。

由于在存储器系统中出现最多的故障是前两种故障模型,许多测试方法的提出也是针对前两种故障的,因此本节讨论的测试方法也是针对前两种故障的。

2.　测试方法

在上述故障模型中,依据出现的概率及其在空间中的应用实际,主要的测试方法均是针对前两种的。经过几十年的发展,出现了许多方法,例如乒乓方法,根据测试时是否采用缓冲区,这些方法可以分为两类:一类是采用缓冲区的测试;一类是不采用缓冲区的测试,下面分别介绍:

1) 采用缓冲区的测试方法

在存储区测试中,采用缓冲区测试的典型流程如图 3 - 3 所示。这类测试方法应用实时控制计算机测试时,主要考虑资源的利用效率和故障检测效率。资源包括空间资源和时间资源,缓冲区太大则占用过多的空间资源,而太小又使故障检测的概率下降。时间资源也与测试的块的大小有关，与实时性相关，过长则可能影响系统的实时性。因此，为了适应实时性要求，这种测试均是分周期进行的，或者在计算机空闲时进行测试。空间具体多大，多少时间测试一次，由实际系统决定，在控制系统中，一般测试块的大小 1～4KB，测试周期与控制系统的控制周期相同。

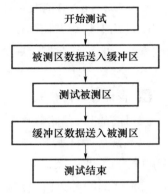

图 3 - 3　典型的存储器测试过程

在这类测试方法中，采用比较多的测试方法有跳步法（Gallop）和乒乓法（Pingpong）。

跳步法和乒乓法都属于 N^2 型测试算法，其中乒乓算法是跳步法的一种简化，它具有跳步法同样的检测功能，可保证在读出时实现各种信息变化和任何地址的转换，对存储矩阵的功能、译码器、选址时间及各个存储单元的写入过程和对信息在矩阵中保持的影响等有较好的检查效果。

跳步法也称为 1(0) 漫游法，测试过程如下：

（1）所有单元写 0(1)。

（2）A_0 写 1(0)，然后 A_1 读 0(1)。A_0 读 1(0)，A_1 读 0(1)，然后 A_2 读 0(1)。A_0 读 1(0)，接着 A_2 读 0(1)，然后 A_3 读 0(1)。A_0 读 1(0)，……，直到全部单元。

（3）将 A_0 改写为 0(1)，读 A_1 为 1(0)，重复以上步骤。

Gallop 算法的执行过程是先做 1 漫游再做 0 漫游。具体方案如下（为了便于描述，认为单元 A_0、A_1、A_2、A_3、$\cdots$、A_{n-1} 是从起始位置开始按照地址增序进行排列的单元）：

（1）从起始位置开始，按照地址递增顺序把全部单元写入"0"。

（2）从起始位置开始，给第一个单元 A_0 写"1"，读出第二个单元 A_1 的值"0"。

（3）读 A_0 的值"1"，读出 A_1 的值"0"，再读出 A_2 的值"0"。

（4）读 A_0 的值"1"，读出 A_2 的值"0"，再读出 A_3 的值"0"。

（5）读 A_0 的值"1"，读出 A_3 的值"0"，再读出 A_4 的值"0"。

$\vdots$

（n）读 A_0 的值"1"，读出 A_{n-2} 的值"0"，再读出 A_{n-1} 的值"0"。

至此算法对 A_0 操作完毕，然后开始对 A_1 进行操作。

（$n+1$）给第二个单元 A_1 写"1"，读出第三个单元 A_2 的值"0"。

（$n+2$）读 A_1 的值"1"，读出 A_2 的值"0"，再读出 A_3 的值"0"。

（$n+3$）读 A_1 的值"1"，读出 A_3 的值"0"，再读出 A_4 的值"0"。

（$n+(n-2)$）读 A_1 的值"1"，读出 A_{n-2} 的值"0"，再读出 A_{n-1} 的值"0"。

至此算法对 A_0 操作完毕，然后开始对 A_2 进行操作。

按照以上步骤，一直操作到 A_{n-2}，1 漫游结束。

再开始 0 漫游。将 A_0 改写为 0，读 A_1 为 1，……，重复以上步骤。

跳步法整个过程就像 1（0）在整个阵列中漫游一样。算法的时间复杂度为 $O(n^2)$，需要较长的测试时间。该算法具有较高的故障覆盖率，能检测固定故障、转换故障和耦合故障。算法时间复杂度过高，在实际中应用较少。

乒乓功能测试方法是：

（1）开始将所有存储单元写"0"。

（2）将第一个地址单元 A_0 改写为"1"，并读出验证。

（3）将第二个地址单元 A_1 读"0"，第一个地址单元 A_0 再读"1"。

（4）第三个地址单元 A_2 读"0"，第一个地址单元 A_0 再读"1"。

（5）第四个地址单元 A_3 读"0"，第一个地址单元 A_0 再读"1"。

$\vdots$

（$n+1$）最高地址单元 A_{n-1} 读"0"，第一个地址单元 A_0 读"1"。

至此算法对 A_0 操作完毕，然后开始对 A_1 进行操作。

将第一个地址单元复原为"0"，进行以下测试。

（$n+2$）将第二地址单元 A_1 改写为"1"，并读出验证。

（$n+3$）第三个地址单元 A_2 读"0"，第二个地址单元 A_1 读"1"。

$\vdots$

$((n+1)+(n-1))$ 最高地址单元 A_{n-1} 读"0"。第二个地址单元 A_1 读"1"。

至此算法对 A_1 操作完毕,然后开始对 A_2 进行操作。

将第二个地址单元复原为"0",按照以上步骤,一直操作到 A_{n-1},1 漫游结束。

这种测试方法虽具有跳步法的特征,但它的测试时间比较短,约为跳步法的 2/3,在大容量半导体存储器的功能测试中被广泛采用。有时在实际应用这类测试方法时,为了进一步提高检测效率,写入存储器单元的数可以不是全 0 或 1,而是 55AA 或 AA55。

2)不采用缓冲区的测试方法

采用缓冲区的测试方法,存在两个方面的问题:其一是在系统中必须有存储器缓冲区的存在,并且测试可以进行的前提是这个缓冲区要先通过测试,这样不但增加了系统的资源开销(多用了存储区),而且由于存在缓冲区也有出现故障的可能,因此后续测试可能不能进行;其二是系统资源的限制,系统缓冲区的大小直接影响存储器测试的覆盖率,理论上讲,它的大小最好与被测区域相等,但这在实际中往往是困难的。这里介绍一种不需要缓冲区的测试方法。前面中已经说明本章测试的故障类型是针对常 0/常 1 故障和地址线译码故障。

假设存储器系统以字(16 位)为单位进行存储,存储器大小为 n,存储器单元的地址用 $A_0,\cdots,A_{n-1}$ 表示,对应于单元内容用 $[A_i]$($i=0,\cdots,n-1$)表示,测试可用寄存器有 AX、BX、CX、DX、SI 和 DI。第一类故障测试过程如下:

(1) CX $\leftarrow n$, $i\Leftarrow0$,清故障标志;

(2) 读 AX $\leftarrow[A_i]$;

(3) $\overline{AX}\rightarrow[A_i]$($\overline{AX}$ 表示 AX 内容的取反);

(4) BX $\leftarrow[A_i]$;

(5) 如果 $\overline{AX}\neq$BX,则转第(9)步;

(6) $\overline{\overline{AX}}\rightarrow[A_i]$;

(7) CX $\leftarrow$ CX -1, $i\leftarrow i+1$

（8）如果 CX = 0，则转第（10）步，否则转第（1）步；

（9）置故障标志；

（10）返回。

第二类故障的测试方法如下：

（1）CX ←n, i ←0，清故障标志；

（2）j ←i, SI ←0；

（3）AX ←$[A_i]$；

（4）BX ←$[A_{j+1}]$；

（5）如果 $\overline{AX}$ = BX，则 SI ←SI +1；

（6）j ←j +1，如果 $j \neq n$，则转第（4）步；

（7）$\overline{AX}$ →$[A_i]$, j ←i；

（8）BX ←$[A_{j+1}]$；

（9）如果 $\overline{AX}$ = BX，则 SI ←SI −1；

（10）j ←j +1，如果 $j = n$，则转第（8）步；

（11）如果 SI ≠0，则转第（14）步；

（12）如果 $\overline{AX}$ ≠$[A_i]$，则转第（14）步；

（13）AX →$[A_i]$, i ←i +1，如果 $i \neq n$，则转第（2）步，否则转第（15）步；

（14）置故障标志；

（15）返回。

3.2.4　I/O 的故障检测方法

I/O（输入/输出）是系统的重要组成部分，随着 I/O 的集成度、功能越来越强，也是故障发生概率越来越多的地方，因此对 I/O 进行故障检测进行研究是非常必要的。I/O 故障检测有其便利的一方面，因为它是被动部件，因此可以通过反馈的方式来进行故障检测，检测结构如图 3 - 4 所示，检测的基本思路是：

对 I 部分的检测，可以通过控制选通的方法，由系统附加输出施加测试信

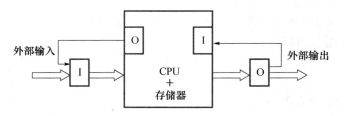

图 3 - 4 I/O 检测结构图

号来实现,一样的道理,对于 O 检测是通过输出反馈回来的输入来实现,通过这种方式比较输出和输入的数据来判断 I/O 是正常还是故障的情况。

但是在实时系统的检测中,要特别注意解决好如下几个问题:

(1)加入检测硬件如何不对现有系统造成影响。即为检测输入、输出故障而加入的硬件的故障不会成为系统的故障,对系统的运行造成影响,因此,在设计时应仔细考虑。

(2)在检测时要考虑时序的要求,避免由于检测程序的加入而影响系统正常进行。

(3)在设计对输入、输出电路进行检测的程序时,还要考虑对这些部分的操作不能影响系统的正常输入、输出。

第 4 章
总线技术

本节介绍了总线技术的基本概念,着重讨论了航天器广泛应用的几种典型总线的容错特性,并结合航天器的实际应用进行了举例说明。

▶4.1 星载总线技术的概述

4.1.1 基本概念

总线是连接计算机设备(或电子部件)的一组信号线,是传送信息数据的公共通道,在航天器系统中采用总线具有如下优点:

(1)简化了系统结构,降低了系统的复杂度,提高了系统的可靠性。

(2)减少了连线数目,便于电缆布线,减小了体积和重量。

(3)便于系统的扩充、更新与灵活配置,易于实现系统的模块化。

(4)便于接口设计,所有与总线连接的设备均采用类似的接口。

(5)便于设备的软件设计,所有接口的软件就是对不同的口地址进行操作。

(6)便于故障诊断和维修,同时也降低了成本。

因此总线技术在航天器中得到了广泛的应用。

◁ 4.1.2 基本术语

（1）协议：是控制实体之间数据交换的规则，构成协议的关键元素是交换数据的格式、信号电平，协调动作和差错处理的控制信息，以及时序匹配要求和信号顺序。计算机系统通信的基本模型是根据标准化组织提出的 OSI 模型。该模型按照层次结构划分通信协议，包括物理层、数据链路层、网络层、传输层、对话层、表示层和应用层七层协议。七层协议的基础是将通信协议分为两类——平级协议和接口协议。平级协议用于等层通信，即每一层按照同样标准通信；接口协议用于不同层次之间的通信，每层通过接口为上一层提供服务，而隐蔽本层功能实现的细节。目前，星载总线协议根据总线的复杂程度对 OSI 模型进行裁剪而来。

（2）数据速率（Data Rate）：数据传输的速率，单位是 b/s（比特/秒）。对于串行传输，数据信号速率可定义为

$$S = \frac{1}{T}\log_2 n$$

式中：T 为单位信号码元持续时间，单位为 s；n 为信号的状态数。对于两态信息，1 波特 = 1b/s。例如，当每个码元持续时间 20ms 时，对于"0"、"1"两个状态的信号，其数据速率是 50b/s，即 50 波特。

（3）信道工作模式：是指信道的时分特性，包括全双工、半双工、单工。全双工是信道两端可以同时接收和发送数据；半双工是每次只有一端能发送，另一端接收，但两端都能接收或发送数据；单工是只有一端能发送数据，另一端只能接收数据。

（4）信道传输模式：主要有异步传输（Asynchronous Transmission）和同步传输（Synchronous Transmission），是为保证发送端和接收端数据码的同步而采取的措施。异步通信是将数据划分为字符块，传输过程中每一字符块利用其起始位和终止位各自同步。同步传输是表示/bit 的每一个信号出现的时间与一个固定的时间帧相关，即每/bit 的出发时间和到达时间是可预知的。

（5）信号模式：描述传输信号电平的定义方式，主要有单端信号和差分信号。单端信号用相对于系统公共地（电源地或者逻辑地）的电压表示。差分信号用两条传输线之间的电压表示。

▶ **4.2　MIL – STD – 1553B 总线**

1553B 总线是美国制定的时分多路军用标准总线,定义了物理层和数据链路层协议。在数据传输方面,采用半双工数据传输方式,编码方式为曼彻斯特编码,码速率可达 1Mb/s。总线上有总线控制器(BC)、远程终端(RT)与总线监视器(MT)三类设备如图 4 – 1 所示,所有节点共享一条物理链路,任一时刻总线上只能有一个节点发送数据,但能被所有节点接收,实际接收数据的节点通过地址来识别。它是一种指令/响应总线,总线控制器对总线上的数据传输有绝对控制权。在可靠性方面,1553B 总线规定了故障的检测、定位、隔离和恢复等一系列容错功能,总线采用了双冗余设计结构,当一个通道出现问题时,可以切换到另外一个通道进行传输。目前,1553B 总线广泛应用在我国卫星的电子系统中。

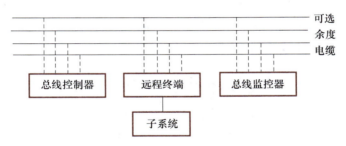

图 4 – 1　1553B 总线结构示意图

1553B 数据总线用的是指令/响应型通信协议。主要的硬件部分为总线控制器(BC,Bus Controller)、远程终端(RT,Remote Terminal)和可选用的总线监控器(MT,Bus Monitor)。

(1)总线控制器:它是在总线上唯一被安排为执行建立和启动数据传输任务的终端。被指派启动数据总线上信息传输任务的终端。

(2)远程终端:所有不作为总线控制器或总线监察器操作的终端,它是用户子系统到数据总线上的接口,它在 BC 的控制下提取数据或吸收数据。

(3)总线监控器:被指派接收总线通信任务并在以后提取要使用的选择信息的终端它"监控"总线上的信息传输,以完成对总线上的数据源进行记录和分析,但它本身不参与总线的通信。

✍ 4.2.1 总线系统故障模型

一般应用中,1553B 总线系统在物理上可以划分为三个功能模块:物理线路、总线控制器和远程终端,如图 4-2 所示。物理线路指总线系统中连接各终端的屏蔽双绞线和隔离、耦合变压器,是信息传输的通路。1553B 总线系统内允许有多条线路分别同时连接各终端。

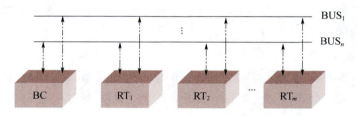

图 4-2 1553B 总线系统功能模块示意图

为避免直接与实际故障打交道,应该立足于比实际故障高的级别上进行研究。对硬件物理故障描述的故障模型按抽象层次高低分为晶体管开关级、门级和功能模块级,如图 4-3 所示。

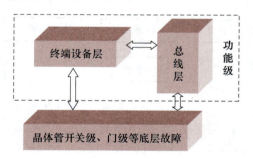

图 4-3 1553B 总线系统故障分布结构图

1553B 总线故障的可能原因有以下几种:

(1) 终端系统异常(软件运行异常等)。

(2) 总线控制器系统异常(软件运行异常等)。

(3) 总线控制器的总线控制芯片异常。

(4) 终端总线控制芯片异常。

(5) 通信线路物理性中断。

(6) 通信线路通过强电磁干扰区域。

（7）总线中的隔离或耦合变压器损坏。

（8）故障终端或总线控制器的总线控制板上的某个关键器件工作异常。

这些故障层次从可处理性角度又可以分为功能级故障和底层故障两层（图 4-3）。要对整个系统进行底层故障分析，那么就将所有故障包括在内。假设某一个器件的逻辑门损坏，可以说这个器件因为这个故障已经失效，按底层故障划分，这种失效已经是系统级容错机制必须考虑的内容。1553B 总线系统内终端数目较多，对类似的故障都要进行分析将会非常烦琐复杂，因此在实际应用中多针对功能级故障进行分析和实施容错措施。

虽然功能级故障分布将晶体管开关级和门级等底层故障都进行了屏蔽，从一定程度上降低了故障描述的准确性，而且忽略了没有影响到功能层的故障，但是功能级故障分布描述能够覆盖影响到总线系统功能、造成系统失效的故障，从而保证不影响系统的寿命和功能，又在很大程度上提高了可处理性。

为分析方便，从 1553B 总线层和终端层两部分分别建立总线系统的功能故障模型。

1. 总线层故障

总线层实质上是总线系统的物理链路层，包括物理总线、耦合变压器和隔离变压器，其作用是保证数据的正确传输和协议控制信息的传送，其物理结构如图 4-4 所示（单总线）。总线本身异常能导致总线层的故障，物理总线如果断开自然导致通信中断，如果两条总线之间粘连或电磁干扰，则导致通信数据不正确，出现不规则异常通信。总线层的变压器异常情况比较复杂，总线系统为保证通信的正确，总线上的电压应该保持在规定的范围内。设总线峰峰值

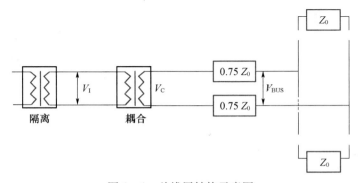

图 4-4　总线层结构示意图

（Peak-to-Peak）电压为 $V_{BUS} = 7V$（1553B 协议规定为 $6\sim9V$），耦合变压器右端峰峰值电压 V_C，隔离变压器右端峰峰值电压 V_I，Z_0 作为 1553B 总线速率为 1Mb/s 时的特性阻抗（1553B 协议规定为 75.0Ω），耦合变压器匝数比为1：1.414。

终端发送消息时：
$$V_C = (0.75Z_0 + 0.75Z_0 + 0.5Z_0) \times V_{BUS}/(0.5Z_0) = 28V$$
$$V_I = V_C/1.414 = 20V$$

终端接收消息时，从总线方向来看，变压器的输入阻抗为 $2000\sim3000\Omega$（1553B 总线协议规定的 $75.0kHz\sim1.0MHz$ 的频率范围内），远远大于 75Ω，可以简化认为无限大：

$$V_C = V_{BUS} = 7V$$
$$V_I = V_C/1.414 = 5V$$

变压器的可能故障有线圈短路、线圈断路或匝数比异常，其中对总线影响大的故障为耦合变压器右端（图 4 – 4）短路，虽然两个串接电阻 $0.75Z_0$ 起到了保护总线的作用，但是此条线路由于不能传送数据，实质上相当于断路。变压器内部绕组断路直接导致总线通路断开。匝数比异常导致总线上 V_I 和 V_C 等电压与系统协议规定不一致，总线上数据传输不正常。

概括说来，总线层功能级故障模型直观表现为总线通信中断、总线通信数据异常两种。总线上构件自身物理上的故障导致永久性故障，外界干扰，例如电磁干扰可能导致瞬间数据通信不正常。表现出来的故障形式可以分为永久故障和瞬间故障。

2. 终端层故障

1553B 总线系统真正要完成的任务主要还是由结构复杂的终端设备层的软硬件完成，此层次含有两种完成总线系统任务的终端——总线控制器和远程终端，终端由节点和总线接口单元组成。从严格意义上讲，实际终端节点具有多种多样的功能，例如，如果节点属于控制子系统，那么它要完成控制参数采样，控制算法的实现，当然包括控制总线通信等复杂功能，如图 4 – 5 实线框部分所示。而本节目标是提高总线子系统的可靠性，为讨论方便起见，下面所提到的节点概念都是被抽象为仅具有控制总线通信功能，也就是把简化的节点和接口单元看作单一原子个体，统称为总线接口单元（BIU）来观察，如图

4 -5虚线框部分。

接口单元部分核心硬件包括控制逻辑和发送接收缓冲 RAM。控制逻辑主要由消息数据格式协议控制逻辑、曼彻斯特 II 数据编码/解码逻辑、RAM 控制逻辑构成。消息数据格式协议控制逻辑故障导致同步字、字计数、消息位计数、数据字奇偶校验码等不合法甚至整条消息不能正常输出;曼彻斯特 II 数据编码/解码逻辑故障导致曼彻斯特编码非法,总线上数据异常不能被终端识别;RAM 控制逻辑故障导致数据不能被正确缓冲,表现为不能正确接收发送数据。缓冲 RAM 中存储单元出现固定"0"("1")或多个单元耦合(对部分单元操作影响另一部分单元)故障,可能导致总线上数据错误,引起终端故障。

综合上面的分析,考虑到总线控制器和远程终端在总线系统中的功能和地位不同,将终端设备层的功能级故障模型分为:

(1)总线控制器 BIU 发生故障,不能与总线其他终端通信,发生的故障不会通过总线向其余终端扩散。

(2)总线控制器 BIU 发生故障,向总线上发送错误的数据或命令,影响到总线上其他终端。

(3)远程终端 BIU 发生故障,不响应总线控制器的命令,不能发出数据和消息状态字。

(4)远程终端 BIU 发生故障,不能正确响应总线控制器的命令,向总线上发出不合适的数据和消息状态字,影响其他终端。

终端设备层中故障模型中的故障按照对外界其余节点的影响可分为:静默故障(Silent Fault),指导致系统失效后不影响外界的故障;恶意故障(Malicious Fault),指导致系统失效后影响外界的故障。

此故障模型没有考虑 BIU 将总线上的正确数据接收为错误数据的故障(图4 -6),这种故障可能产生两个后果:

(1)错误地接收数据影响 BIU 的总线输出,导致向总线上发送错误数据。

(2)错误地接收数据不影响 BIU 的总线输出,而是由终端 CPU 本身使用。

本节讨论的是体现在总线通信过程中的故障,即 BIU 和总线之间的数据交换故障以及总线上的数据传输故障。要容错这种故障,可以采用 BIU

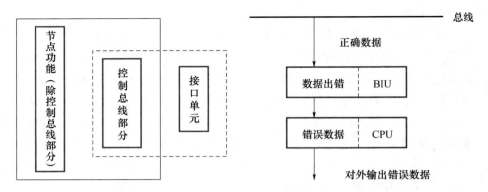

图 4-5　终端总线接口单元示意图　　图 4-6　错误数据内部影响示意图

冗余结构，实现 BIU 的各种比对和表决容错结构，保证数据传输的正确性。

总线层和终端层属于总线系统中独立的功能模块，各自的故障互相独立，在概率上属于不相关事件，可以分别进行分析和计算，这样进一步简化系统可靠性分析的复杂度。

4.2.2　总线冗余容错机制

根据功能级故障模型分别对总线层及终端层采取资源冗余、故障屏蔽及系统重组，达到提高总线系统可靠性的最终目的。资源冗余包括空间冗余和时间冗余，空间冗余又分为静态冗余和动态冗余，时间冗余包括重试（Retry）、卷回（Rollback）和重起（Restart）。时间（Time）和代价（Cost）制约着系统容错策略。时间由两个关键值的关系决定，即系统时限（System Deadline）和容错延迟（Fault-Tolerance Latency），相对应的时间分别用 T_{SD} 和 T_{FTL} 表示。系统时限指系统在发生可能导致其失效的故障后能够保持在预期状态空间的最大时间；容错延迟指从差错（Error）检测、故障定位到系统重构一系列动作所需的时间。代价指为实现容错功能所引入的价格、重量、体积和功耗等等负面因素。容错系统设计的目标就是满足容错延迟小于系统时限的前提下，代价最少。空间冗余代价大，但所需时间非常短，适用于对时间要求严格的系统；时间冗余代价小，所需时间比较长，适合实时性不高的系统。

1553B 总线系统容错机制应该在故障发生时不丢失或尽量少丢失数据或命令的前提下，在最短时间内完成故障检测、定位和系统重组。为保证总线子系统工作的连续性,应该在一个周期内完成故障识别后的系统重组。国内具体应用中,通信卫星平台和神舟飞船返回舱的控制周期都小于100ms,这两者属于周期较短的典型应用。国外应用中,法国 Ariane 5 的容错管理机制要求故障识别和系统恢复时间小于 300ms。参照国内外航天器内要求的故障识别后系统恢复的时间,还要考虑到系统恢复时间不能占据全部控制或通信周期,要留有余量,最终确定总线通信系统的系统时限 T_{SD} 为 10^1 ms 量级较为合适,这也同时决定了 1553B 总线系统冗余机制的容错延迟时间 T_{FTL} 的允许范围。

4.2.2.1 总线层容错机制

总线通信中断表示总线物理层中某部分发生了不可恢复的故障,包括通信线路子系统中双绞线断裂、接插件接触不良、总线变压器损坏等问题造成的故障。总线通信数据异常指在通信过程中,可能因电磁干扰或变压器匝数比异常等原因造成数据某一位、几位错误,甚至所有消息错;曼彻斯特编码非法;数据字同步头错误;数据字之间不连续等故障。

故障定位机制包括:

(1)软件,为每个数据字设立奇偶校验位,判断传输数据字的奇数位错;通过接收命令字判断消息的数据字个数,判断有无丢失数据字;设立状态字应答和超时时钟计数等手段判断数据字之间时间间隔过长(数据字不连续)、状态字丢失和总线断开等故障。

(2)硬件,协议控制逻辑接收数据时判断同步头是否合法;解码逻辑判断曼彻斯特编码是否合法。

根据 1553B 总线内总线控制器组织全部消息传递,远程终端接收后需要给出状态字响应的特点,采取具体措施为,两条物理总线构成双冗余结构,两条线路工作在工作/储备(Active/Stand By)方式,正常工作时,在任意时刻,消息通信只能在一根工作总线上传输,不工作总线通路作为工作总线通路的储备。总线控制器通过故障定位机制判断通信线路故障,如果检测到故障,在工作总线上进行消息重发,如果在规定的重发次数后故障仍然存在,则断定工作总线故障,切换到储备总线。这种容错机制的容错延迟时间取决于总线上相应消息传递所耗费的时间。

1553B 总线协议规定码速率为 1Mb/s,即传送每一位需 1μs。总线双冗余机制中最坏的情况是 1553B 总线上传输时间最长的消息(即远程终端之间的信息交换)时出现故障,此时,完整的消息为总线控制器首先向目标远程终端发送"接收"命令字,然后向源远程终端发送"传输"命令字,之后源终端响应状态字并传送最大 32 个数据字,最后目标终端响应接收数据状态字(图4–7)。实际应用中等候消息超时的最大时间约为 $130\mu s$,即 $T_{\text{TIMEOUT–MAX}}=130\mu s$。

接收命令字	传送命令字	– –	状态字	数据字	…	数据字	– –	状态字

图 4 – 7 1553B 最长消息示意图

其中,最长消息传递时间为 T_{MSG}(T_{CMD} 为命令字的传送时间;T_{DATA} 为数据的最大传送时间;T_{LOOPBACK} 为循环测试字时间),有

$$T_{\text{MSG}} = 2 \times T_{\text{CMD}} + 2 \times T_{\text{STATUS}} + T_{\text{LOOPBACK}} + T_{\text{DATA}}$$

$$= 2 \times 20 \times 1 + 2 \times 20 \times 1 + 20 \times 1 + 32 \times 1 \times 20 = 740\mu s$$

总线控制器检测到上述总线通信数据异常故障,首先在工作通信线路上重发 N(一般 N 为 2,有时为 3)次消息,最坏的情况是在最长消息传输过程中发生故障,重发 $N = 3$ 次消息,如果消息重发后没有排除故障,则需进行总线切换,切换过程消耗的时间在微秒级,相对于 T_{FTL} 很小,最长容错延迟时间不考虑这段时间。对应的最长容错延迟时间为(包括消息间隔 T_{GAP},其典型时间为 1ms)

$$T_{\text{FTL}} = N \times T_{\text{MSG}} + N \times T_{\text{TIMEOUT–MAX}} + N \times T_{\text{GAP}}$$

$$= 3 \times 720 + 3 \times 130 + 3000 = 5.420\text{ms} < T_{\text{SD}}$$

分析得出的容错延迟 T_{FTL} 满足系统时限的要求。

4.2.2.2 总线控制器容错机制

总线上的所有通信都要通过总线控制器终端来组织,保证总线可靠工作的最基本要求就是提高 1553B 总线系统的核心——BC 本身的可靠性。总线控制器的重要地位决定了在主故障时,备份要能够快速实现系统重构。

若在总线上单纯设立总线控制器的冷备份,由于冷备份平时不加电,所以主备份状态协调同步不容易实现,而且主备切换即系统重组将包括加电过程导致操作时间变长,难以满足实时系统的要求。温备份形式虽然避免了系统

重组时的加电过程,但是主备份状态协调同步仍然比较困难。热备份形式能够很好地解决上述问题,但是,经过仔细分析后发现,如果使用传统的热备份形式还是存在问题的。在任一时刻总线上只能有一个 BC 工作,所以主备份 BC 必须通过某种机制(比如说仲裁机制)连接到总线上,这种备份形式的故障检测要通过仲裁模块中的比较器识别主备份控制器对外输出是否一致,来判断控制器是否出现故障。如果使用硬件比较器,需要进行主备份之间位对位的比较判断,这就要求主备份控制器必须在容差范围内同时启动工作,而且在实际工作中数据输出保持容差范围内的同步。1553B 总线的数据传输率为 1Mb/s,一个数据位的传输时间为 1μs,容差范围应该在纳秒级才能正确识别主备份输出数据的异同。而在实际中,这种级别的同步是比较困难的。如果采用软件机制比较,即将主备份的数据输出反馈回来进行比较。由于 1553B 控制数据输出逻辑内部已经将数据进行了协议规定的曼彻斯特 II 编码,软件上要取回数据,必须有硬件解码逻辑,实现起来同样较为复杂,即使克服了上述故障识别的困难,仲裁模块还需要外加选通电路控制备份平时能够从总线上接收数据但是不能向总线上发送数据,而 1553B 逻辑的数据收发线是复用的,这增加了选通控制电路设计实现的难度。

总线控制器的特殊性决定其备份不适合工作在传统的同构热备份形式。利用 1553B 总线系统中的监视器终端(MT),设置 MT 专门监视 BC,作为 BC 的备份,就能够避免上述的种种困难,这样相对于传统热备份从功能和逻辑上进行了简化。此时从 1553B 总线角度来看,BC 备份工作于 MT/BC 方式,从备份类型角度来看,BC 备份属于在不同硬件基础上执行异种软件的热备份形式(异构热备份)。总线控制器也存在有利于容错实现的因素,即其功能比较单纯,只需完成控制总线通信,没有其他耗费软硬件资源的复杂任务,很方便实现冗余结构。因此,1553B 总线系统对 BC 容错的限制决定了其通过静态冗余实现的冗余结构不如通过 MT 实现的动态冗余结构简单。

1. 总线控制器双模冗余

简单的双模冗余方案只提供故障检测能力,不能提供容错能力。但如果配置故障定位技术和切换重组技术,可以做到容错。双模冗余(即双机比较)的容错结构如图 4 - 8 所示。它由主份控制模块、备份控制模块和仲裁模块组成。本方案的故障检测和故障定位由三方面条件决定:

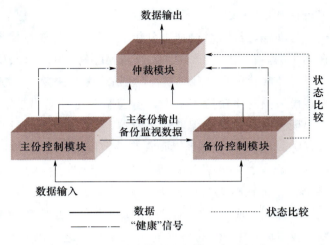

图 4 - 8　总线控制器双模冗余示意图

（1）采用监督定时器（即"看门狗"逻辑，WatchDog）监视主份，定期向仲裁逻辑发送自身"健康"标志信号。硬件上，BC 由控制逻辑和发送接收缓冲 RAM 构成。控制逻辑主要由传输数据格式协议控制逻辑、数据编码/解码逻辑、发送接收 RAM 的控制逻辑构成，要实现定时器对这些逻辑的监督需要借助于 1553B 总线协议中规定的离线循环自测试（Off-Line Loop Self-Test）功能，具体实现是将数据发送端和接收端接通，不通过总线而在内部构成离线闭环结构，位对位地比较发送数据和接收数据，判断数据字的同步头、编码、解码、位数、数据字的奇偶校验等部分的发送和接收数据是否相同。发送接收缓冲 RAM 设置校验位，每次读取数据时自动判断校验。在上述逻辑检测到硬件故障后，放弃复位监督定时器，使其向仲裁逻辑报告故障。

（2）采用监督定时器逻辑监视备份，定期向仲裁逻辑发送自身"健康"标志信号。具体检测判断机制同①中所述。

（3）备份工作在 MT 方式，保持与主份消息同步，通过总线监视主份控制器，与设计上 BC 应该完成的总线通信协议任务进行比较，判断是否一致。

通过双机比较进行故障检测，通过监督定时器进行故障定位。主备份子模块内部都通过监督定时器进行故障定位，将定位结果和备份控制器跟踪比较产生的检测结果分别送到仲裁模块汇总，产生系统故障情况的判断。这种机制能够检测到主份失效、备份失效并进行相应的系统重组。

　　动态双模冗余机制很好地解决了总线控制器故障模型中的静默故障。如果总线控制器表现为恶意故障(向总线上发送错误数据),通过主备份比较机制能够进行识别,并且冗余结构能对监督定时器定位的恶意故障进行处理。而对于监督定时器不能定位的故障,只能按照故障1中所描述的去处理,因此本冗余机制能够处理由监督定时器定位的恶意故障。

　　双模冗余机制体现了总线控制器容错机制的典型基本原理,但是总线控制器双模冗余机制也有不足之处,首先对功能块的自检测能力和仲裁模块功能的要求较高,系统故障状态和状态转移情况复杂;此外故障判断过程需要主备份监督定时器具有足够的可靠性。

2.　总线控制器 N 模冗余

　　总线控制器的 N 模冗余(NMR)机制属于备用替换结构,平时主模块产生系统输出,采用各种故障检测技术和故障定位技术确定发生故障的模块,进行系统重组,使系统恢复正常运行。总线控制器 N 模冗余容错结构主要由总线控制器组(BC Group)和仲裁机构组成,如图 4 - 9 所示。

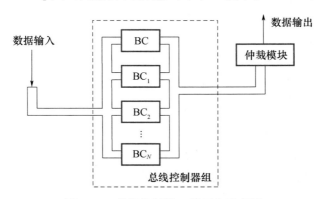

图 4 - 9　总线控制器 N 模冗余示意图

　　总线控制器组中 BC 作为主份通过仲裁模块控制总线,备份 $BC_1 \sim BC_{N-1}$ 都作为 MT 监视主份。可以将 $N-1$ 个备份分成三个子集 $A\{1\cdots i\}$、$B\{1\cdots j\}$ 和 $C\{1\cdots k\}$(其中,$i+j+k=N-1$),子集 A 中控制器作为热备份,子集 B 中控制器作为冷备份,子集 C 中为失效控制器。系统初始状态时,控制器组中 $k=0$,i 和 j 由具体系统的可靠性要求与代价共同决定。

　　系统运行过程中,A 中控制器共同监视主份,在系统某一消息同步点,分别将自己的判断结果传送给仲裁模块,通过仲裁模块中的表决器表决,根据多数票判断主份的状态：

（1）如果 A 中多数备份认为主份正常，则主份继续工作，同时将投反对票者的投反对票次数加一，如果超过一定次数限制，则认为此反对者失效，通过反馈控制线将其电源关闭，并归入子集 C 中，如果尚未达到限制，则通过反馈通知其注意。

（2）如果 A 中多数备份认为主份异常，则通过反馈关闭主份，将子集 A 中投反对票次数最低的备份升级为主份，同时将子集 B 中的一冷备份初始化为子集 A 中成员的状态，参加到子集 A 中共同监视主份。将失效主份归入子集 C 中。

通过界定 A 和 B 两个子集中总线控制器的数目，可以组织成多种冗余拓扑结构。例如，$i=2$，$j=2$，则主备份构成三机热备份双机冷备份的容错结构；$i=3$，$j=0$，则子集 A 中三个备份组成三中取二系统，共同判断主份 BC 的状态；$i=1$，$j=0$，则系统演变成总线控制器双模冗余拓扑结构。BC 双模冗余结构是本结构的特例。这种方法通过比双模冗余更大的资源冗余实现了对故障模型中静默和恶意两种故障的容错，而且简化了双模冗余结构中复杂的故障状态判断。能够根据系统容错性能和代价的平衡关系，由系统中可靠性要求与体积重量功耗限制共同决定子集 A 和 B 的大小，为实际容错结构的设计提供了较大的灵活性。

3. 总线控制器分布式冗余模式

所谓总线控制器终端分布式冗余（图 4-10），实质上是把备份控制器模块作为总线上各远程终端（RT）系统的子功能模块，将此功能块和 RT 结合在一起，分布在总线上，形成链状备份控制器的拓扑结构。从 1553B 总线系统的角度来看，各 RT 终端工作在 RT/MT 方式，对外表现为兼具 RT/MT/BC 功能。这种模式要求总

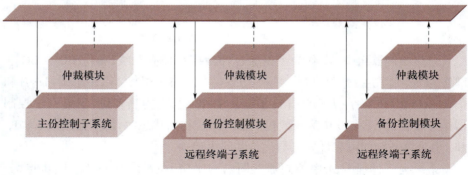

图 4-10　总线控制器分布式冗余模式示意图

线控制器系统及其备份系统的自检测故障能力很高,除能够准确检测到自身系统故障外,最重要的是能够在故障失效时封闭自身输出,杜绝故障扩散。

由于 BC 在总线上具有多个备份,就要协调各备份的替换策略。这里,可以借助传递令牌来推举候选备份控制器,即总线上所有备份控制器只有得到令牌才具有成为主份的权利。而且,一旦某备份成为主份又因故障失效,则取消其得到令牌的权利。令牌的获取和传送机制依据具体总线系统可以有多种实现方式,例如令牌在总线上按照 RT 地址编码的升序顺序传递,即在任意时刻令牌的获得者都是总线上没有做过主份剩余的控制器中 RT 地址编码最小的备份控制器。这种方式对总线上的核心控制器进行了最大程度上的冗余备份,而且将主份总线控制器和其备份物理地分离,消除了因共用电源等公共资源发生可传播故障,进而造成主备份同时故障的可能性。

4.2.2.3　远程终端容错机制

重要的远程终端也需要冗余提高容错能力。RT 具备 BC 没有的优势,即总线系统中可以有多个 RT,RT 的热备份也可以作为远程终端连接在总线上。因为远程终端主备份可以占用不同地址,总线控制器可以分别与主备份进行通信,使主备份之间很容易实现状态一致。这些特性使远程终端容错结构比总线控制器容错结构容易实现,而且使 RT 的容错结构更加多样化。

远程终端容错结构中的备份终端分为两类:一类是备份终端不占用终端地址,其工作模式或者为冷备份或者为监视器热备份;一类是备份终端占据终端地址,与主份同时工作。下面将冗余结构中备份占据的 RT 地址数目 r 和不同的工作模式进行组合得到各种不同的容错拓扑结构:

$r = 1$ 时,远程终端子系统占用一个终端地址,即备份终端不能作为 RT 与主份同时工作在总线上,这种情况类似于总线控制器,所以可以将总线控制器的冗余结构移植过来,总线控制器双模冗余和总线控制器 N 模冗余的容错结构,稍加改动就可以应用到远程终端上。

$r = 2$ 时,远程终端子系统占用两个终端地址,组成同构热备份,和运行 RT 功能的监视器终端一起组成异构三取二容错结构。为长时间维持双机热备的容错结构,可以增设若干冷备份作为储备。主备双机作为两个独立的终端同时在总线上工作,总线控制器分别与主备份进行通信,监视器终端同时监视主备双机,通过比对发送的数据和监视器自身运行的结果,实现三取二,输出比对结果信号,检测 RT 子系统内故障。如果监视器与某一终端结果不一致而与另一终端结果一致,则不一致终端故障,CPU 根据比对结果信号终止故障终端工作,同时从冷备份终端组中选取终端,通过加电初始化,根据主份状态对其配置使之取代故障终端,重新构成冗余结构。如果监视器与双机比对的结果都不一致,认为是监视器终端异常,CPU 也可以根据比对结果信号切掉监视器,从冷备份中选取终端,将其配置成监视器,保证容错结构的完整性。

$r = 3$ 时,远程终端子系统占用三个不同的终端地址,可以组成三模冗余(TMR)容错结构,借助监视器作为表决器,监视比较三机的总线数据。总线控制器分别与三终端进行相同的通信,监视器对远程终端子系统内部的三冗余终端通信数据进行比对表决,判断故障终端,此时,监视器终端不需要执行 RT 功能,只要比较三机数据输出比对结果。为长时间维持 TMR 容错结构,仍然可以增设若干冷备份,用来取代三机中故障终端。

理论上还可以借助总线控制器比对冗余 RT 的数据响应,判断故障终端,然后通知正常终端切掉故障终端,但是这种方法将远程终端子系统内的功能移植到总线控制器,如果多个 RT 子系统都如此备份,将严重影响 BC 本身的功能,而且导致系统功能分工不清楚,各总线控制器和远程终端子系统之间耦合严重,不利于总线系统的并行设计实现。

以上各种冗余机制同总线控制器类似,都是利用监视器的监视功能,能够处理终端层故障模型中的静默和恶意两种故障。虽然 r 取值越大,结构组合越多,但是占用 RT 地址太多,出入此远程终端子系统的消息在总线上要重复多次,占用过多的总线带宽,会影响总线上正常的通信,降低总线的性能。具体 r 值的选取关键要在可靠性和系统综合性能之间进行平衡。

在实际的系统中,要根据任务的关键等级和资源约束,选取适合的冗余容错方案。下面是某航天器 1553B 总线容错的例子。该航天器控制计算机通过总线与外部连接的系统结构如图 4 - 11 所示,控制计算机采用三机热备份结构(A/B/C),总线接口单元(BIU)采用两机热备份结构,其中各 BIU 分配不同的 RT 地址,BIU 具有自检功能,能检测到的各类故障(如 BIU 处理器故障、本 RT 地址的物理故障等),并可将 BIU 健康信息反馈给三台热备份单机和数管分系统。BIU 一端接入 1553B 网络与数管分系统相连,另外一端通过异步串口与三台单机连接。

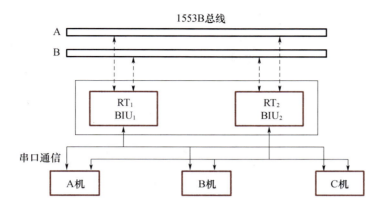

图4-11　某航天器控制计算机系统结构

该系统的信息流及容错策略如下：

（1）控制计算机接收数管分系统的信息：数管分系统通过1553B分别向两个BIU（RT地址不同）发送程控指令，各BIU接收到程控指令后，通过一发三收异步串口向三台热备份单机转发程控指令，三台热备份单机采用中断方式同时接收两个BIU转发的程控指令，三台单机比对接收到的程控指令，并结合BIU的健康状态选用其中一个BIU转发的健康数据（两个BIU都健康时，选用BIU1的数据）。

（2）控制计算机向数管分系统发送数据：三台单机同时通过一发两收异步串口向两个BIU发送数据（通过当班机选择逻辑选通当班机的异步串口输出，屏蔽另外两台单机的输出），各BIU将接收到的异步串口数据通过1553B转发给数管分系统，数管分系统比对接收到的两份数据、结合BIU的健康状态选用一个BIU转发的健康数据（两个BIU都健康时，选用BIU1的数据）。

通过上述容错策略，避免了因某台BIU发生故障而导致控制计算机不能向数管系统发送数据、不能接收程控指令的问题，成功实现了双冗余容错的RT设计。该设计已成功飞行，具有良好的容错效果。

▶4.3　CAN 总线

CAN（Controller Area Network）总线是德国博世（Bosch）公司从20世纪80年代初为解决现代汽车中众多的控制与测试仪器之间的数据交换而开发的一

种串行数据通信协议,是一种有效支持分布式控制或实时控制的串行通信网络。它是一种多主总线,通信介质可以是双绞线、同轴电缆或光导纤维,最高通信速率1Mb/s。CAN总线通信接口中集成了CAN协议的物理层和数据链路层功能,可完成对通信数据的成帧处理,包括位填充、数据块编码、循环冗余校验、优先级判别等项工作。CAN协议的一个最大特点是废除了传统的站地址编码,而代之以对通信数据块进行编码。CAN的标准协议本身对节点的数量没有限制(但通常受制于ID表示范围,即最多一般不超过255个节点),总线上节点的数量可以动态改变,组网灵活。多主站结构,各节点平等,任一节点可在任一时刻主动发送数据,但只有在总线空闲时才能发送成功,采用非破坏性的基于优先级的总线仲裁。优先级通过报文的标识符(ID)区分,报文标识符在网络中是唯一的。采用广播发送报文,报文可以被所有节点同时接收,每个节点根据需要可进行相关性报文过滤。组网时通常节点之间的关系如图4-12所示。

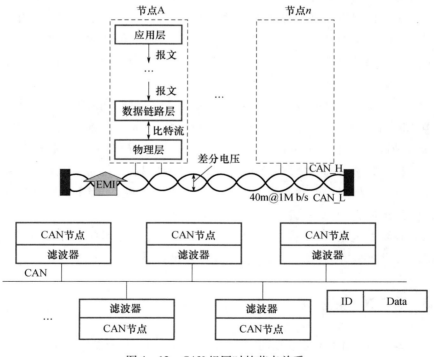

图4-12　CAN组网时的节点关系

4.3.1　总线协议标准

对比于 OSI 七层标准网络模型,CAN 的协议集中在物理层和数据链路层,而应用层一般由用户定义,其余 3~6 层在实际上不涉及,如图 4-13 所示。

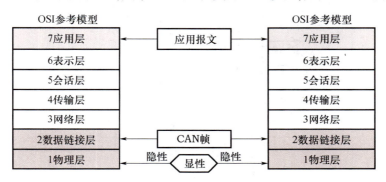

图 4-13　CAN 总线的协议分层与 OSI 的关系

物理层及数据链路层使用的标准协议是 ISO11898,应用层在不同的应用领域各自定义。例如航天控制系统使用 CAN 总线时所制定的通信协议文件就是应用层协议。

在标准协议 ISO11898 中,CAN2.0 版以两种形式存在:一种是具有 11 位 ID 标识符的 BasicCAN;另一种是带有扩展成 29 位 ID 标识符的高级形式 Peli-CAN,分别对应 CAN2.0A 协议和 CAN2.0B 协议。

4.3.2　物理层协议及容错性

1. 节点结构

通常一个节点在 CAN 总线上,其逻辑结构总是由计算单元、总线控制器和总线收发器组成,虽然不同的系统有不同的表现形式,如图 4-14 所示。

2. 总线电压

CAN 总线上一个信号能够使用差分电压传送,CAN 驱动器能够因此而避免噪声和容错。这两条信号线被称为 CAN_H 和 CAN_L,静态时是 2.5V。

用 CAN_H 比 CAN_L 高表示的逻辑 0 被称为显性位;而用 CAN_L 比 CAN_H 高表示的逻辑 1 叫做隐性位。

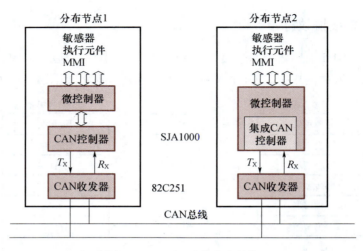

图 4 - 14　CAN 总线节点结构

3. 收发器与控制器

CAN 线收发器提供便宜的接口,把 5V 的逻辑电平转换成 CAN 要求的对称线电平。收发器均满足如下特点:

(1) 符合 ISO 11898—2 标准,最高速率 1Mb/s。

(2) 抗环境瞬间干扰,具有保护总线能力。

(3) 斜率控制,降低射频干扰 RFI。

(4) 热保护以及电源和地短路保护。

(5) 未上电的节点对总线无影响。

(6) 低电流待机模式。

CAN 总线控制器的组成结构如图 4 - 15 所示。

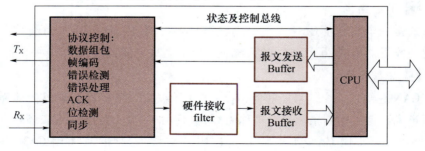

图 4 - 15　CAN 总线控制器的组成结构

4. 物理容错性能

存在如下 9 种物理上可能的故障情况（图 4 - 16）：

(1) CAN_H 开路。

(2) CAN_L 开路。

(3) CAN_H 对 VBAT 短路。

(4) CAN_L 对 GND 短路。

(5) CAN_H 对 GND 短路。

(6) CAN_L 对 VBAT 短路。

(7) CAN_H 对 CAN_L 短路。

(8) CAN_H 和 CAN_L 开路。

(9) 终端电阻开路。

实际上，只要故障影响到了 2.5V 的共模电压，均会使得总线瘫痪（收不到正确的数据），只有第（9）种故障情况才有可能局部节点仍能通信。

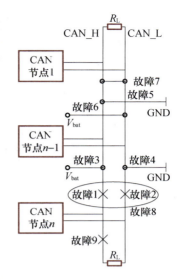

图 4 - 16 CAN 总线物理层的 9 种故障情况

📐 4.3.3 数据链路层协议及容错性

1. 通信流程

CAN 总线网络的通信流程可以用图 4 - 17 表示。

2. 报文发送

节点发送报文时要检测总线状态，只有总线处于空闲，节点才能发送报文；在发送报文过程中进行"回读"，判断送出的位与回读的位是否一致。

总线信号"显性"位可以覆盖"隐性"位；只有所有节点都发送"隐性"位，总线才处于"隐性"状态。

3. 总线访问的总裁机制

总线访问的总裁机制是通过节点的 ID 来仲裁的，ID 数值越小，优先级越高。但是高优先级的报文不能中断低优先级报文的发送。这种非破坏性仲裁采用载波侦听多路访问/冲突避免 CSMA ／ CA（Carrier Sense Multiple Access ／ Collision Avoidance）技术。

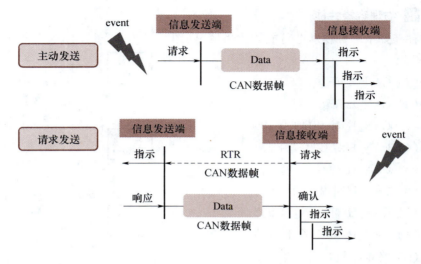

图 4 – 17　CAN 总线的通信流程

载波侦听是指网络上各个节点在发送数据前都要检测总线上是否有数据传输：如果网络上有数据暂时不发送数据，等待网络空闲再发；如果网络上无数据，立即发送已经准备好的数据。其实总线上并没有什么"载波"。"载波侦听"就是用电子技术检测总线上有没有其他节点发送的数据信号。

多路访问是指网络上所有节点以多点接入的方式连接在同一根总线上，且发送数据是广播式的。

冲突避免是指节点在发送数据过程中要不停地检测发送的数据，确定是否与其他节点数据发生冲突，如果有冲突则保证高优先级的报文先发送。

4.　编码

采用不归零编码（Non Return Zero，NRZ）确保报文紧凑，因为在相同带宽情况下，NRZ 编码方式的信息量更大。但是 NRZ 不能保证有足够的跳变延用于同步，容易带来节点间计时器误差的累积，因此又采用了位填充方法保证有足够的跳变沿用于同步。

位填充是指发送节点发送 5 个连续的相同极性位后，在位流中自动插入一个极性相反的位；接收节点对相同极性位的数量进行检测，从位流中将填充位去掉来还原，如图 4 – 18 所示。

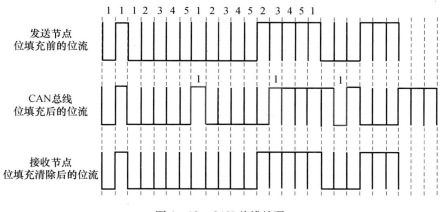

图 4 – 18   CAN 总线编码

5. **数据帧**

CAN 的帧类型如下：

（1）数据帧（Data Frame）：携带数据从发送节点到接收节点，分标准帧和扩展帧。

（2）远程帧（Remote Frame）：向其他节点请求发送具有同一标识符的数据帧。

（3）错误帧（Error Frame）：节点检测到错误之后发送错误帧。

（4）超载帧（Overload Frame）：在先行的和后续的数据帧（或远程帧）之间附加一段延时。

（5）帧间空间（Inter Frame Space）：数据帧（或远程帧）通过帧间空间与前述的各帧分开。

其中数据帧的标准帧和扩展帧分别对应 CAN2.0A 协议和 CAN2.0B 协议，如图 4 – 19 所示。

6. **错误检测**

可检测的错误包括：

（1）位错误（Bit Error）。

（2）填充错误（Stuff Error）。

（3）ACK 错误（ACK Error）。

（4）格式错误（Form Error）。

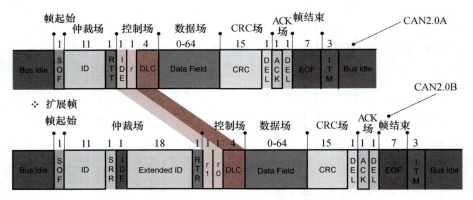

图 4 – 19　CAN 总线的帧格式

（5）CRC 错误（CRC Error）。

一般地，发送节点检查位错误、格式错误、ACK 错误；而接收节点检查填充错误、格式错误、CRC 错误。

位错误、填充错误、格式错误或 ACK 错误产生后，当前发送的下一位发送错误帧；而 CRC 错误则紧随 ACK 界定符后的位发送错误帧；错误帧发送后，总线空闲时自动重发出错的数据帧。

每个节点都含有接收错误计数器 Receive Error Counter，REC 和发送错误计数器 Transmit Error Counter，TEC。当接收错误产生时，REC 增加；正确接收到数据帧时，REC 减少；当发送错误产生时，TEC 增加；正确发送一帧数据帧时，TEC 减少。REC、TEC 的数值会引发节点状态改变。

节点的三种状态是：

（1）主动错误（Error Active）：此时可以正常地进行总线通信，错误产生时，发送主动错误帧。

（2）被动错误（Error Passive）：能够进行总线通信；但有限制（连续 2 次报文发送）；错误产生时，发送被动错误帧。

（3）总线关闭（Bus Off）：不能收发任何报文。

上述三种状态的关系如图 4 – 20 所示。

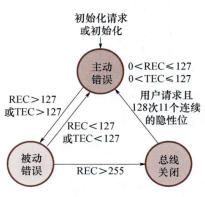

图 4 – 20　三种状态的关系

特例是:如果总线上只有一个节点,该节点发送数据帧后得不到应答,TEC 最大只能计到 128,即节点只会进入被动错误状态而不会进入总线关闭状态。

CAN 总线目前广泛应用在航天器中,例如:在某型号中心计算机中,使用了 CAN 总线构成实时、中速的控制信息网,实现中心计算机与 IMU、太阳敏感器、电机控制与驱动模块、导航相机、避障相机、有效载荷等通信。每个 CAN 网络采用 CAN – A、CAN – B 双总线结构,其 CAN 总线结构如图 4 – 21 所示。

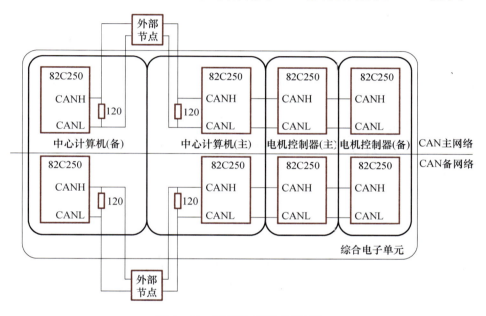

图 4 – 21　某型号 CAN 总线结构

如图 4 – 21 所示,在物理拓扑上,采用了双总线备份的设计,来保证如果单总线出现 4.3.2 节中物理故障情况时,可以切换到另外一份总线。在应用层,设计了专门的协议,包含了控制整个总线的应答时序以及错误处理机制的内容,以保证总线的通信正常。

▶4.4　SpaceWire 总线

SpaceWire 是一种用于航天的总线技术,由众多节点和采用双向高速数字串行连接的路由器组成,是基于 IEEE1355 和低电压差分信号(Low Voltage Differential Signding,LVDS)标准的一种简单可靠的网络技术,通信速率可达 400Mb/s。

SpaceWire 具有如下的特性:

(1)全双工、串行、点对点的串行数据总线。利用每个方向两对差分信号实现数据的编码及传输。

(2)电缆长度最大为 10m,连接器采用专为航天应用开发设计的微型 9 针 D 型连接器。

(3)通过采用 LVDS 技术,可获得高速传输能力,其电压为 350mV。

(4)编码采用 IEEE1355 中的 DS 编码。

(5)网络由一定数量的 SpaceWire 节点通过 SpaceWire 路由器连接而成。 SpaceWire 节点可通过 SpaceWire 电缆直接相连,也可通过 SpaceWire 路由器与其他 SpaceWire 节点或路由器相连。

(6)标准涉及以下 6 层协议:物理层、信号层、字符层、交换层、网络层和数据包层,对应 OSI 模型中的物理层和数据链路层。

4.4.1 物理层及容错性

4.4.1.1 连接器

SpaceWire 连接器用来和 SpaceWire 电缆相连,从而实现通过电缆把所有 SpaceWire 设备连接起来的目的。SpaceWire 连接器依据的标准是欧空局的 ESCC3401/701,是专为航天应用设计的微型 9 针 D 型连接器,其中包括 8 根信号线。为了满足电磁兼容的要求,连接器中的内部屏蔽端应与 SpaceWire 电缆内部屏蔽端相连并一同接到信号地上。

4.4.1.2 电缆

典型的 SpaceWire 电缆包括 4 对双绞线,每对双绞线传送的都是平衡的差分信号。每对双绞线外部都有屏蔽层,电缆整体外部也具有屏蔽层。为了获得高速信号传输速率,SpaceWire 协议规定电缆最大长度为 10m。SpaceWire 电缆依据的标准是欧空局的 ESCC3902/003。

4.4.1.3 低压差分信号(LVDS)

SpaceWire 协议指定采用 LVDS 技术进行信号传输。LVDS 是一种低摆幅

(350mV)的差分信号技术,它使得信号能在差分 PCB 线对或电缆上以几百兆比特每秒的速率传输,其低压幅和低电流驱动输出实现了低噪声和低功耗。目前有两个标准对 LVDS 进行了定义:IEEE P1596.3(1996 年 3 月通过),主要面向 SCI,定义了 LVDS 的电特性,还定义了 SCI 协议中包交换时的编码;ANSI/EIA/EIA − 644(1995 年 11 月通过),主要定义了 LVDS 的电特性,并规定最大数据传输速率为 655Mb/s,以及采用无失真媒介时的理论极限数据传输速率为 1.823Gb/s。在两个标准中都指定了 LVDS 与物理媒介无关的特性,这意味着只要传输媒介在指定的噪声边缘和歪斜容忍范围内将信号发送到接收器,接口都能正常工作。

众所周知,差分数据传输方式比单线数据传输对共模输入噪声信号有更强的抵抗能力。在两条差分信号线上流经的电流及电压振幅相反,噪声信号同时耦合到两条线上,而接收端只关心两信号的差值,于是噪声被抵消。并且恒流源模式不易产生尖峰,从而进一步减小了噪声。由于两条信号线周围的电磁场也可相互抵消,故差分信号传输比单线信号传输的电磁辐射要小得多。LVDS 有三种拓扑应用结构。最典型的是点对点方式;另外也可以在一对双绞线上进行双向通信,但在同一时间数据只能向一个方向流动;第三种是点对多点方式,这种方式应用于传输距离较短的环境。LVDS 适用于一个单元内的板间连接,也适用于 10m 距离内单元之间的连接。信号传输电平如图 4 − 22 所示。

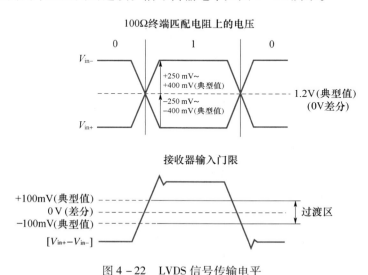

图 4 − 22 LVDS 信号传输电平

LVDS 驱动器采用电流逻辑。由约 3.5mA 的常值电流源提供流出驱动器的电流,沿着传输介质传到 100 Ω 的终端电阻,再通过传输介质返回驱动器。驱动器中的两对三极管开关控制流过电阻的电流方向。当标有"+"的驱动器三极管打开、标有"−"的驱动器三极管关闭时,图 4−23 中箭头表示的电流在电阻上建立一个正电压;反之反向电流建立一个负电压,因此产生有效的逻辑"1"和逻辑"0"状态。LVDS 规范要求 LVDS 接收器需具有高输入阻抗,以保证大部分电流流经终端电阻,以 3.5mA 恒流源产生约 350mV 的电压。

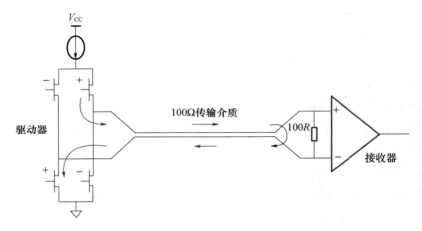

图 4−23　LVDS 工作原理如图

LVDS 的以下特征使其对信号传输非常有吸引力:

(1)近乎常值的驱动电流(逻辑 1 为 +3.5mA,逻辑 0 为 −3.5mA)降低了电源摆幅噪声。

(2)消除 LVDS 驱动器/接收器两端之间地线电压的影响,可容忍±1V 的地电位差。

(3)双绞电缆的使用提高了抗噪声能力。

(4)相互反向的小电流信号所建立的微弱电磁场可相互抵消,具有较低的 EMI。

(5)不需要特定供电设备提供电源。

(6)接收端只需要 100Ω 终端电阻。

(7)故障安全运行。在接收器加电、驱动器没加电,输入短路,输入线断路等条件下,接收器的输出为高(非激活状态)。

（8）每对驱动器/接收器功耗只有 50mW,而 ECL 则为 120 mW。

4.4.1.4　数据滤波(DS)编码

在 SpaceWire 协议中,数据是以不归零制(NRZ)编码传输的。不归零制编码是指在一个码元时间内,电压保持恒定,即用来区别"1"和"0"的不是高低电平,而是电平是否转换。当电平有跳变时,就出现数据的变化;而电平没有变化时,数据就和前一个时钟周期的值保持一致。

NRZ 信号通过 SpaceWire 节点的 D 信号线传输,并通过对应节点的 D 信号接收器检测;同时该节点的 S 信号线传送滤波信号,该滤波信号被对应节点的 S 信号接收器接收。当有两个连续相同的 NRZ 数据位时,滤波信号将发生改变。通过数据信号和滤波信号的异或运算可以得到一个信号,该信号可以作为数据传输时的同步时钟。从图 4－24 中可以清楚看出,CLK 可由 D 和 S 信号经异或运算产生,反之 S 信号也可由 D 和 CLK 信号异或产生。

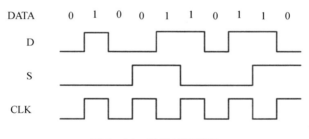

图 4－24　数据滤波编码

SpaceWire 协议采用数据滤波编码策略的原因是数据滤波编码能够增强对信号偏移(Skew)的容忍性,可以达到一个位时间,而普通的数据和时钟编码只能达到 0.5 位时间。由此可见 SpaceWire 对于信号的偏移容忍能力较强。IEEE1355—1995 和 IEEE1394—1995 也都采用了这种数据滤波编码逻辑。

一路 SpaceWire 通信链路由两对差分信号组成,一对向一个方向传送数据及滤波信号,一对向相反方向传送数据及滤波信号。这就是说总共需用 8 根线来实现双向通信链路全双工通信。

SpaceWire 作为高速串行总线,其数据传输率最大可到 400Mb/s,因此需要格外关注偏移和抖动(Jitter)对数据传输的影响。信号的抖动和偏移与许多因素有关,如电缆、连接器、PCB 走线以及接收和发送器的电路。由此可知不同系统所能获得的最大数据传输率是不同的。

4.4.2 链路层及容错性

4.4.2.1 数据包字符

SpaceWire 数据包由 SpaceWire 字符构成,在了解数据包的结构之前,先对 SpaceWire 字符的含义及奇偶校验策略进行简要介绍。

SpaceWire 协议中定义了两种字符:一种是数据字符;另一种是控制字符及控制代码。

数据字符(Data Character):总长度为 10 位,包括 8 位数据、1 位奇偶校验位以及 1 位数据控制标志,如图 4 - 25 所示。数据控制标志为"0"表示当前发送的为数据字符,反之表示发送的是控制字符。数据字符的发送顺序是首先发送数据的最低位。

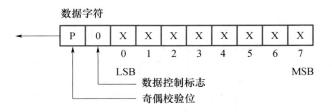

图 4 - 25   SpaceWire 数据字符

控制字符:总长度为 4 位,其中包括 2 位控制位、1 位奇偶校验位和 1 位数据控制标志。数据控制标志为"1"表示当前传送的是控制字符,反之是数据字符。2 位控制位有四种组合编码方式,构成 4 种控制字符,分别为 ESC、EOP、EEP 和 FCT。

控制代码:SpaceWire 协议定义了两种控制代码——NULL 和 TimeCode 代码。其中,NULL 由 1 个 ESC 和 1 个 FCT 组合构成,其功能是用于通信链路的初始化以及保持通信链路处于激活状态。TimeCode 代码由 1 个 ESC 加上 1 个数据字符构成,其中的 T0 ~ T5 中保存 6 位时间信息,其功能是用于 SpaceWire 网络中的系统时间分布。

Space Wire 控制字符及控制代码如图 4 - 26 所示。

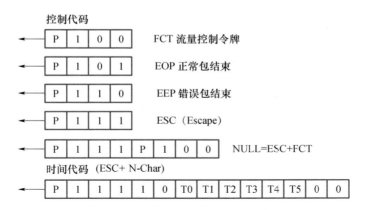

图4-26　SpaceWire 控制字符及控制代码

4.4.2.2　数据包奇偶校验策略

SpaceWire 奇偶校验策略:每个数据或控制字中都设有一个奇偶校验位,用于检测数据或控制字在传输中可能发生的错误。奇偶校验位的覆盖范围(图4-27):①其前面的 8 位有效数据以及其本身加上其后面的数据控制标志;②其前面的 2 位控制位以及其本身加上其后的数据控制标志。

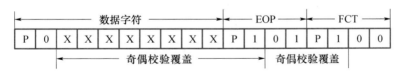

图4-27　SpaecWire 奇偶校验覆盖范围

除了上述情况之外,还需要着重关注的是在通信链路重置和链接发生错误后的 SpaceWire 传输模式。若此时,通信链路重置或链接发生错误,则数据和滤波信号应置为 0,并且在发送器被激活后,因其发送的第一个字符为 NULL 并采取偶校验策略,则在 D 信号线上发送的第一个数据位应是奇偶校验位,且为 0,这样通信链路的头一个信号阶跃便发生在滤波信号线上。

4.4.2.3　数据包结构

SpceWire 数据包结构定义采用 IEEE 1355—1995 协议中的数据包定义。SpaceWire 数据包由三部分构成:数据包头、数据区和数据包结尾标志。其中数据包头由 0 个或多个数据字符构成,主要功能是确认数据包传输的目的节点。这些数据字符的列表代表数据包目的节点的标识码或数据包传输到目的

节点所需的路径。数据区存放所需发送的数据。协议中定义了两种数据包结束标志:

（1）EOP:正常数据包结束标志。

（2）EEP:错误数据包结束标志,表明数据包在传输过程中出现错误。

值得注意的是,由于 SpaceWire 协议中没有定义数据包传输起始标志,因此在数据包结束标志后的第一个数据字就被作为下一个数据包的开始。SpaceWire 协议支持数据包在网络中的路由。

4.4.2.4　通信链路控制

SpaceWire 的通信链路控制主要在其协议的交换层中定义。在此先对 SpaceWire 交换层中的一些规定进行解释。在交换层中首先将上述 SpaceWire 数据字、控制字及控制代码进行了重新分类,分为 L－Char 和 N－Char。L－Char 包括控制字中的 FCT、ESC 以及两个控制代码 NULL 和 TimeCode。除此之外的控制字和数据字都属于 N－Char。需要注意的是,L－Char 用于完成 SpaceWire 通信链路的初始化及编译码器状态转换功能,因此只用于交换层中,并不传送到 SpaceWire 的数据包层,而 N－Char 的功能是确定数据包的发送结束及出错处理,故可传送到 SpaceWire 的数据包层。其次,SpaceWire 的通信链路控制采取数据流控制令牌这种控制策略。当数据流控制令牌从节点 A 发送到节点 B,表明节点 A 已经准备好可以接收节点 B 发送的数据。对于流控制令牌,SpaceWire 协议中有以下两点说明:

（1）当某个节点送出一个流控制令牌,即表明该节点接收器缓冲区内有足够的空间存放 8 个以上的 N－Char。

（2）节点发送器以及接收器中分别设有 N－Char 计数器,其最大值都为 56,用于计算发送和接收 N－Char 的个数。

SpaceWire 协议交换层还对通信链路的建立时间作出了相应规定,其中数据与滤波信号之间的复位时间间隔为 555ns;通信链路断开检测时间为 727（对应 8 个时钟周期）~1000ns（对应 10 个时钟周期）。

在了解 SpaceWire 的上述规定后,下面将对 SpaecWire 协议中通信控制的核心——SpaceWire 编译码器进行详细分析。依据 SpaceWire 的交换层协议,SpaceWire 编译码器主要由三个部分构成:状态机、发送器及接收器。下面将逐一进行具体说明。

I. 状态机

　　SpaceWire 编译码器状态机控制整个链路接口的操作。它控制链路初始化、正常操作以及错误恢复服务。SpaceWire 共有六种状态,其状态之间转换及相应条件如图 4 - 28 所示。

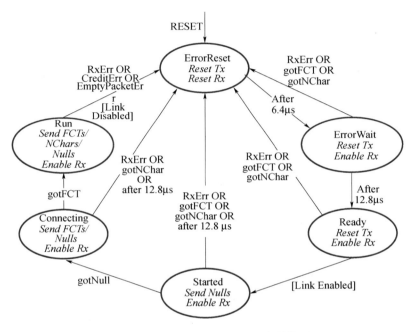

图 4 - 28　SpaceWire 编译码器状态转换过程

　　(1) ErrorReset 状态:在系统重置或通信链路由于任何一种错误中断当前传输以及在通信链路初始化时存在错误时都应转到该状态。在 ErrorReset 状态,发送器和接收器应被重置。当复位信号无效并延迟 6.4μs 后,状态机应无条件转到 ErrorWait 状态。

　　(2) ErrorWait 状态:ErrorWait 状态只能来自 ErrorReset 状态。在 Error-Wait 状态,接收器应被启动而发送器应处于复位(Reset)状态。此时若收到一个 NULL,则 gotNULL 条件将被建立。在正常情况下,ErrorWait 状态在延迟12.8μs 后将无条件转移到 Ready 状态。若在 ErrorWait 状态时,出现通信链路断开错误,或在 gotNULL 条件建立后,出现奇偶校验错,或 Escape 错,或接收到的不是 NULL,则状态机将立即转为 ErrorReset 状态。

（3）Ready 状态：Ready 状态只能从 ErrorWait 状态转入。在 Ready 状态，通信链路接口一旦获得允许便准备进行初始化。此时接收器应被启动而发送器应处于复位状态。若此时收到一个 NULL，则将建立 gotNULL。状态机将维持在 Ready 状态直到 Link Enabled 信号为 True 时转换到 Started 状态。当处于 Ready 状态时，若出现通信链路断开错误，或在 gotNULL 条件建立后，检测到奇偶校验错，或 Escape 错，或接收到的不是 NULL，则状态机应马上转到 ErrorReset 状态。

（4）Started 状态：Started 状态只能由 Ready 状态在通信链路启动情况下转换而来。当进入 Started 状态时，12.8μs 的超时计数器开始启动。在 Started 状态，接收器应该启动而发送器应开始发送 NULL。此时若接收到一个 NULL，则 gotNULL 将建立。若 gotNULL 建立，则状态机将转换到 Connecting 状态。在 Started 状态，在转换到 Connecting 状态前，协议规定发送器应至少发送一个 NULL。当处于 Started 状态时，若检测到通信链路链接错误，或在 gotNULL 建立后，发现奇偶校验错误或 Escape 错误，或接收到的不是 NULL，此时状态机会立即转换到 ErrorReset 状态。在到达超时设置 12.8μs 时，状态机也将立即转到 ErrorReset 状态。

（5）Connecting 状态：Connecting 状态应从 Started 状态转换而来。一旦进入 Connecting 状态，12.8μs 的超时计数器将会启动。在 Connecting 状态，接收器和发送器都应处于启动状态，用以发送 FCT 和 NULL。若接收一个 FCT（此时已建立 gotNULL 条件），状态机应转换到 Run 状态。当在 Connecting 状态时，若出现通信链路断开错误、奇偶校验错或 Escape 错，或接收到的不是 NULL 或 FCT，则状态机立即转换到 ErrorReset 状态。若到达超时设置的 12.8μs 时，状态机应立即转换到 ErrorReset 状态。

（6）Run 状态：Run 状态来自于 Connecting 状态。在 Run 状态，接收器和发送器都应处于正常状态，接收或发送 TimeCode、FCT、N – Char 和 NULL。在 Run 状态下，若通信链路接口未被启动或存在断开错误、奇偶错误、Escape 错误，或检测到 Credit 错误，状态机立即转换到 ErrorReset 状态。

图 4-29 为链路初始化的过程。其中，节点 A、B 分别为链路的两端。通信链路中的 A、B 两个节点只有在分别收到 NULL 字符后，才能分别送出 FCT。因此，当 A、B 分别收到 FCT 时，便意味着通信链路两端已经建立起双向连接。

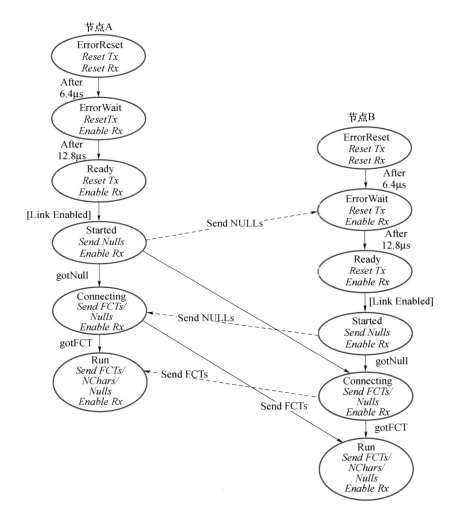

图 4 - 29　SpaceWire 通信链路初始化示意图

NULL 以及 FCT 的握手序列保证通信链路在开始正常操作前,已经完成双向的连接。

　　通信链路从 Started 状态启动到进入 Run 状态执行正常操作所需的时间取决于传输三个 NULL 和两个 FCT 的时间。端点 A 启动并发送一个 NULL;当端点 B 从端点 A 接收到 NULL 后,便随之发送一个 NULL 和一个 FCT;端点 A 接收到从端点 B 发送来的 NULL,随之也发送一个 FCT;在双方都接收到 FCT

后,通信链路便进入到 Run 状态,所需时间约为 $2\mu s$。

2. 发送器

发送器主要采用数据滤波编码技术对数据进行编码和传输。它依据本节点和发送节点的状况进行数据编码和传输。若无 TimeCode、FCT 以及 N - Char 需要发送,发送器将会持续发送 NULL 用于保持通信链路处于活动状态。在目的节点接收缓冲区具备存放 8 个及 8 个以上 N - Char 空间并且发送器收到其发送的 FCT 时,发送器才会送出 N - Char,以免出现目的节点接收缓冲区数据溢出现象。

发送器具有以下 4 种状态:

(1) 复位(Reset)状态:发送器处于复位阶段,不发送任何数据。

(2) 发送 NULL 字符状态:此时发送器仅仅发送 NULL,目的是用于建立/保持通信链路处于活动状态。

(3) 发送 FCT/NULL 状态:此时发送器的主要目的是建立源节点与目标节点的通信链路,因此此时将只发送 FCT 或 NULL。

(4) 正常运行状态:发送器处于正常操作状态,发送全部数据或控制代码。

对于发送器需要着重说明以下几点:

(1) 发送器的四种状态之间的转换由 SpaceWire 编译码器的核心状态机进行控制。

(2) 当目标节点接收缓冲区具备存放 8 个或 8 个以上 N - Char 空间时,此时目的节点将发送 FCT,源节点收到 FCT 后,将发送 N - Char。

(3) 对于 TimeCode 来讲,只有在发送器处于正常运行状态时,才能进行 TimeCode 的发送。

3. 接收器

接收器主要用于对数据滤波编码信号进行捕获并解码,同时产生一个传送到主机的 N - Char 序列。在接收器收到第一个 NULL 字符以前,将忽略任何 N - Char、L - Chars、奇偶校验错误或 Escape 错误,在接收到第一个 NULL 字符后,将启动相应的错误检测机制,并对检测到的错误发送到编译码器的核心状态机以便对其进行相应处理。此外,当第一个数据位到达时(即第一个传输信号电平在数据和滤波信号线上被检测到),接收器将启动链路断开检测机制。

接收器有以下 4 种状态：

（1）复位（Reset）状态：接收器处于复位状态，不作任何处理。

（2）启动（Enabled）状态：接收器启动并等待接收第一个 NULL。

（3）GotBit 状态：接收器已经收到数据滤波信号线上的第一个位并且同时启动链路断开检测。

（4）GotNULL 状态：接收器已经收到第一个 NULL，随之启动相应一系列的错误检测机制。

对于接收器需要指出的是：接收器的状态转换同样由 SpaceWire 核心状态机进行控制，接收器的时钟信号由通信链路中的数据信号和滤波信号通过异或运算得到。

4.4.3 网络及路由

4.4.3.1 SpaceWire 网络主要技术

SpaceWire 网络主要采用以下 5 种技术：

1. 数据流控制技术

数据流控制主要用于管理数据包从一个节点或路由器到另一个节点或路由器的移动。当接收节点或路由器的数据缓冲区空闲时，节点或路由器才能发送数据。当接收数据缓冲区已满时，接收器会通知发送节点暂停发送数据。SpaceWire 采用流控制令牌来管理数据从一个节点或路由器到另一个节点或路由器的流动。

2. "虫洞"路由（Wormhole Routing）

"虫洞"路由是一种特殊形式的数据包路由。每一个数据包头部都有一个目的节点地址，它用于确定数据包在网络中的路由路径或目的节点。在接收到数据包后，通过对目标地址的检查，路由器的开关会选择它的输出端口之一作为数据包输出端口，以便发送这个数据包。当所选择的输出端口正处于空闲状态时，数据包会被立即发送到该输出端口，随即该端口会立即被标识为"忙"，直到数据包的最后一个数据字通过路由器，即路由器检测到数据包结束标志。"虫洞"路由要求在每个路由器中预留一定数量的缓冲区，数据包在被发送前会先存放在缓冲区中。

3. 头部检测技术(Header Deletion)

对于一个数据包在一个任意规模的网络中传输而言,头部检测技术是一个简单有效的技术。图4-30解释了头部检测技术。数据包头部的第一个数据字被用于确定路由器输出端口的地址。当路由器接收到一个数据包时,会检查头一个目的标识符,以确定输出端口以便输出该数据包。当数据包通过路由器后,第一个目的标识符将被删除,原包头的第二个目的标识符将成为现在的第一个标识符,用于后续路径的路由。

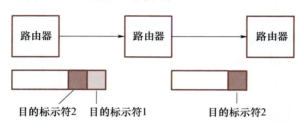

图4-30　SpaceWire 头部检测技术

4. 虚拟通道技术(Virual channels)

当来自不同源节点的多个数据包去达不同的目的节点时,可能会通过同一个数据链路。每一对源—目标节点将形成一个虚拟通道,映射到由通信链路和路由器构成的物理通道上。

该概念可以在源和目的节点之间进行扩展。例如,网络上有一个处理器设备。在该处理器上可能有几个任务在运行。这些任务可能从其他处理器上运行的任务中接收或向它们发送信息。当一个数据包到达目的节点时,其头部会被检测用于确定是否是其所需要的信息。若是其所需要的内容,则数据包头部将被剥离,其内容将存放在缓冲区中等待目的节点任务的读取。

5. 数据包地址编码技术

SpaceWire 网络中采用的数据包地址编码技术有以下三种:路径地址编码、逻辑地址编码和区域地址编码。

路径地址编码的含义是一系列路由器输出端口号码,凭借这些号码数据包可以在整个网络中路由。路径地址执行起来相对简单,需要的门数较少。它的缺点是如果需要通过几个路由器的话,其目的节点地址可能相当大,而且目的地址的长度非常依赖于目的节点在网络中的位置(相对源节点而言)。优点在于比较复杂的数据包的地址在源节点处进行处理,因此路由器可能会相对简单一些。

在逻辑地址编码中,每一个目的节点都有唯一的编号或逻辑地址与之相对应。当源节点传送一条信息到一个目的节点时,只需将目的节点的逻辑地址标记在数据包上。为了支持逻辑地址,每个路由器中都有一张路由表,对于确定的逻辑地址,路由器依据路由表确定哪个输出端口去传递数据包。

区域地址编码实际上是逻辑地址和头部检测技术的联合使用。在这种情况下,对于每个逻辑地址,路由表中还包含是否删除数据包头部或保留数据包头部的内容。这就促使形成多层逻辑地址策略。对于局部逻辑使用一种简单的逻辑地址,而对于将数据包送往网络中较远地方来讲,则需要使用一个双重的逻辑地址(或更加适合网络的逻辑地址)。在后一种情况中,第一个逻辑地址代表从源区域到目的区域的路径,第二个逻辑地址则代表在目的区域中的域内地址。当数据包到达目的区域后,路由器将数据包发送到目的区域并将第一个逻辑地址删除,以便使第二个逻辑地址可见并进行目的区域内的路由。对于需要将数据包传送到较远区域而言,采用区域逻辑地址编码可以有效减少路由所用的路由器。

4.4.3.2　SpaceWire 路由器

SpaceWire 协议依据以上的技术并考虑空间应用的实际情况,对 SpaceWire 路由器构成、路由策略,"虫洞"路由以及数据包的发送等作出了如下规定。

1. SpaceWire 路由器

(1) SpaceWire 路由器由一定数量的 SpaceWire 通信链路接口(编译码器)和一个路由矩阵构成。

(2) 路由矩阵能够将收到的数据从一个接口传送到另一个接口,并且从该接口送出。每个链路接口由一个输入接口和一个输出接口构成。

(3) SpaceWire 路由器能够将接收到的数据包发送到所要到达的目的地,所需的输出端口由数据包的目的地址确定。

2. 路由策略

针对上述的路由器定义,SpaceWire 协议中规定路由器最终选取的路由策略为以下两种方式:①路径地址模式;②路径地址、逻辑地址和区域地址三种相结合的方式。

此外协议中还有如下规定：

（1）路径地址数目应限制在 32 个以下。

（2）逻辑地址数目应被限制在 224 个以内。

（3）区域逻辑地址适用于于较大的网络，每个区域网络的逻辑地址数目最大为 224 个。

（4）对于配置端口，只能采用路径地址进行访问。

（5）头部检测技术主要用于路径路由。

（6）当采用头部检测技术时，通过每个路由器应只能删除一个数据字（目的标识符）。

（7）保留 255 号逻辑地址。

4.4.4 容错机制

SpaceWire 的容错机制主要包括以下三层：交换层、网络层和应用层。其中交换层中可以检测出以下五种错误：通信链路断开错误、奇偶校验错误、Escape 错、Credit 错和字符序列错误。在交换层发现上述错误时，将会立即断开通信链路的连接，对节点发送器和接收器进行重置并随即进行链的重新连接操作，与此同时还将向网络层通知其检测到的错误。此处需要注意的是，并不是所有错误都向网络层汇报。只有交换层状态机处于 Run 状态并检测到通信链路断开错误、奇偶校验错误、Credit 错以及 Escape 错误时，才向网络层汇报。对于字符序列错误由于其只可能发生在交换层状态机的初始化状态阶段，因此并不向网络层通知该错误的发生。

网络层中能够处理的错误有以下三种：链接错误（交换层错误）、接收 EEP 错误以及无效目的地址错误。对于链接错误来讲，其实是上述交换层向网络层报告的四种错误，网络层对于此四种错误将采取以下错误恢复措施：

（1）利用 EEP 中止当前数据包的传输并删除当前数据包。

（2）若错误发生在网络中的一个源或目的节点，则将错误发送到应用层。

（3）若错误发生在路由器中，则采用路由器中的一个状态寄存器来标志错误。

对于接收 EEP 错误来讲，网络层采取的错误恢复措施取决于发生错误的链路接口是在目的节点中还是在路由器中。若在目的节点中,则接收到 EEP 这个事件将或被标记并发送到应用层。被 EEP 中止传输的数据包将会被作为正常数据包传输到应用层。若在路由器中,则不采取特殊的恢复手段来解决收到 EEP 这个情况。此时对于收到 EEP 的处理与收到 EOP 时的处理一样。

若数据包到达一个路由器,但其所携带的目的地址却无效,即路由器无法识别其目的地址,则该数据包将会被删除。

SpaceWire 应用层主要执行超时错误的处理,包括链路初始化超时、数据包传输及接收超时。应用层对于 EEP 的处理是交付用户程序进行的。例如,如果数据包的内容不太重要,并且若只有部分数据得到正确传输,但仍能够使用,则部分数据可以选择抛弃以使传递过程继续。若数据包的内容非常重要,如包含一些重要的控制信息(例如程序代码),那么数据包若出现错误应被重新发送。

SpaceWire 总线具有速率高、组网能力强的特点,将在未来的航天器中得到应用。图 4 – 31 所示为一个基于 SpaceWire 的星载电子系统的集成方案框图。

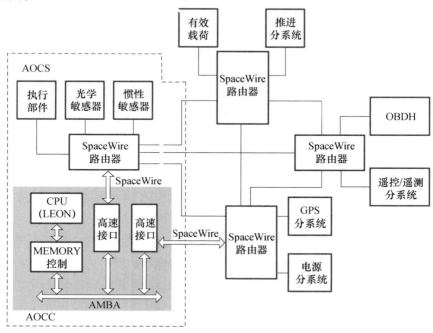

图 4 – 31　基于 SpaceWire 的星载电子系统集成方案框图

▶ 4.5 其他总线

◁ 4.5.1 IEEE 1394 总线

IEEE 1394 是一种串行总线标准,IEEE 1394 的原型是运行在苹果(Apple Mac)计算机上的火线(Fire Wire)。在参考 FireWire 的基础上,IEEE 于 1995 年确定了 IEEE 1394 标准,数据传输速率最高为 400Mb/s,采用六芯电缆。1998 年 IEEE 发布 IEEE 1394a 协议,在 IEEE 1394 协议上加入电源管理和电缆电源规范,开放主机控制器接口。IEEE 1394 具有以下主要特点:

(1)节点之间的最大距离不能超过 4.5m,但可以使用 IEEE 1394 中继器克服这一局限。一台 IEEE 1394 中继器可以将节点之间的距离延长 4.5m。因为 IEEE 1394 最多只能支持 16 层树形网段,所以两个端点之间的最大距离为 72m(16×4.5)。

(2)每个网段最多可以连接 63 台设备,每台 IEEE 1394 可以连接 1023 个网段,从而可以实现各种复杂的网络结构。但考虑到两个节点之间 4.5m 的最大距离限制,IEEE 1394 并不适合在广域网中使用。

(3)因为 IEEE 1394 设备支持热插拔,所以可以在任何时候向 IEEE 1394 网络添加或拆除设备,既不用担心影响数据的传输,也不需要进行重新配置,系统可以根据变化的环境进行自动调节。

(4)IEEE 1394 网络使用的是对等结构,不需要设置专门的服务器。

(5)同一网络中的数据可以以不同的速度进行传输,目前可以实现的速度为 100、200 和 400Mb/s。

IEEE 1394 总线遵循 IEEE 1212 CSR 体系结构的 64 位固定寻址方式,高 16 位为节点标识,余下是节点内部寻址。

节点标识又分为两个部分:最前面 10 位是"总线"的编号(Bus_ID),当此 10 位全部为 1 时,表示广播到所有总线上,因此可寻址 $2^{10} - 1 = 1023$ 个网络;接下来的 6 位就是物理标识(Physical_ID),用于寻址网络上的节点号码,当此 6 位全部为 1 时,表示广播到网络上所有的节点,因此一个网络上最多可接 $2^6 - 1 = 63$ 台设备。再接下来的 48 位是节点的缓存器区及私有区,总容量为 2^{48} 节点空间。

节点内部寻址的地址映射如图 4-32 所示。

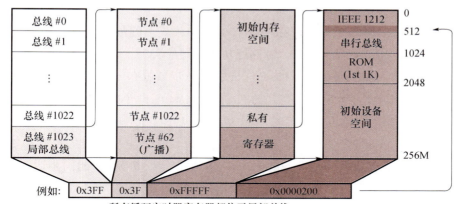

图 4-32　节点内部寻址的地址映射

IEEE 1394 可支持两种传输模式:异步(Asynchronous)传输和等时(Isochronous)传输。

(1)当采用异步模式传送数据时,其数据的传输是非连续性的,反应时间较灵敏,具有 CRC 检测,数据传输错误可重发,IEEE 1394 会根据不同设备的实际需要分配相应的带宽。当某个设备需要向其他设备发送信息时,会发出专门的连接信号,且必须有相对应的响应(Acknowledge),因此,它会追踪数据的传送与接收是否正确,告知其他设备自己将要使用某一带宽。

(2)等时传输其数据的传输是连续性的,保证了视频和其他类似设备能够持续地占据和使用自己所需要的带宽,具有 CRC 检测,可传播,不具有响应,因其具有等时性,所以可应用在视频及音频等实时数据传输上。一般而言,IEEE 1394 一个传输周期为 125μs,在这 125μs 的时间中等时性传输会优先被处理,随后异步传输才可被处理(约占 25μs)。在异步传输模式下,信息的传送可以被中断;而在等时传输模式下,数据将在不受任何中断和干扰的情况下实现连续传送。

IEEE 1394 的网络共有三层,分别是物理层、链接层及传输层,此外还有一个总线管理部分,也可以把它称为管理层。

(1)物理层(Physical Layer):提供设备和线缆之间的电气和机械连接,处理数据传输和接收,确保所有设备可以正常访问总线。物理层功能由硬件实现。

(2)链路层(Link Layer):提供同步和异步模式下的数据包接收、确认、定址、数据校验以及数据分帧等。链路层功能由硬件实现。

(3)传输层(Transaction Layer):只处理异步数据包,提供 Read、Write 和 Lock 命令。Read 命令向命令发出方传回数据,Write 命令向接收方发送数据,Lock 命令通过生成往返通路实现 Read 和 Write 功能。传输层功能由固件实现。

(4)串行总线管理(Serial Bus Management):提供全部总线的控制功能,包括确保向所有总线连接设备的电力供应、优化定时机制、分配同步通道 ID 以及处理基本错误提示等,主要由三个部分组成:

① 总线管理器:在总线上只有一个节点可以充当总线管理器的角色。

② 节点控制器:所有没有充当总线管理器的节点也都有自己独立的节点控制器。

③ 等时资源管理器:用来分配带宽和其他的等时资源。

各层之间的关系如图 4-33 所示。

图 4-34 为美国 JPLX2000 应用 IEEE 1394 总线遥测采集系统。

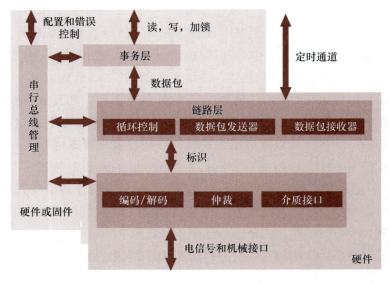

图 4-33　IEEE 1394 协议层间的关系

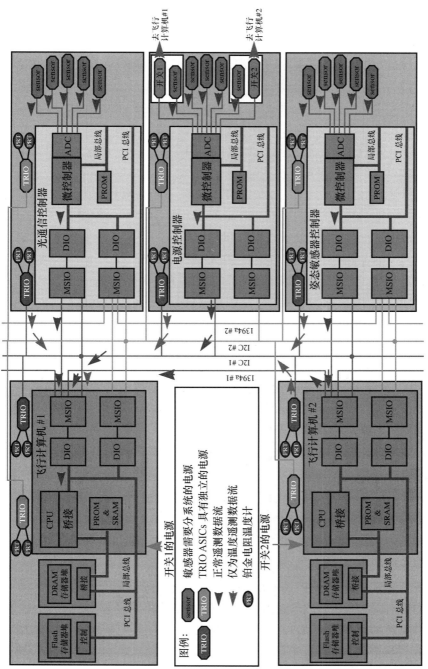

图4-34　JPL X2000应用IEEE 1394总线遥测采集系统

✍ 4.5.2　以太网

1973 年,施乐公司(Xerox)开发出了一项设备互联技术,并将这项技术命名为"以太网"(Ethernet)。Ethernet 采用了总线竞争式的介质访问方法(起源于夏威夷大学在 20 世纪 60 年代研制的 ALOHA 网络),它的问世是局城网发展史上的一个重要里程碑。1979 年,Xerox 与 DEC、Intel 共同起草了一份 10 Mb/s 以太网物理层和数据链路层的规范,称为 DIX(Digital、Intel、Xerox)规范——DIX 1.0。1980 年 2 月(美国)电气电子工程师学会(IEEE)成立了专门负责制定局域网络标准的 IEEE 802 委员会。该委员会开始研究一系列局域网(LAN)和城域网(MAN)标准,这些标准统称为 IEEE 802 标准。其中,IEEE 802.3 对于基于总线型的局域网进行了规定(实际上 IEEE 802.3 标准的制定过程中参考、借鉴了很多已经实现的以太网技术)。1982 年,DIX 修改并发布了自己的以太网新标准:DIX 2.0。1983 年,Novell 根据初步形成的 IEEE 802.3 规范发布了 Novell 专用的以太网帧格式,常被称为 802.3 原始帧格式(802.3 raw)。1984—1985 年,IEEE 802 委员会公布了五项标准 IEEE 802.1 ~ IEEE 802.5。其中,公布了两种 802.3 帧格式,即 802.3 SAP 和 802.3 SNAP。后来,IEEE 802 标准被国际标准化组织 ISO 修订并作为国际标准,称为 ISO 8802。

目前,有 4 种不同格式的以太网帧在使用,它们分别是:

(1) Ethernet II 即 DIX 2.0:Xerox 与 DEC、Intel 在 1982 年制定的以太网标准帧格式。Cisco 名称为 ARPA。

(2) Ethernet 802.3 raw:Novell 在 1983 年公布的专用以太网标准帧格式。Cisco 名称为 Novell-Ether。

(3) Ethernet 802.3 SAP:IEEE 在 1985 年公布的 Ethernet 802.3 的 SAP 版本以太网帧格式。Cisco 名称为 SAP。

(4) Ethernet 802.3 SNAP:IEEE 在 1985 年公布的 Ethernet 802.3 的 SNAP 版本以太网帧格式。

航天器星载局域网采用以太网技术,可以利用以太网传输速率高、通信容量大的优点。并且,光纤作为传输介质可以发挥其质量轻、无电磁干扰的优势。航天器的星载设备众多,采用以太网传输有优势。图 4 - 35 为 ESA 哥伦布舱电子系统组成框图。

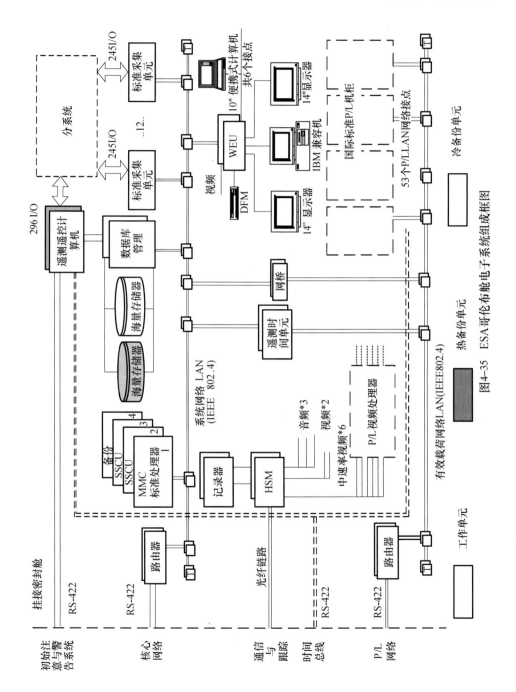

图4-35 ESA哥伦布舱电子系统组成框图

⌖ 4.5.3　I²C 总线

I²C 总线是 Philips 公司推出的一种用于 IC 器件之间连接的串行总线。它以一根串行数据线(SDA)和一根串行时钟线(SCL)实现了全双工同步数据传输,并根据地址识别每个器件。SDA 和 SCL 均为双向 I/O 线,当总线空闲时,两根线都为高电平。I²C 规范 1.0 版本于 1992 年发布,1998 年发布 I²C 规范 2.0,2000 年发布 2.1 版本规范。总线的技术特性为:主从式全双工同步串行总线,可实现点到点或广播式通信。I²C 是一种多主控制器的总线,即总线上可连接多个主控制器。总线上主和从的关系不是一成不变的,而是取决于当时数据传输的方向。总线上所能连接设备数量最大为 40 个,采用 10bit 设备地址编码,可有 1024 个设备地址。

设备接口地址具有很大的独立性。在单主系统中,I²C 接口具有唯一的设备地址,由于不能发出串行时钟信号而只能作为从设备使用。各设备之间互不干扰,相互之间不能进行通信,各个设备可以单独供电。总线仲裁分两步进行,首先进行地址位比较,其次进行数据位比较。传输距离最大约为 5m(18 英尺),总线数据传输速率在标准工作方式下为 100kb/s,在快速方式下,最高传输速率为 400kb/s,高速方式下最高传输率为 3.4Mb/s。

I²C 总线是一种具有集中寻址和数据传输协议的可靠多主串行总线,由一根 SDA 和一根时钟线 SCL 组成。系统内所有带 I²C 总线接口的器件都可以通过 I²C 总线连接在一起,构成单机或多机系统。图 4 - 36 为 NASA 的 X2000 计划中基于 I²C 的电子系统网络。

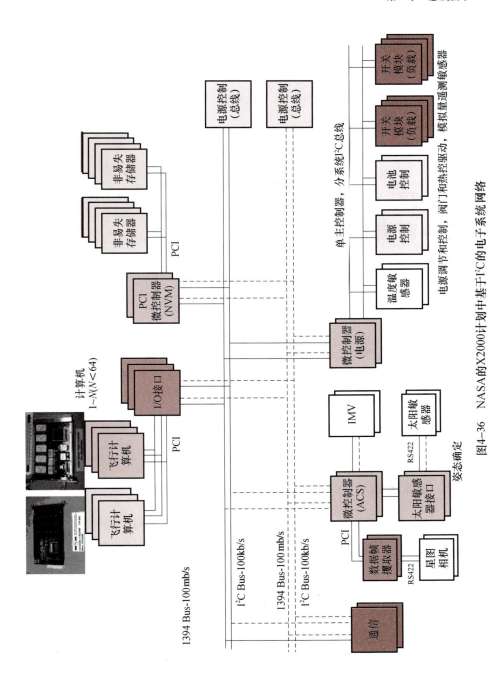

图4-36　NASA的X2000计划中基于I²C的电子系统网络

第 5 章
软件容错技术

本章概述了软件故障的原因和影响,简要介绍了故障发现、隔离和恢复等关键技术,给出了软件容错的技术体系,着重讨论了包括单版本软件容错、多版本软件容错,以及基于数据多样性的软件容错。

▶5.1 软件容错的基本概念和原理

✍ 5.1.1 软件故障

软件故障是指软件中存在的缺陷,这种缺陷在程序运行中遇到时,就会导致软件出现故障,如果不采取措施,则可能引起系统失效。软件故障具有如下特点:

(1)软件故障不存在硬件固有的损耗问题,因此软件故障大多由设计引入,如规格说明书的误解、编码错误等引入的软件故障等。

(2)软件故障是不常规、不正常的状态,只有在特定条件下才会暴露出来。

(3)软件故障一般具有传播性:故障一旦被激活,它引起的错误可以传播给其他模块,产生新的错误。

以航天计算机为例,软件故障会导致严重的后果,较为经典的是"阿里安" 5 火箭爆炸事件,惯性导航软件的浮点异常问题导致了灾难。

5.1.2　软件容错

为保证软件不存在缺陷,软件开发过程中大量采用了过程控制、测试、模型检验和定理证明等手段。尽管如此,由于软件的复杂性,不可能把所有的软件缺陷都在开发过程中除掉,因此采用软件容错技术是必要的。

软件容错有狭义和广义两种概念。狭义软件容错技术是指在软件存在故障时,能保证系统正常运行的技术,这种技术是与软件开发时一同设计考虑的,狭义的软件容错一般是指采用多版本软件容错和数据多样性等方法来解决软件自身的故障。

广义软件容错除具有狭义软件容错的能力之外,还能通过采用软件手段容忍硬件故障,如单粒子翻转(SEU)和单粒子扰动(SET)导致出现指令取值错误、数据错误等。针对瞬态故障的软件容错技术又可分为时间和空间冗余。时间冗余是指在不违背时间约束的前提下,把程序并行或串行执行多次并比较结果,相同则说明结果正确,否则其中一次执行肯定出现了错误,最典型的代表是回卷恢复。空间冗余是指采用编码、校验和机遇数据多样性等机理对瞬间错误进行纠正,最典型的代表是基于编译器的软件容错技术和两次仲裁技术。目前,软件容错技术已广泛应用于航天、核能、通信、交通等有极高可靠性要求的领域。

软件容错的原理从狭义来讲,一是依据不同的程序设计者针对同样的事情犯同样错误的概率极小,二是不同时间软件所使用的数据相同的概率极小。广义来讲,软件容错仍旧是时间冗余和空间冗余的结具。

上述两种软件容错技术容忍故障的过程都可划分为 4 个环节,即①故障发现,发现故障的存在;②故障诊断,定位故障,确定原因;③故障隔离,防止故障传播;④故障恢复,从有故障状态恢复到无故障状态。在具体的容错技术中,可能会缺少部分环节,如只是发现故障、并不诊断定位故障。

5.1.3　软件故障发现和表决

故障发现和诊断一般包括故障检测和表决两种策略,其中故障检测机制是发现故障,表决是从多个串行(或并行)的计算结果中选择正确结果。

软件故障检测包括如下机制,其中前4项又被称为接收测试(Acceptance Tests,AT):

(1)合理性判决(包括完整性判决、合理阈值判决、软件断言等):根据常识性的取值范围、预知的输出结构等先验信息判断结果的合理性,该值一般结合具体应用而定。

(2)逆向检查:根据输出结果,逆向反推输入数据,进而判断结果的正确性。

(3)黄金判断:采取预定的输入与预定的输出进行比较(黄金准则),如果黄金准则判断失败,则可判断本次运行有误。但是受测试覆盖性约束,可能会存在误判问题,即使黄金准则判断正确,被判断目标也不一定正确。

(4)超时判决:对于有时间应答要求的操作,可以设置一个计时器,当在预定的时间内未获得应答要求时,则可推断必定出现了故障。

(5)心跳判决(看门狗):对于周期任务,在周期任务进行中至少进行一次清除计时器的操作,若计时器超时,则意味着周期任务运行异常。

(6)纠错检错码:对被保护代码自身,以及被保护代码的顺序进行编码检验(即增加额外的校验码),在后续代码中,通过对额外的校验码的校验,发现被保护代码执行的错误。

(7)资源限定机制:每个软件都有限定的资源访问权限,当出现访问越权时,则可判定出现了故障,该类故障检测机制的代表为 ARINC – 653 操作系统中的健康管理机制。

表决是从两个或多个候选结果中选举出正确的结果,如果只有两个候选结果,则该仲裁机制被称为比较器。从表决策略划分,表决器可分为如下类别:

(1)严格一致的表决器:选取输出结果严格一致、且占多数的候选值作为输出结果,否则判断为输出无效,该策略又被称为 $m – out – of – n$ 表决器,其中 $m = \lceil (n+1)/2 \rceil$,其中 $\lceil\ \rceil$ 为向上取整符号,如 $n = 3$ 时,$m = 2$

(2)中值数表决器(Median Voter):从一串有序结果中选取中间值(若干个相同的结果算作1个结果),如果 n 是奇数,则选择中间那个值;如果 n 是偶数,则选择 $n/2$ 或 $(n/2 + 1)$ 的值。

(3)平均值表决器(Mean Voter):选取数学平均值。

（4）一致性表决器（Consensus Voter）：从多个候选结果中选取一致性大的结果，而不管是否过半，如（a, a, c, b, d）选取 a，（a, a, b, b, c）可选取 a 或 b。

5.1.4　软件故障隔离

故障隔离是防止故障的破坏性蔓延的技术。由于抑制了故障的传播，故障隔离有利于容错的实现，是容错的基础技术之一。故障传播主要发生在资源权限上，严格约束资源权限是故障隔离的重点。由于操作系统是进行资源管理的技术，因此操作系统是故障隔离的主要执行者，以综合电子中的 ARINC – 653 操作系统为例，它采用蓝印机制（Blueprint）来限定资源的访问权限、访问时间，蓝印机制也被称为表驱动（Table-driven）。客观上，蓝印机制具有确定的实时性和可靠性，但蓝印机制较为机械呆板，因此消费类电子大都不采用蓝印机制，但在航电领域，蓝印机制是主流技术。

在嵌入式实时应用中，需要对故障进行确定性的隔离措施。以 ARINC – 653 操作系统为例，它规范了健康管理的接口、健康管理流程、层次化的健康管理架构等，从最低层的进程级、分区级直至模块级，每一级都有一个对应的、确定的故障处理策略表（该策略表为静态配置，是蓝印的一部分），系统管理任务负责全部故障的管理，它接收各分区以及分区中各进程通过健康管理接口"注入"的故障信息，监视各个分区自身和操作系统自身的健康状态，然后根据全局的系统健康管理表区别出模块级、分区级和进程级错误，进而根据对应的故障处理策略处理故障，例如屏蔽故障单元等。

5.1.5　软件故障恢复

在软件容错的 4 个环节中，故障恢复是主要内容。故障恢复一般分为后向恢复（Backward Recovery）和前向恢复（Forward Recovery）两大类。

在后向恢复方式中，一旦软件出错，系统能通过恢复到检查点（Checkpoint）或卷回到一个先前存储的系统状态中，如图 5 – 1 所示。由此可知，后向恢复的假设条件是在形成检查点或存储系统状态时，系统不存在故障，如果检查点自身存在故障，那么后向恢复将无效。后向恢复适用于一个完整的程序，也可以是一个子程序或一个进程。当后向恢复的对象是一系列交互的进程时，某进程卷回到检查点后，从该进程接收数据的进程也要卷回同样远，从而导致一系列的卷回,该现象被称为多米诺卷回现象。在长寿命卫星中应用最多的冷备份计算机是典型的后向恢复机制,在冷备份计算机中,当其中一个备份的软件发生故障时,将由看门狗对软件进行复位,从而将软件卷回到健康状态。5.2.1 节和 5.3.1 节是典型的后向恢复。

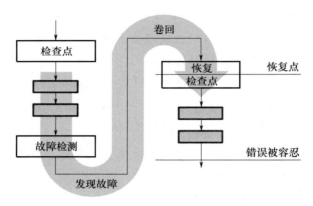

图 5 - 1   后向恢复示例

与后向恢复不同,当发生故障时,前向恢复一般从多个并行执行的冗余版本中选择正确的结果,以维持连续运行,如图 5 - 2 所示,前向恢复能实时处理故障的能力又被称为故障掩蔽(Fault Masking)。5.1.6 节中的冗余的单版本容错和 5.3.2 节中的多版本编程是典型的前向恢复。有些软件容错技术会综合运用前向恢复和后向恢复技术,如 5.4.4 节中的两次仲裁,第一次仲裁无果时,重新进行第二次仲裁是后向恢复;而每次进行的仲裁表决又属于前向恢复。表 5 - 1 给出了前向恢复和后向恢复的性能对比。

表 5 - 1   后向恢复和前向恢复的比较

	后 向 恢 复	前 向 恢 复
优点	① 可靠,只要检查点完整,即可恢复 ② 简单,不用解决系统内部的状态恢复问题	① 可消除外设的错 ② 时间开销小
缺点	① 容易造成多米诺效应 ② 不适合外设的错 ③ 有开销:包括检查点存储、重算时间	① 复杂,程序员必须了解出错性质,不能恢复系统状态,或必须保留状态 ② 资源开销大:要维持多个冗余版本并行执行
适合	数据处理,通用系统	数据采集,实时控制

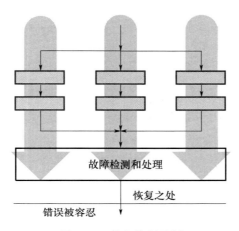

图 5 - 2　前向恢复示例

☑ 5.1.6　软件容错的技术体系

目前,软件容错技术主要有三大类:容忍瞬态故障的单版本软件容错、容忍软件自身故障的多版本软件容错和基于数据多样性的软件容错,每类又包括多种分支,详见表 5 - 2。

表 5 - 2　软件容错技术体系

软件容错技术		简称	错误处理技术
单版本容错	回卷技术		定时存储程序状态(Snapshot),发生故障时,后向恢复到存储的程序状态
	软件陷阱		在无用内存区设置跳转指令(陷阱),将程序指向一个正常的执行位置,防止跑飞
	基于编译器的软件容错		在编译器中"透明地"实施基于模块入口出口地址的异常拦截、软件陷阱、代码校验等软件容错技术
	冗余的单版本容错		采取接收测试(AT)发现故障,采用后向恢复、调用同一个版本软件重试
多版本容错	恢复快	RcB	采取接收测试(AT)发现故障,采用后向恢复、调用另外一个版本软件
	多版本编程	NVP	仲裁
	分布式恢复块	DRB	主节点不能通过接收测试时,切换到备份节点

（续）

软件容错技术		简称	错误处理技术
多版本容错	N 自检软件	NSCP	AT 发现错误,前向恢复
	一致性恢复块	CRB	表决输出,表决失效时采用 AT
	接收表决	Acceptance Voting	每个模块先进行接收测试,然后表决
基于数据多样性的软件容错	数据重表达	DRA	对数据进行重新表达,提高容忍数据共模故障的能力
	N 复制编程	NCP	类似于 NVP 技术,只不过所有版本接收的数据都经由数据多样性重表达,以进一步提高容错效果
	重试块	RtB	接收测试,后向恢复
	两次仲裁	TPA	结合了多版本软件容错和数据多样性容错技术,采用的表决机制为前向恢复,第一次表决无结果时程序卷回属于后向恢复

▶ 5.2　单版本软件容错

　　单版本软件容错的假设是软件自身无错,只是采用软件手段来容忍瞬态错误。单版本软件容错一般包括(串行和并行)重试和编解码技术,其中重试的理论基础是再次发生瞬态错误是小概率事件,串行重试是指单版本软件重复执行,并行重试是指多个相同版本软件并行执行,执行后表决;软件编解码的理论技术是采用编码理论对指令块进行校验(签名),从程序入口或出口判断指令流程是否正确。单版本软件容错的其他措施还包括指令陷阱。

◁ 5.2.1　回卷恢复

　　回卷恢复(Rollback Recovery)是一种低开销的容错技术。它在程序的整个执行过程中,每隔一定时间把整个程序的状态(检查点)保存到可靠存储介质上。在发生故障之后,程序重新启动并恢复保存的程序状态,从保存点状态继续执行,把计算损失减小到状态保存时刻点到故障发生时刻点这段时间所作的计算,避免了程序从头开始执行,如图 5 - 3 所示。回卷恢复是一种基于时间冗余的容错策略,和基于空间冗余的容错策略相比,它具有实现和使用简单、对资源要求低等特点。自检测计算机(STAR)是早期的容错计算机,由美国喷气推进实验室(JPL)设计,就采用了该措施。该机制采用同一版本软件,能容忍瞬时随机故障,但不能容忍该版本软件的共模故障。

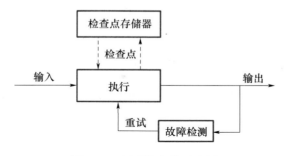

图 5 – 3　回卷恢复的示意图

检测点技术有如下特点:

(1)检测点技术只能用于对瞬态故障容错。不能用于对永久故障容错。

(2)使用检测点技术进行容错成功与否取决于稳定存储器是否可靠。

(3)检测点技术易于实现,利用检测点技术本身不需要对故障的起因做任何假设。

(4)检测点虽然带来了性能和内存开销,但与其他方法相比大大降低了由于故障引起的工作量损失。

检查点的构建策略包括独立检查点策略、协同检查点策略和通信诱导检查点策略三种。在独立检查点策略中,各进程独立自主地做检查点,在出现故障时,恢复系统从每个进程所做的检查点中寻找一致可恢复的全局状态。独立检查点策略可能产生多米诺效应,恢复系统从每个进程所做的检查点中找不出一个一致可恢复的全局状态,所有检查点都成了无用检查点,最后系统回卷到启动时状态。协同检查点策略避免了多米诺效应,即所有进程协同做检查点,保证所做的检查点构成全局一致进程状态。做协同检查点需要发送控制消息进行同步,引入了同步开销。通信诱导检查点策略实现了各进程独立地做检查点,同时又避免了多米诺效应。该策略中存在两种检查点:一种为自主检查点;另一种为被迫检查点。为了满足回卷依赖关系可跟踪性的要求,进程在当前检查点间隔中如果在接收一个消息之前发送了消息,则需要根据其跟踪记录的依赖关系,判断是否在提交接收的消息之前做一个被迫检查点。如果就其掌握的信息,不满足回卷依赖关系可跟踪要求,进程就在提交消息之前做一个被迫检查点,来保持回卷依赖关系可跟踪属性。通信诱导检查点协议中,尽管各进程独立地做检查点,而且所有检查点都是有用检查点,在故障恢复时不会出现多米诺效应,但当被迫检查点过多时,其检查点开销会成为一个突出的问题。

📝 5.2.2 基于编译器的软件容错技术

前述的单版本容错都是在代码设计阶段完成,需要软件设计师亲自设计实施,即对设计师是不透明的。若在编译阶段对指令和数据进行冗余保护,或实施前述的其他单版本容错方法,则编译后的目标代码就具有与前述单版本容错相同的效果,这类软件容错方法被称为基于编译器的软件容错,显然基于编译器的软件容错设计方法对设计师透明,即传统上由设计师实施的软件容错措施改由编译器实施,该技术也被称为代码签名。

基于编译器的软件容错技术的典型代表是 NASA 和斯坦福大学在 ARGOS 卫星上实施的面向硬件的软件容错(Software-Implemented Hardware Fault Tolerance),他们采用图 5-4 所示的思路,实施了 CFCSS(Control Flow Checking by Software Signatures)和 EDDI(Error Detection by Duplicated Instructions)容错策略,这些容错策略不但能容忍软件自身故障,还能容忍一些硬件瞬态故障,如单粒子翻转和扰动等。

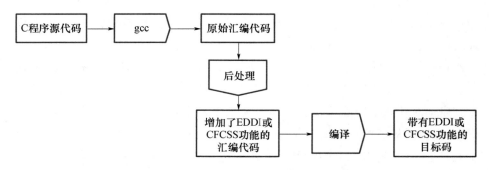

图 5-4 基于编译器的软件容错技术(面向硬件的软件容错)

5.2.2.1 CFCSS

CFCSS 通过在源代码中增加数值签名(校验信息)来发现目标代码故障,从而避免错误发生。CFCSS 包括基本 CFSS 方法和扩展 CFCSS 方法,在基本 CFCSS 方法中,所有的模块都只被一个模块调用,所以基本方法不能适用于某模块被多个模块调用的场合,改进 CFCSS 可以解决上述问题。

基本 CFCSS 包括如下步骤:

(1) 设置一个全局寄存器 G,用来记录跳转前的校验和,G 的初始值为处理器复位之后执行的第一个基本块的校验和。

(2) 在汇编源代码级别进行预处理:

① 在汇编源代码中划分基本块,基本块的划分要求为:基本块内部不能有任何跳转语句,只有块的最后一条才能是跳转语句。

② 在源代码中找到调用该基本块的跳转指令 JMP、该跳转指令所属的基本模块(校验和为 S_S)以及跳转目的地所属的基本模块(校验和为 S_D),计算源和目的模块的校验和的差异 D_D($D_D = S_S \oplus S_D$),并将 D_D 插入到目的模块的头部。

③ 在源代码中基本块的头部插入校验指令序列,如图 5-5(a)所示,新插入的第一条指令是 $G = G \oplus D_D$,第二条指令为 br $G \neq S_D$ error,即转入异常处理模块。

(3) 在程序执行时,由于被跳转模块的签名 D_D 已经包含了跳转前的 G 的信息,如果跳转正常,更新后的 G 应该等于 S_D(更新前为 S_S,为源模块的校验和),即 $G = G \oplus (S_S \oplus S_D) = S_S \oplus S_S \oplus S_D = S_D$;如果跳转不正常,则更新后的 G 不等于 S_D,此时即表明从非正常入口跳入目标模块。

CFCSS 增加校验信息的示例如图 5-5(a)所示,正确执行的案例如图 5-5(b)所示,发现错误的案例如图 5-5(c)所示。

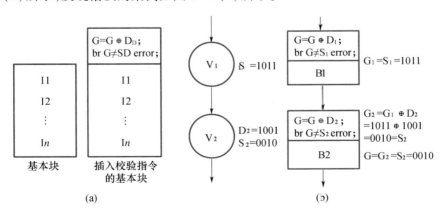

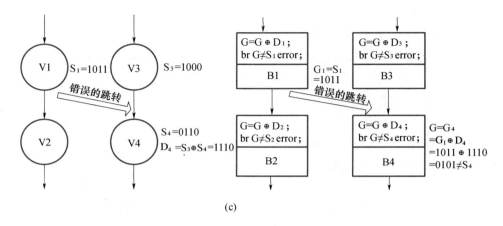

(c)

图 5-5   CFCSS 方法流程

基本 CFCSS 无法解决某个模块被多个模块调用的问题,为此,ARGOS 项目中提出了改进的 CFCSS 方法,该方法在全局变量 G 的基础上增加了全局补偿变量 D,以图 5-6 中模块 5 存在两个调用者为例,模块 5 根据模块 1 生成校验码,因此模块 1 的补偿校验码为 0000;由此必须对模块 3 进行补偿。由此可知,改进 CFCSS 方法中,必须对调用关系非常明确,并选定其中之一作为选定调用者生成校验和 S_D,其他调用者要根据该选定调用者进行补偿。

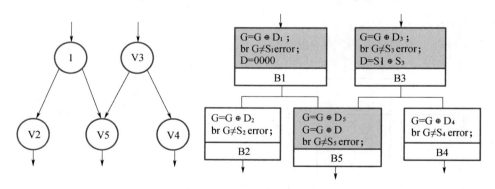

图 5-6   多调用者的数字签名补偿方法(以两个调用者为例)

经地面故障仿真、故障注入以及在轨飞行验证,ARGOS 得出结论:在 COTS 器件上面通过面向硬件故障的软件容错所实现的性能,可以比基于抗辐照器件的空间计算机高一个数量级;面向硬件故障的软件容错可以有效提高基于 COTS 器件的空间计算机的容错性能,能够很好地应对空间辐射的影响;同时还能够比使用抗辐照器件的成本减小一个数量级。

5.2.2.2　EDDI

EDDI 算法在汇编代码中插入进行冗余计算的指令,并通过插入的比较和分支指令来检测错误。在 EDDI 算法中,先把基本块(Basic Block)进一步细分为无存储基本块(Storeless Basic Block)。无存储基本块的最后一条指令包括分支跳转指令和 Store 指令,显然 EDDI 和 CFCSS 在基本模块的界定上有最大区别。

EDDI 算法先通过复制每一个无存储基本块进行冗余计算,然后 EDDI 算法检测每一个无存储基本块的最后一条指令是不是 Store 指令,如果是,就在该 Store 指令后增加比较和分支指令,比较该 Store 指令中将要存储的数据是否一致。这样的开销是容易估算的,根据统计 Store 指令占程序的 10%,分支指令占 20%,如果按照为每一条 Store 指令都增加一条分支指令计算,那么经过 EDDI 算法容错编译后程序中的分支指令数将会比原程序增加大约 50%。

EDDI 和 CFCSS 在 ARGOS 卫星中得到了实际应用,取得了良好的结果,在轨飞行的 136 天中,EDDI 和 CFCSS 覆盖了 203 个故障中的 198 个,研究表明 EDDI 算法是所有编译容错算法中性能最出色的算法之一。

5.2.3　软件陷阱

当跑飞程序进入非程序区(如 ROM 未使用的空间)时,设定软件陷阱拦截跑飞程序,将其迅速引向一个指定位置,设置一段专门对程序运行出错进行处理的程序,使程序运行得以恢复正常。根据跑飞程序落入陷阱区的位置不同,可选择执行空操作、转到程序入口地址等方式,使程序恢复正常运行。针对不同的存储空间,软件陷阱可以使用不同的手段来安排:

(1)未使用的 ROM 空间用引导指令填满,当跑飞程序进入此区后,便会迅速被引导到程序入口地址,恢复程序正常运行。

(2)程序设计时采用模块化设计,可以将陷阱指令组分散放置在用户程序各模块之间空余的单元里。在正常程序中不执行这些陷阱指令,保证用户程序正常运行。但当程序跑飞一旦进入这些陷阱区,就可以马上使跑飞的程序回到正常。

（3）中断服务程序区进行检测，若主程序的运行区间为 ADD1 ~ ADD2，并设有定时器产生定时中断。当程序跑飞落入 ADD1 ~ ADD2 区间外，并发生了定时中断时，可在中断服务程序中判定中断断点地址 ADD。若 ADD < ADD1 或 ADD > ADD2，说明发生了程序跑飞，则应使程序返回到复位入口地址，使跑飞的程序恢复正常运行。

▶5.3　多版本软件容错

多版本软件容错的假设是软件自身存在错误。多版本编程的理论基础为多个版本出现相同软件是小概率事件。

5.3.1　恢复块

恢复块技术最早由 Horning 于 1974 年提出，作为最早的两种多版本冗余技术之一，它非常类似于硬件容错中的冷备份冗余容错，只不过其中的冷备份都是相异设计。RcB 属于动态冗余技术，RcB 结构中包括若干互异的功能软件（一个主份、若干备份），以及一个接收测试单元。RcB 的工作流程如图 5 - 7 所示，首先主模块执行，如果该备份正常（在规定的时间内通过接收测试），则循环运行，当该备份功能失效（不能通过接收测试、且超时）时，切换到下一个备份。如此进行，直至没有备份可以尝试为止。RcB 中的功能单元的一般组成如图 5 - 8 所示，其中功能软件一般都带有看门狗计时器。

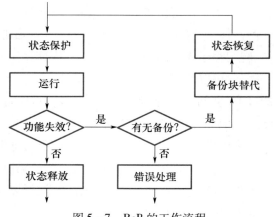

图 5 - 7　RcB 的工作流程

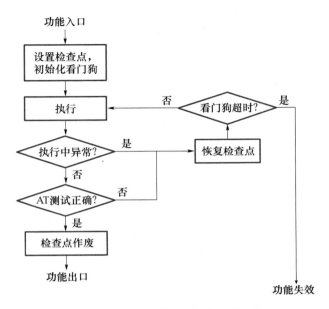

图 5 - 8　RcB 中单个功能单元的组成

在设计备份块时，一般考虑如下方面：

（1）相异设计，以避免共模故障。

（2）主备份是重点，应投入相对多的精力。

（3）设计备份模块时，在确保可靠性底线要求的前提下，可根据需要进行功能降级设计。

RcB 的代价是时间开销，包括保存全局状态和启动一个或多个替换的模块。因此 RcB 虽然具有极高的可靠性，但是却不适用于实时性要求高的场合。

5.3.2　多版本编程

多版本编程（N-Version Prognamming，NVP）技术由 Elmendorf 在 1972 年提出，由容错界的泰斗 Avizienis 等人在 1977 年实现。作为最早的两种多版本冗余技术之一，它非常类似于硬件容错中的热备份冗余，只不过其中的所有备份都是相异设计。NVP 属于静态冗余技术，它采用决策机制（Decision Mechanism，DM）[1]，实现了前向恢复策略。

---

[1]　决策机制包括仲裁、接收测试等，作为本章的重点内容，将在 5.4 节重点讲述。

　　NVP 方法与硬件容错的 NMR 方法类似,N 个独立生成的功能相同的程序称为版本,它们同时执行。每个模块以不同的方式完成相同的任务,各自向表决器提交它们的结果,由表决器确定正确的结果,并作为模块的结果返回,详见图 5 – 9。利用设计多样性得到 NVP 系统能克服大多数软件中出现的设计故障。

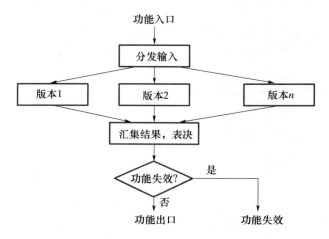

图 5 – 9　NVP 功能示意图

　　NVP 和恢复块的主要不同在于实时性:恢复块串行尝试多个替换块,直到判决器找到可接受的结果,在逐个重试的过程中,尝试多个替换版本的时间开销可能很大,这种方法不适用于实时系统;NVP 通常在 N 份冗余的硬件上同时执行这些不同版本的软件,具有较高的实时性,NVP 已经运用到很多实际系统中,例如铁路交通控制系统、飞行控制系统。

5.3.3　分布式恢复块

　　分布式恢复块(Distributed Recovery Blocks,DRB)技术由 Kane Kim 提出,它由两个并行操作的恢复块簇组成(恢复块簇就是 5.3.1 节中的一个标准恢复块结构),这两个恢复块簇之间形成比较对关系(Cheking-pair),每个恢复块簇内部由若干个串行操作的恢复块组成,属于典型的 RcB 结构,图 5 – 10 以两恢复块为例给出了 DRB 的组成示意图。DRB 中的“分布式”体现在这两个节点由分布式网络实现紧耦合连接,当然也可以紧耦合。

　　在初始时,设定其中一个为主节点(Primary Node)、另一个为影子节点

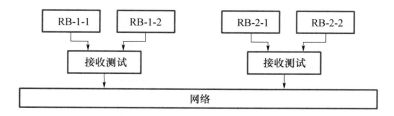

图 5 - 10 DRB 的组成示意图(以单节点内有两个恢复块为例)

(Shadow Node)。主节点负责输出控制,影子节点的输出被屏蔽,如图 5 - 11 所示。当比较对中的一个主节点内部的恢复块不能通过接收测试时,则由并行操作的影子节点取代其进行无缝操作,如图 5 - 12 所示。当一个节点内的所有恢复块都功能失效时,系统降级为只有单个节点的恢复块冗余结构。由于采用并行冗余结构以及相异软件设计,因此 DRB 实时容忍软件和硬件故障。

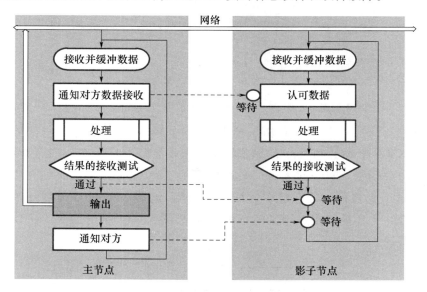

图 5 - 11 DRB 正常工作的情况

5.3.4 N 自检软件

N 自检软件(N Self-Checking Programming,NSCP)由 Laprie 提出,属于典型的动态冗余。NSCP 中的多个版本的软件可以并行、也可以串行执行,当多版

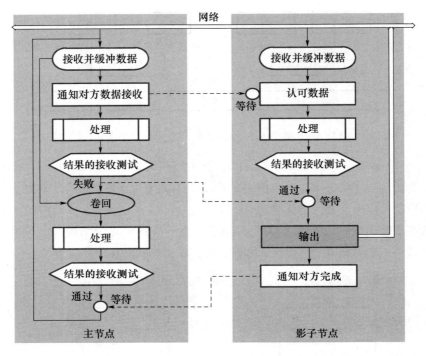

图 5 – 12　DRB 中主节点中的一个恢复块发生故障时的场景(实时容忍一个故障)

本串行运行时,非常类似于 RcB 技术;当多个版本并行运行时,非常类似于 NVP。NSCP 与 RcB 和 NVP 的显著不同在于每个软件版本都采用接收测试或比较对的方法来初步保证每一个软件版本都正确,进而采用表决的方法选取最终数据。N 自检软件在航空领域广泛应用,包括 A – 300/310/320 等。图 5 –13给出了基于接收点测试的 NSCP 实现,图 5 –14 给出了基于比较对的 NSCP 实现。

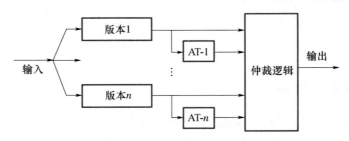

图 5 – 13　基于接收测试的 N 自检软件

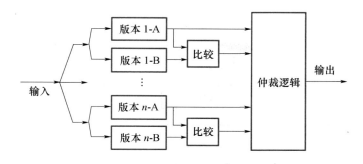

图 5－14　基于比较对的 N 自检软件

5.3.5　一致性恢复块

　　一致性恢复块(Consensus Recovery Bolock，CRB)是 Scott 综合了 NVP 和 RcB 方法而提出的一种容错方法,它有 N 个版本,这些版本具有优先顺序。在系统工作开始时,CRB 工作在 NVP 模式,只有当 NVP 模式不能达成一致表决时,才进入 RcB 工作模式,其中 RcB 卷回重试的顺序按预定的版本优先顺序,当 RcB 模式也失败时,CRB 才算失效,CRB 工作示意图如图 5－15 所示。

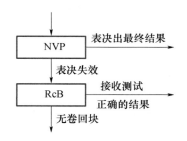

图 5－15　一致性恢复块工作示意图

5.3.6　接收表决

　　接收表决(Acceptance Voting)技术由 Athavale 等人提出,它结合了接收测试技术和表决技术,是一种前向恢复容错技术,工作流程如图 5－16 所示。其特点是每个版本的结构都要经过接收测试,只有正确的结果才进入表决器。当只有两个正确的输入结果时,AV 就降级为比较对模式,当有 5 个输入时,将进入五取三的工作模式。

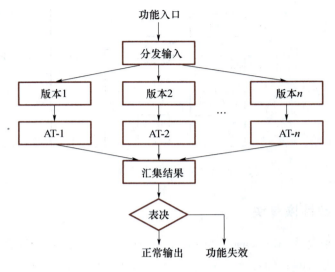

图 5 – 16　接收表决技术的示意图

✍ 5.3.7　多版本的优缺点

软件相异性是实施上述多版本软件容错的基础,为提高软件相异性,应确保如下因素:

(1)尽量由不同团队开发,尽量避免开发器件不同团队之间的交流。

(2)尽量采用不同的开发环境,包括算法不同、语言不同、编译器不同、运行环境不同等。

尽管多版本软件有很多优点,但是多版本也存在不足,其最主要问题是多版本容错的成本较高,因此多版本容错在航空领域的应用较多,而在航天领域较少应用。

5.4　基于数据多样性的软件容错

数据多样性着眼于程序的输入以及中间过程数据,它以时间冗余或空间冗余为代价,通过接收测试或表决等方式实现结果数据的正确性。数据多样性是对多版本容错的补充,基于数据多样性的软件容错主要包括数据重表达、重试块、多复制运行以及两次仲裁等方法。

5.4.1　数据重表达

数据多样性(Data Diversity)是作为对设计多样性的补充,由 Ammann 和 Knight 提出,数据重表达式数据多样性(Data Re-expression Algorithm,DRA), 其核心是:单个版本的数据 x 易于受到破坏,通过影射等方法将该数据转换为一个等价的数据 $y = R(x)$,且 x 要和 y 分属不同的故障隔离区,数据重表达的转换式 R 可以简单为数据复制,也可以是复杂的映射关系,但对于复杂的映射关系,必须在输出结果实施 R 的逆运算 R',以转变为最终结果,进而进行串行比对或并行表决等操作,以选取正确的输出结果。综上,DRA 采用了异构数据,这可提高抵抗共模故障的能力。

5.4.2　重试块

重试块(Retry Block,RtB)与 RcB 思想非常类似,它是一种动态技术,一般采用 RcB 思想中的多版本设计,采用接收测试来确定结果是否正确;RtB 和 RcB 的不同在于 RtB 在卷回重试时,采用 DRA 算法来生成相异数据(可以是简单的数据复制),而 RcB 是直接卷回重试。RtB 中的多版本软件遵循图 5-17 所示的软件流程。

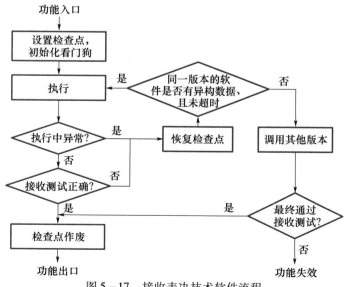

图 5-17　接收表决技术软件流程

5.4.3 N 复制编程

N 复制编程(N-copy programming，NCP)技术由 Ammann 和 Knight 提出，它非常类似于 NVP 技术，只不过所有版本接收的数据都经由 DRA 进行重新表达，以进一步提高容错效果，NCP 技术流程如图 5 – 18 所示。NVP 属于静态冗余技术，类似于硬件容错中的热备份冗余，它采用决策机制 DM 实现了前向恢复策略。

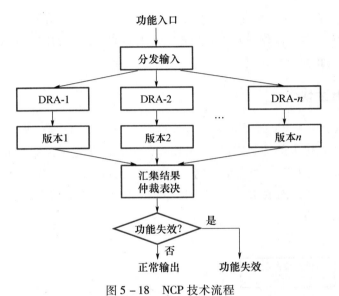

图 5 – 18 NCP 技术流程

5.4.4 两次仲裁

两次仲裁(Two – Pass Adjudicators，TPA)技术由 Pullum 提出，它结合了多版本软件容错和数据多样性容错技术，采用表决机制，兼有前向恢复和后向恢复。TPA 的流程如图 5 – 19 所示，其中的两次仲裁体现在：第一次进行多版本软件容错并表决；若第一次表决正确，则程序正常退出；若第一次表决无结果，则进行数据重表达，并重新执行多版本软件容错。然后第二次表决，若表决正确，则进行逆数据表达后，正常退出；若表决仍然错误，则退出并显示错误。其中多版本软件并行执行并表决属于前向恢复，数据重表达和调用第二次表决的过程属于后向恢复。

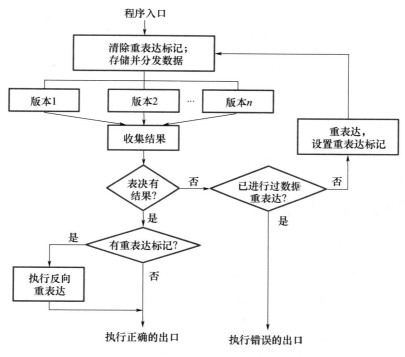

图 5 - 19　TPA 流程图

第 6 章
FPGA 容错技术

航天技术的发展对卫星产品提出越来越高的要求,开发高性能、高功能度集成的微电子产品成为航天电子产品发展的必由之路。微电子技术的发展,创造了解决问题的良好机遇。FPGA 以其功能密度高、体积小、功耗低、半定制可灵活配置的特点,受到航天产品设计者的青睐。目前,各类 FPGA 已大量用于我国卫星电子产品中。

根据不同的技术工艺,FPGA 芯片分为以下三种类型:SRAM(Static Random – Access Memory)型 FPGA、反熔丝型 FPGA、Flash 型 FPGA。SRAM 型 FP-GA 是迄今为止应用范围最广的类型,它具有速度快、可重编程和容量大的优点,缺点是在空间环境下易受单粒子影响。Xilinx 公司的 Virtex 系列是典型的 SRAM 型 FPGA 产品,它有丰富的可编程资源,并采用高集成度、高性能的逻辑架构设计,在空间设备中具有广泛应用。反熔丝型 FPGA 只具有一次可编程能力,容量较小,在空间环境中主要受单粒子栅击穿效应的影响。实验结果表明,反熔丝型 FPGA 发生单粒子栅击穿的概率极低,其在辐射环境中的可靠性明显优于 SRAM 型 FPGA。全球最大的反熔丝 FPGA 生产商 Actel 公司提供了几十种满足美军标 883G(MIL – STD – 883G)的 FPGA 产品。其辐射加固产品的最大规模达到了百万门,最高系统频率 500MHz,耐辐射总剂量达到 1Mrad(Si),并且无单粒子锁定。基于 Flash 的 FPGA 是 FPGA 领域比较新的技术,也能提供可重编程功能。但是由于 CMOS 工艺的兼容问题使 Flash 型 FPGA 的集成密度低且成本过高,从而导致其应用范围受到限制。

在空间环境中,FPGA 极易受到单粒子翻转、单粒子扰动的干扰,对 FPGA 进行抗单粒子容错设计是各国航天界的研究重点和热点。本章重点关注 FPGA 容错技术,分析 FPGA 在空间应用的特殊问题,着重讨论 SRAM 型 FPGA 的容错方法。

6.1 空间环境对 FPGA 的影响

空间环境对 FPGA 的影响主要是两个方面:总剂量效应和单粒子效应。由于工艺的发展,目前星载电子产品中常用的反熔丝型 FPGA 和 SRAM 型 FPGA 的总剂量指标基本能满足空间环境应用的要求,且可以通过增加外壳屏蔽等方式来降低对 FPGA 的总剂量指标要求。因此空间环境对 FPGA 的影响主要是单粒子效应。本节重点描述 FPGA 在空间环境中应用的单粒子效应。

单粒子效应是单个高能粒子(质子、重离子)入射到电子器件上所引发的辐射效应。对于 FPGA 等 CMOS 器件而言,基本上是指当器件受到带电粒子轰击时,沿入射轨迹发生电离效应后,随着电离出的载流子的漂移(Drift)、扩散(Diffusion)和重新分布(Recombination)而造成器件故障,如图 6-1 所示。具体可分为单粒子瞬时干扰(SET)、单粒子翻转(SEU)、单粒子锁定(SEL)、单

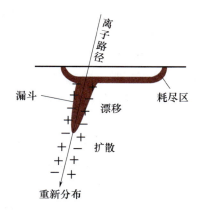

图 6-1 带电粒子轰击的辐射效应

粒子烧毁(SEB)和单粒子栅击穿(SEGR)。对于 SRAM 型 FPGA,还有一类值得特别关注的单粒子效应,即单粒子功能中断(SEFI)。以上单粒子效应中 SEL、SEB 和 SEGR 均有可能对器件造成永久性损伤。因此一般航天系统都会采用抗 SEL(SEL – free)的器件。SEU 和 SET 虽然是瞬时效应,但其发生率远高于以上三种,因此最应引起重视。

1. 单粒子瞬时干扰(SET)

当 FPGA 等 CMOS 器件的敏感区域受到高能粒子轰击时,会因电离效应产生电子空穴对,从而使器件输出电压受到瞬时脉冲干扰(SET)。对组合逻辑而言,被带电粒子击中而产生的瞬时电流脉冲称为单粒子瞬时干扰,这种影响是暂时的。但是,如果组合逻辑足够快使得该瞬时脉冲最终被传播到与组合逻辑电路相连的时序逻辑,那么该脉冲就极有可能被时序逻辑捕获并存储从而引起 SEU,如图 6 – 2 所示。这种事件发生的可能性主要取决于该脉冲的到达时间与时钟上升沿或下降沿(触发器的触发条件)的关系。

图 6 – 2　组合逻辑的 SET 和时序逻辑 SEU

2. 单粒子翻转(SEU)

当单个高能粒子轰击集成电路芯片时,会在 PN 结附近发生电离效应,生成一定数量的电子空穴对(载流子)。载流子在内部电场作用下发生的漂移和重新分布改变了芯片内部正常载流子的分布及运动状态。当这种改变足够大时,将引起器件电性能状态的改变,造成逻辑器件或电路的逻辑错误,比如存储单元中存储的数据发生翻转,这种故障称为单粒子翻转(SEU)。特别地,将 SEU 对 SRAM 型 FPGA 的影响分析如下。

SRAM 型 FPGA 由于采用了 SRAM 存储单元作为 FPGA 中的配置存储器,其可靠性将直接影响 FPGA 器件的功能。SRAM 存储单元一般由典型的六管 SRAM 单元构成。这种单元使用了一根单一的字线、一根位线和一根反相的位线,如图 6 – 3 所示。单元中包括一对交叉耦合的 CMOS 反相器,并且每根位线连接了一个存取晶体管。使用时通过字线选通存取晶体管,位线完成数据的写入和读取。一般情况下,如果数据受到轻微干扰,由回路构成的正反馈将使数据恢复到 VDD 或 GND,从而保证数据的正确性。然而,一旦在空间环境中有带电粒子击中反相器中的一个晶体管,如处于关闭态的晶体管的漏极,那么它将产生一个瞬时脉冲从而使晶体管开启,更由于六管 SRAM 的交叉耦合特性进而造成存储信息的翻转,从宏观上看,就是该存储单元的存储值发生了单粒子翻转,SRAM 发生单粒子翻转以后,除非重新写入新值,否则其错误的存储值将一直保持到掉电为止。

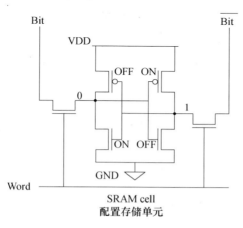

图 6 – 3　FPGA 中的 SRAM 配置存储单元

3. 单粒子锁定(SEL)

带电粒子轰击体硅(Bulk)CMOS 器件电离出的载流子被器件中的 PN – PN 结大量收集时,可能触发可控硅导通,造成 CMOS 反相器从 VDD 到 – VSS 的异常大电流通路,从而形成器件的闩锁。

4. 单粒子烧毁(SEB)

高能粒子入射下,如果 PN 结反偏,载流子在电场中漂移、加速的过程中可能造成 PN 结反向击穿,源极和漏极的永久短路,直至烧毁电路。

5. 单粒子栅击穿(SEGR)

CMOS 器件在带电粒子轰击下,沿着粒子入射轨迹,形成从栅极到衬底的低阻导电通道,同时在栅极电压作用下在此通道中形成瞬时电流,如果瞬时电流足够大,则会在器件栅氧化层中沿电路通路产生击穿,形成永久的从栅极到衬底的导电通道,使器件完全失效。

SEB 和 SEGR 主要发生于功率器件中,FPGA 发生这两种单粒子效应的可能性极小。

6. 单粒子功能中断(SEFI)

SEFI 指的是因 SEU 引起的 SRAM 型 FPGA 全局性功能失效。主要是指 FPGA 内部的上电复位(Power on Reset,POR)电路、FPGA 配置接口(Select-MAP、JTAG)和某些 FPGA 全局控制逻辑因带电粒子击中而发生 SEU,进而引起整个 FPGA 功能异常,甚至被全部重新配置。

为避免 SEFI 的发生,需要对 POR 和配置接口等会对 FPGA 产生全局性功能影响的电路加以保护,具体的方法包括用 SEU 加固存储单元替换这些电路中的普通存储单元,或在器件被外部管脚编程完毕后使用额外逻辑关闭 POR 等。

▶6.2 SRAM 型 FPGA 的故障模式

6.2.1 SRAM 型 FPGA 的结构

在空间领域的应用中,使用量最多的是基于 CMOS 工艺的 SRAM 型 FPGA。但是空间辐照环境使 SRAM 型 FPGA 单粒子效应出现频度明显增加,对电路可靠性造成严重影响。随着晶体管尺寸的进一步降低,甚至会同时对周围多个配置位造成影响,如图 6-4 所示。这严重制约了 SRAM 型 FPGA 在空间设备中的应用。

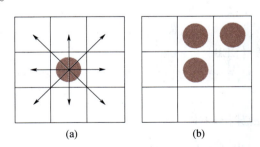

图 6-4　单粒子效应导致多位翻转示意图

SRAM 型 FPGA 包括可配置逻辑块(Configurable Logic Block,CLB)、块存储器(Block RAM,BRAM)、接口模块(IOB),以及 FPGA 编程及正常工作要使

用到的配置控制逻辑、JTAG 接口和可编程布线资源等。由于上述模型功能均由 SRAM 配置位决定,因此这些功能模块均易受到单粒子翻转、单粒子多位翻转和单粒子扰动的影响。由于在 FPGA 中的分布范围以及内部结构的不同,在高能粒子的辐射下产生的单粒子效应亦有所差别,下面将针对各功能模块分别进行介绍。

可配置逻辑块实现电路逻辑功能。在高能粒子辐射下 SRAM 内存储的配置位有可能发生翻转,即产生 SEU,直接导致电路功能发生变化,严重影响电路可靠性。

块存储器是 SRAM 型 FPGA 芯片内嵌的具有较大容量的双端口 SRAM 存储器。块存储器内的单粒子效应会导致内部存储数据故障。同时 BRAM 单元的读写电路在高能粒子辐照下也存在一定的风险,造成读写错误。

接口模块(IOB)是 FPGA 芯片的信号输入/输出通道。其内部 IO 触发器及参考电平电路易受单粒子效应的影响,导致输入/输出信号错误。

布线资源包括连线和开关矩阵,当控制开关管的 SRAM 单元被高能粒子击中发生 SEU 后,会使原始的布线结构改变,从而对电路功能造成影响。

配置控制逻辑由一系列寄存器和由这些寄存器控制的全局信号组成。在高能粒子影响下有可能使这些配置寄存器发生 SEU,从而使配置数据下载到 FPGA 中或是从 FPGA 中回读数据的过程受到影响,导致配置或回读数据发生错误,通常会使芯片发生功能中断。

本节以当前主流的 Xilinx Virtex® 系列 FPGA 为例,介绍 SRAM 型 FPGA 的内部结构及辐射效应影响。如图 6 – 5 所示为 Xilinx Virtex® 系列 FPGA 器件的内部结构示意图。从中可以看出,FPGA 内的关键部件为用于实现用户逻辑的可配置逻辑块(CLB)和用于存储用户数据的块存储器(BRAM),CLB 中包含有查找表、进位逻辑和触发器等元件。

SRAM 型 FPGA 中的存储器按照功能分为以下两种:

(1)配置存储器(Configuration Memory)。包括存储 LUT 值的 SRAM 单元和控制 FPGA 内部互联关系的 SRAM 单元。相应地,配置存储器的翻转会导致 FPGA 所实现电路的功能异常,针对这种异常情况,一般可采用重新配置的FPGA 容错技术解决。

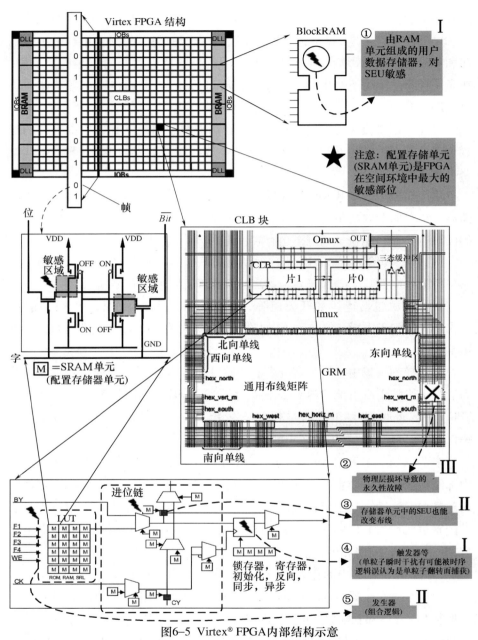

图6-5 Virtex® FPGA内部结构示意

Ⓜ 表示FPGA内部配置信息存储器（由SRAM单元组成）；
⚡ 表示被空间带电粒子击中发生SEU（辐射敏感区域）；✕表示FPGA发生局部永久性物理损坏。

（2）设计存储器(Design Memory)。包括FPGA中用于存储用户数据的块RAM(Block RAM)和分布式RAM(Distribute RAM)，以及由LUT配置而成的16位移位寄存器(SRL16)和CLB中的触发器等。如果设计存储器发生SEU，则会导致片上系统的数据出错，进而引起整个系统的功能异常。因此，必须采用容错技术对设计存储器加以保护，以屏蔽或纠正可能在空间应用中发生的翻转错误。

6.2.2　SRAM型FPGA的故障分类及故障模式分析

1. 故障分类

作为一种可重配置FPGA，SRAM型FPGA故障机理复杂、故障表现多样，如果以故障的持续效应而言，可以将这些故障归为以下三类。

1）瞬时故障(Transient Fault)

瞬时故障包括因单粒子事件而引起内部电路的SET和存储器件的SEU，这种故障可能随着系统的运行而被纠正。

2）持续性故障(Persistent Fault)

持续性故障主要指因SEU引起的配置存储器翻转或Half-Latch出错而导致的功能异常，这种故障将一直持续到下一次对FPGA的重新配置或重新初始化。需要指出的是，在某些情况下即使FPGA容错机制中已加入了刷新(Scrubbing)操作，配置存储器的翻转也可能因电路的反馈机制而使系统进入持续的错误状态。

3）永久故障(Permanent Fault)

永久故障特指FPGA器件因物理损坏而导致的故障，如晶体管发生单粒子栅击穿(SEGR)、内部金属连线开路等。这种故障是永久性的，即便重配置也无法修复，只能通过局部重构将设计约束在未损坏的区域来屏蔽。

2. 故障模式分析

SRAM型FPGA的故障模式如表6-1所列。这主要是由于SRAM型FPGA使用了可重复编程的配置单元来实现逻辑功能。需要指出的是，Xilinx公司从VirtexII系列开始从芯片中移除了Half-latch，因此Half-latch翻转而导致的故障仅存在于Xilinx早期产品中，同时可通过有针对性的编码风格以及Xilinx专用的工具进行检测和移除。

表 6 – 1　SRAM 型 FPGA 的故障模式分析

故障模式	故障机理	故障表现	故障分类
Block RAM 翻转	由 SRAM 单元构成,在空间中易发生 SEU	存储在 RAM 中的用户数据出错	瞬时故障
局部永久性故障	长期恶劣环境下因器件老化腐蚀、总剂量效应等造成的物理损坏	FPGA 局部或全局失效	永久故障
连接关系错误	控制连接关系的配置存储器发生 SEU	FPGA 内部连接关系错误,无法实现用户逻辑	持续故障
时序逻辑 SEU	时序逻辑发生 SEU;组合路径上 SET 被时序元件捕获	用户数据出错	瞬时故障
组合逻辑 SET	带电粒子击中组合电路	瞬时电流脉冲	瞬时故障
Half – Latch 翻转	产生逻辑常量的 Half – Latch 发生 SEU	FPGA 内的逻辑常量发生错误	持续故障
SEFI	POR 电路、编程接口(SelectMAP、JTAG)等发生 SEU	整个 FPGA 功能异常,甚至被全部重新配置	持续故障

1)Block RAM 翻转

对应于图 6 – 5 中所示故障标号①,存储用户数据的 Block RAM 发生翻转,导致用户数据出错或丢失。Virtex® FPGA 中的 Block RAM 存储器分布在 FPGA 中左右两侧各一列,每个 RAM 块(Block)可存储 4096 位信息,同时,该存储器内容还可被配置端口如 SelectMAP 访问,因此被硬件电路设计者广泛用来存储用户数据。但是该存储器是由 RAM 单元构成的,在空间中对辐照敏感,如果未对 Block RAM 采取容错加固措施,易导致用户数据因存储器 SEU 而出错,从而使设计发生故障甚至失效。

2)局部永久性物理损伤

对应于图 6 – 5 中所示故障标号②,FPGA 内部因总剂量效应、器件老化腐蚀等造成的物理损坏。这种故障发生的概率在所有故障模式中是最小的,但可以发生在 FPGA 内的任何部位。虽然 Xilinx 公司声称其 FPGA 器件在测试中从未发生永久性损伤故障,但是对于深空探测和长寿命航天任务而言,考虑到恶劣的空间环境和长期的辐照影响,这种故障发生的可能性仍然值得关注。

3）FPGA 内部连接关系错误

对应于图 6-5 中所示故障标号③,配置信息出错导致连接关系错误。FPGA 内部 CLB 之间的互联关系由通用布线阵列(如图 6-5 所示,General Routing Matrix,GRM)决定,其中又分为两种连线,Single wire 和 Hex wire,前者连接相邻的 CLB,后者连接间距为 6 的两个 CLB,最终实现连接关系的是线上连接处的可编程内部互联点(Programmable Interconnect Points,PIPs),这些连接点由存储在 SRAM 单元中的配置位控制,如图 6-6 所示。因此,FPGA 内部的连接关系仍由存储在配置存储器中的配置信息控制,如果该存储单元发生 SEU,连接关系就会出错。值得注意的是,FPGA 内部 90% 的晶体管都被用于实现连接关系,即便是芯片使用率较高的设计,其占用的晶体管都不到总数的 10%。

4）FPGA 内部时序元件 SEU

对应于图 6-5 中所示故障标号④,触发器等时序逻辑发生 SEU。FPGA 的每个 CLB 内部存在四个触发器,可被配置为边沿触发的 D 触发器或电平敏感的锁存器,在电路运行过程中,这些时序元件有可能被高能粒子击中而发生 SEU,也有可能因捕捉到组合路径上的瞬时脉冲而发生翻转,如图 6-7 所示,这种错误值一旦被锁存并在下一个时钟沿被取出,就会影响到电路的正常逻辑功能。

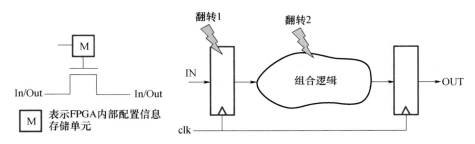

图 6-6 FPGA 可编程内部   图 6-7 发生在时序和组合逻辑上的翻转
　　　　　 互联点(PIP)

5）FPGA 内部组合逻辑出错

对应于图 6-5 中所示故障标号⑤,实现函数发生器的 LUT 配置存储单元发生 SEU,导致组合逻辑错误。在 FPGA 中,用户的组合逻辑并不是像 ASIC

那样基于 CMOS 门电路通过晶体管级版图来实现,而是将其映射为一个四输入 LUT 来实现,设计者期望的逻辑输出值是作为查找表的内容存储在其中的 SRAM 单元上的,反过来讲,如果一旦某个 SRAM 单元发生 SEU,那么实际上等于用户所设计的逻辑电路发生了变化,而且这一变化是用户所根本无法预知的。从宏观表现看,就是用户逻辑发生错误,除非对配置存储器进行重配置,否则这种故障将始终存在。

6) FPGA 内部 Half – Latch 翻转

为了更有效地利用 FPGA 内有限的资源,在 Virtex® 系列 FPGA 中存在一种被称为 Half – Latch 的隐藏结构。Half – Latch 一般由一个 PMOS 上拉晶体管和一个反相器组成。Half – Latch 的作用是生成用户设计中未显式指定的逻辑常量,如图 6 – 8 所示。

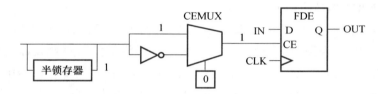

图 6 – 8　Virtex® 系列 FPGA 中的 Half-Latch 结构

当 Half-Latch 的输入端为有效信号时,Half – Latch 是透明的;当输入端未被使用时,Half – Latch 能够维持其最后已知值,从而通过与之相连的多路选择器(如 CEMUX)向电路提供逻辑常量(0 或 1)。事实上,如果不加注意,Half – Latch 将广泛用于驱动 FPGA 内的 I/O、时钟(CLK)、多路选择器等资源。然而,Half – Latch 对辐射敏感,当被带电粒子击中时,其输出的逻辑常量可能发生翻转,从而导致电路的逻辑错误,而且由于 Half – Latch 不受配置信息控制,仅在上电配置时被统一初始化,所以无法通过回读位流等方法进行检测和修复。这意味着当其发生翻转后,除非终止系统工作并进行重新配置,否则无法修复 Half – Latch 翻转导致的故障。目前比较理想的方法是通过采取合理的设计原则并与 Xilinx 公司生产的有关工具软件相配合来全面移除 Half – Latch。

7) FPGA 单粒子功能中断

FPGA 单粒子功能中断(SEFI)指的是因 SEU 引起的 FPGA 全局性功能失

效。主要是指 FPGA 内部的上电复位（POR）电路、FPGA 配置接口（Select-MAP、JTAG）和某些 FPGA 全局控制逻辑因带电粒子击中而发生 SEU，进而引起整个 FPGA 功能异常，甚至被全部重新配置。

为避免 SEFI 的发生，需要对 POR 和配置接口等会对 FPGA 产生全局性功能影响的电路加以保护，具体的方法包括用 SEU 加固存储单元替换这些电路中的普通存储单元，或在器件被外部管脚编程完毕后使用额外逻辑关闭POR 等。

▶6.3　SRAM 型 FPGA 容错技术

针对 SRAM 型 FPGA，当前可在实际应用中实施并能显著提高 FPGA 可靠性的技术可分为设计缓解技术（Design Mitigation Technique）和重配置技术（Partial Reconfiguration/Scrubbing）。这两种技术可分别单独实施，也可相互配合使用从而获得最佳的 FPGA 容错性能。SRAM 型 FPGA 容错技术归类如表6-2所列。

表 6-2　SRAM 型 FPGA 容错技术

SRAM 型 FPGA 容错技术	SRAM 型 FPGA 设计缓解技术	三模冗余设计技术
		片内 RAM 保护技术
		片内寄存器保护技术
		EDAC 编解码技术
	SRAM 型 FPGA 重配置技术	基于 DMR 的故障检测和基于三态门的故障隔离技术
		基于 ICAP + FrameECC 单故障检测及恢复技术
		基于 ICAP 配置回读 + RS 编码的多故障检测及恢复技术
		基于 EAPR 的动态重配置技术
		基于硬件检查点的故障恢复技术

✎ 6.3.1　SRAM 型 FPGA 的设计缓解技术

SRAM 型 FPGA 设计缓解技术（Design Mitigation Technique）是指在 FPGA

的设计描述阶段利用三模冗余(TMR)和检错纠错码（EDAC）等技术对设计进行保护。由于其实现的层次高,因此这种方法实施的灵活度大,适用的范围也较广。这种FPGA容错方法本质上是一种利用冗余(硬件冗余、信息冗余)进行故障屏蔽的容错方法,因此其针对的故障类型很大程度上取决于实施的冗余规模。但是在设计规模较大的情况下,过多冗余会带来难以承受的面积和资源开销问题。因此更加合理的方法是选择FPGA中的关键模块并对其采用设计缓解技术。

除了组合逻辑电路和时序逻辑电路外,FPGA中还有专用的存储用户数据的设计存储器,一般由Block RAM组成。Block RAM对空间辐射效应敏感,可能因SEU而导致用户数据出错,必须通过TMR设计对Block RAM进行数据刷新。多数表决器是所有TMR设计的关键部件,但是在SRAM型FPGA中,由于组合逻辑默认是由对SEU敏感的LUT实现的,因此必须对表决器进行特殊设计,以防止因LUT翻转而导致单点故障。

6.3.1.1　三模冗余设计技术

SRAM型FPGA属于单粒子敏感的器件,因此在空间应用时必须进行抗单粒子防护设计,三模冗余作为一种有效的技术手段已被多次使用并得到了实验验证。三模冗余是一种可以通过设计综合实现的常用抗单粒子加固手段,能减轻SRAM型FPGA器件的单粒子敏感性。TMR的传统实现方法如图6-9所示:组合逻辑和寄存器三重冗余,通过判决器得到最终输出。如果其中一个

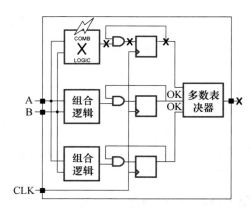

图6-9　传统的TMR示意图

域发生错误,另外两个域仍然正确,判决器可以掩盖错误的结果,输出正确结果。

　　避免 FPGA 功能错误的关键在于要及时纠正错误,减少错误存在时间,避免多个域同时出错的情况发生。Xilinx 公司、Sandia 国家实验室和其他单位联合推出了 Xilinx 模块三重冗余(Xilinx Triple Modular Redundancy,XTMR)解决办法,如图 6 – 10 所示。对所有输入,组合逻辑和布线进行三重冗余,每个域工作相互独立,对反馈路径和输出进行判决,输入输出和判决器都是三重冗余的。由于刷新(Scrubbing)不能纠正可配置逻辑模块(CLB)的内容,寄存器的输出经过判决后经过一条反馈通道到达寄存器前组合逻辑的输入,以便在下一时钟周期纠正该寄存器的内容。由于冗余域的输入来自 PCB 板,输出在 PCB 板上汇聚(Converge),因此不受单粒子影响。

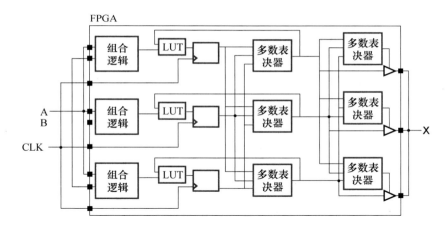

图 6 – 10　功能模块三模冗余示意图

　　除了功能模块需要进行三模冗余外,输出也需要三模冗余,多个域的输出在 PCB 板上汇聚。图 6 – 11 是输出三模冗余示意图。如果设计中某个域的组合逻辑或状态机出错,其结果与其他域不同,该域的判决器检测到输出与其他域输出不同后,将该域的三态门关闭,置高阻态。由于其他两个域仍然正确工作,FPGA 可以输出正确结果。如果某个域的判决器出错,其他两个域仍然正确工作,FPGA 还是可以输出正确结果。因此这种 XTMR 方法的性能会比传统 TMR 的性能有较高的提升。

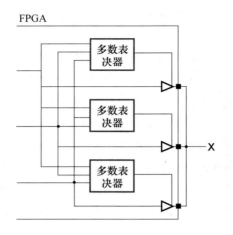

图 6 – 11　输出三模冗余示意图

6.3.1.2　片内 RAM 保护技术

在绝大多数用户的设计中,都需要将运算的数据、指令存储起来,FP-GA 内部能实现这一功能的主要有分布式 RAM(Distribute RAM)和 Block RAM 两种元件,其中分布式 RAM 指的是当 LUT 被配置成 RAM 时所实现的存储功能。在 Virtex® 系列器件中的 LUT 不仅可以配置成特定的功能,而且还可以被配置成 RAM 或 16 位移位寄存器(Shift Register)SRL16 用以存储数据,但是这样会引起 FPGA 重配置容错方法中的一些问题,主要是当回读配置数据时,如果不加限制,回读指令会将所有配置存储单元中的数据都当作配置数据回读出来与初始配置数据进行比对,但是如果有 LUT 被配置成了 Distribute RAM 或 SRL16,那么其中存储的数据就不再是配置数据而是用户数据,此时虽然设计中对该数据的变更是合法的,却仍然会引起回读比对的不匹配,重配置容错方法会将这种错误认为是 FPGA 内部的配置存储单元发生了 SEU 而开始部分重配置(Partial Reconfiguration)的执行。很显然,这样会造成用户数据的错误,引起设计出错。因此,当与重配置容错方法相结合实施 FPGA 容错设计时应避免使用 LUT RAM,即不将 LUT 配置成分布式 RAM 或 SRL16。这样,FPGA 内部所有的数据都将存储在 Block RAM 中,而 Block RAM 是不被回读的,因此不会引起重配置容错方法的误判。

如何保证 Block RAM 中存储的数据的正确性就成为 FPGA 容错设计必须解决的问题。一种针对 Block RAM 的 TMR 容错方案如图 6-12 所示。

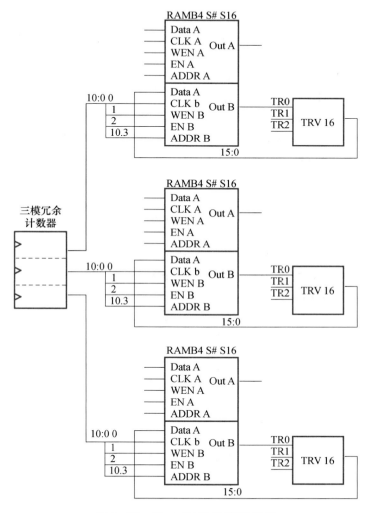

图 6-12　Block RAM 的 TMR 保护

在资源利用率允许的前提下,采用 FPGA 实现的设计应该倾向于使用 TMR 而不是 EDAC 来进行存储器保护,这主要是因为作为一种可编程器件, FPGA 中的 Block RAM 即使不被用户例化使用也仍然存在,如果综合后芯片内还有未使用的 Block RAM,那么采用 TMR 设计将可获得比 EDAC 更好的容错性能,同时充分利用了 FPGA 内固有的资源。

6.3.1.3 片内寄存器保护技术

对时序逻辑的保护主要是通过对寄存器进行三模冗余加固设计来完成,如图 6 – 13 所示。采用这种方案可以防止因任一寄存器发生 SEU 而导致输出出错。需要注意的是,由于在 FPGA 中多数表决逻辑默认通过 LUT 来实现,存在发生配置存储器翻转而导致表决器单点故障的隐患,为此一般采用 FPGA 内置三态缓冲实现表决器来避免 LUT 翻转的问题,从而提高 FPGA 中 TMR 的可靠性。如果资源允许,对表决器进行三模加固设计可以进一步提高 FPGA 系统可靠性。同样,如果在大规模设计中 FPGA 内部缓冲器数不足以用于实现表决器,则采用 LUT 实现,但同时对表决器进行三模冗余设计,从而降低表决器单点故障的概率。

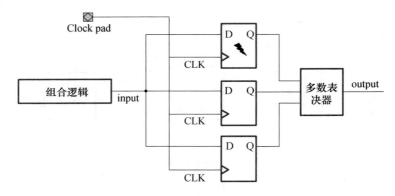

图 6 – 13   防止时序逻辑 SEU 的 TMR 容错方法

以上方案的缺点是寄存器数据输入端发生的 SET 会导致三个寄存器同时采到错误信号,从而表决出错误的输出。为避免这一问题,对组合逻辑做三模冗余加固处理,从而使任一组合路径上的 SET 不会影响到其他寄存器的输入,如图 6 – 14 所示。但这种方案会引起更多的硬件开销,只有在 FPGA 资源占用率小于 30% 时才可行,否则无法完成冗余设计。

6.3.1.4 EDAC 编解码技术

星载 FPGA 系统中的检错纠错码(Error Detection And Correction,EDAC)信息冗余技术是借鉴通信中的信道编码理论而加以应用的。如图6 – 15所

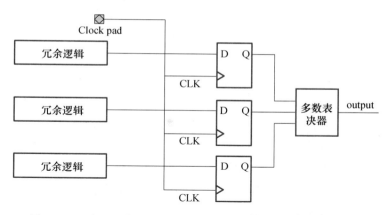

图 6 - 14　防止组合逻辑 SET 和时序逻辑 SEU 的 TMR 容错方法

示,信息冗余的基本原理是经过信源编码后的信息码元序列附加上监督(冗余)码元后进行传输(存储),监督码元与信息码元存在某种确定的相互关联。接收方可以通过监督码元与信息码元之间的关联是否与编码时一致来判断传输过程中数据是否出错,或发现出错的码元后根据编码算法将其纠正。

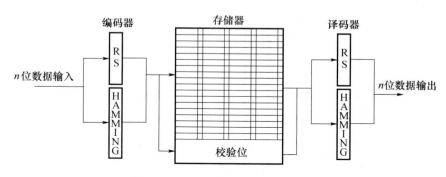

图 6 - 15　EDAC 信息冗余保护方案

　　FPGA 中的寄存器、存储器可以使用 EDAC 保护。每个待保护的单元的输入连接到一个编码电路,输出连接到一个译码电路。编码电路负责编码,在数据的信息位即存储单元的数据位中加入必要的冗余位。译码电路负责解码,对其进行检错和纠错。

　　FPGA 的 EDAC 编码的目的就是为了在读取寄存器和存储单元的内容时能够发现差错并将其纠正。EDAC 有多种编码技术,不同的编码技术有不同的检错和纠错能力。奇偶检验码是通过计算一个码字中"1"的个数是奇数还是偶数来判断数据的正确性,但是不能定位错误,也不能纠错;汉明码可以纠正一个字中的任何一位错误,或检测出两位错误,但是对于多于两位的错误,汉明码不具备任何的检测和纠错能力。其他更复杂的编码算法,如循环校验码、卷积码等,可以检测和纠正一个码字中的多位错误,但是其相应的面积和延迟开销更大。在纠检错能力和实现开销的折中考虑下,汉明检错纠错码更适合于存储单元的 EDAC 保护。

纠一检二汉明码是一种能检两位错、纠一位错(简称纠一检二,SEC – DED)的线性分组码,其原理是在一组代码中采用几位校验位,使每一位信息都参加几组不同成员的奇偶校验。若某一位信息出错,则会引起有关的几组奇偶校验结果都出错。于是,就可以根据哪些组检错,来确定出错信息的位置。汉明 EDAC 系统框图如图 6 – 16 所示。

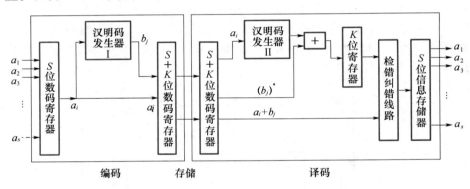

图 6 – 16　汉明 EDAC 系统框图

汉明码可以检测出任何一位错误或两位错误,并且纠正一位错误。但是对于可能一位错、也可能两位或多位错的系统而言,汉明码算法无法区分一位错、两位错或是多位错,甚至发生误纠。因此,尽管发生一位错的概率相对最高,但在一些要求较高的应用中,汉明码不能满足要求。当 SEU 出错概率较高时,汉明码会出现以下问题:①无法区分出错位数;②无法区分是否出错;③误纠等现象。

为了降低一个码字中多位错产生时汉明码的误检误纠率,提高多位错误发生时系统的可靠性,一种有效的改进方案就是将汉明码校验和奇偶校验相结合。在汉明校验的基础上,对每个码字的信息位和冗余位一起使用奇偶校验进行编码。

（1）改进的汉明码编码方法。假设信息位为 data（8 位），汉明校验的冗余位仍按汉明编码算法计算为 $b_1b_2b_3b_4$。对信息位和冗余位一起使用奇偶校验。例如使用校验得到校验码为

$$odd = (data[0] \oplus data[1] \oplus data[2] \oplus data[3] \oplus data[4] \oplus data[5] \oplus$$
$$data[6] \oplus data[7] \oplus b_1 \oplus b_2 \oplus b_3 \oplus b_4)$$

因此，信息在存储时，除了 8 位信息位之外还包括 4 位冗余位和 1 位偶校验位，如图 6 - 17 所示。

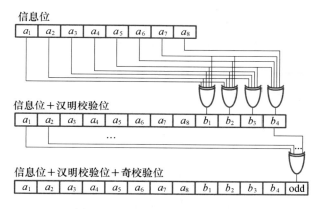

图 6 - 17　汉明码编/译码器结构

（2）改进的汉明码的译码方法。数据在取用时，需经过两次译码。首先取出信息位和汉明校验产生的冗余位进行汉明校验的译码，得到 $S_1S_2S_3S_4$，算法同上。

然后取出存储的校验位进行校验的译码，译码产生的校验位为

$$odd\_check = (data[0] \oplus data[1] \oplus data[2] \oplus data[3] \oplus data[4] \oplus data$$
$$[5] \oplus data[6] \oplus data[7] \oplus b_1 \oplus b_2 \oplus b_3 \oplus b_4 \oplus odd)$$

加入一位奇偶校验位，改进的汉明算法可以纠正一位错误，检测出绝大多数的多位错误。

6.3.1.5　基于 DMR 的故障检测和基于三态门的故障隔离技术

对于面积约束较为严格、而可靠性要求不是太高的模块设计，可以采用双模冗余（Dual Modular Redundancy，DMR）方案进行故障检测，并采用基于三态门进行故障隔离，防止故障效应传播。当故障发生后，该方案通过模块输出比较能够实时对故障进行检测。当 DMR 检测到故障后，电路自动控制三态门逻

辑对模块输出进行锁存,防止故障输出进行传播。同时,使用动态重配置技术对电路进行恢复,直到 DMR 各模块输出结果正确。

基于 DMR 的故障检测和基于三态门的故障隔离技术原理如图 6 – 18 所示,图中的模块 1 和模块 2 是同一电路模块的两个副本。在 DMR 比较时,两个模块的输出信号均进入异或非门进行比较,一旦信号值不同,则发出中断信号,并阻止三态门输出信号,这样就能实现故障沉默(fail-silent)的故障隔离。需要注意的是,在故障恢复过程中,需要上层系统软件的支持,在捕获中断信号后,使故障隔离触发器置位,并启动基于检查点的回卷恢复操作。

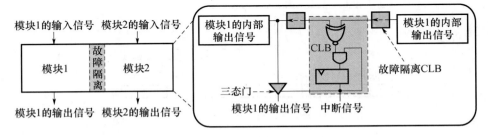

图 6 – 18　基于 DMR 的故障检测和基于三态门的故障隔离技术示意图

基于 DMR 的故障检测技术采用两模冗余,当一个模块发生故障时,不能通过多数表决的机制实现电路故障屏蔽。因此需要保存一个电路状态的备份。当电路正常运行时,备份两模中的任何一模的有效信息,当发生故障时,暂停两个模块的电路运行,从备份中对两个模块的电路状态进行恢复,再重启模块电路运行。

6.3.2　SRAM 型 FPGA 重配置技术

本节介绍航天器用 FPGA 的重配置技术,包括静态重配置技术和动态重配置技术。对于静态重配置,重点介绍基于 ICAP 接口的配置回读、校验及重配置技术;对于动态重配置,重点介绍基于 EAPR 的动态重配置技术和基于硬件检查点的故障恢复技术。

6.3.2.1　基于 ICAP + FrameECC 的单故障检测及恢复技术

FPGA 自动刷新是指周期性地对 FPGA 配置单元中的内容进行重配置,可以减少 FPGA 受到 SEU 影响而发生故障的概率。该方法的优点是无需额外的硬件逻辑资源,实现简单。回读是将内部配置存储器中的所有数据读出的过程,可用于检验当前的配置数据是否正确,也可以读出所有的内部 CLB 和 IOB 寄存器的当前状态和基于 LUT 的 RAM 和块状 RAM 的当前值。

　　对配置存储器进行自动刷新、回读和重配置是一种有效的抗 SEU 的方法。自动刷新能够周期性地消除 SEU 对 FPGA 配置位带来的影响。回读和重配置则是在 FPGA 运行过程中通过回读检验配置数据的正确性,仅在发现错误时进行重新配置,因此能够减少配置次数,更加高效地对故障进行恢复。

　　目前,Xilinx 系列 FPGA 配置访问接口包括 JTAG、SelectMap 及 ICAP 三种。其中,JTAG 和 SelectMap 都是外部访问接口,外部设备通过这两个接口实现对目标 FPGA 的配置刷新和回读。JTAG 接口是串行接口,速度较慢。相对地,Select-Map 接口是并行接口,速度较快。SelectMap 接口提供了与 Virtex 配置逻辑之间的一个 8 位双向数据总线接口,既可以用于配置,也可以用于回读。在这种模式下,可以同时对多个 FPGA 器件并行配置。另一种配置访问接口 ICAP 接口为芯片内部访问接口。控制模块在 FPGA 内部实现后,通过 ICAP 接口访问配置存储器,实现对目标 FPGA 自身的检测。该接口电路结构简单,不需要额外的监控模块。各配置模式端口最大数据带宽如表 6 - 3 所列。

表 6 - 3　各配置模式端口最大数据带宽

配置模式	最大时钟速率	数据位宽	最大数据带宽
JTAG	66MHz	1bit	66Mb/s
SelectMap	100MHz	32bit	3.2Gb/s
ICAP	100MHz	32bit	3.2Gb/s

　　ICAP 为 FPGA 芯片内部配置访问接口,该接口实现了 FPGA 芯片和 FPGA 配置控制器之间的接口。该接口使 FPGA 中内嵌的处理器能够直接在 FPGA 内部对其配置数据进行操作。ICAP 模块作为硬核嵌入在 FPGA 中,其例化无需额外的逻辑单元,对用户逻辑无影响。为了更方便地使用 ICAP 接口,Xilinx 提供了对 ICAP 封装后可直接挂在 PLB 总线上的 IP 核——HWICAP。HWI-CAP 模块结构如图 6 - 19 所示。HWICAP 模块通过 PLB 总线与 FPGA 内部嵌入式处理器相连,等待来自嵌入式处理器的配置/回读信号。HWICAP 模块包含多个控制及状态寄存器,通过 ICAP 状态机控制 ICAP 硬件接口,实现配置和回读功能。

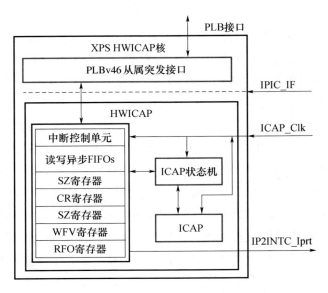

图 6 - 19　HWICAP 模块结构示意图

基于 ICAP + FrameECC 的容错技术是从 FPGA 配置位进行容错设计。在 FPGA 运行过程中,通过回读 FPGA 配置文件,并对读出的数据进行 CRC 校验,一旦发现错误则对故障配置文件进行纠正并写回,因此能够高效地对故障进行恢复。整个容错设计流程分为 ICAP 模块例化、配置回读、CRC 校验和配置刷新四个部分,整体设计流程如图 6 - 20 所示。

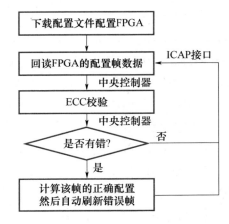

图 6 - 20　ICAP 接口配置回读、校验及重配置示意图

ICAP 模块例化:ICAP 模块实现了 FPGA 芯片和 FPGA 配置控制器之间的接口,要在器件配置完成后读取配置位流,ICAP 宏必须被例化,由于该端口嵌入在 FPGA 中,其例化无需额外的逻辑单元。以 Virtex 6 芯片为例的 ICAP 宏例化 VHDL 代码如下:

```
—ICAP_VIRTEX6:Internal Configuration Access
—Virtex-6
—Xilinx HDL Libraries Guide,Version
port map(
BUSY=>BUSY,—BUSY output
O=>O, —8 – bit data output
CE=>CE,—Clock enable input
CLK=>CLK,—Clock input
I=>I, —8 – bit data input
WRITE=>WRITE,—Write input
);
—End of ICAP_VIRTEX6_inst instantiation
```

配置回读:通过在 FPGA 片内例化一个软核 MicroBlaze 控制器,控制 ICAP 接口循环读取 FPGA 内各帧配置位,并将读到的数据保存在缓冲区内。

CRC 校验:CRC 是一类校验和,用于检测数据传输和接收中出现的误差。对读回的每帧配置位,通过 CRC 电路计算到的数字结果,与原始位流中的存储值进行比较,如果两个值相等,表示该帧配置位无故障;相反,如果两个值不等,则表示该帧配置位存在故障,需要进行配置刷新。

配置刷新:对于 CRC 检验后检测到故障的配置帧,通过软核 MicroBlaze 控制器控制 ICAP 接口对该帧配置位进行刷新,并对电路进行复位。

此项技术依赖于器件本身提供的回读功能,涉及 ICAP 配置指令、ICAP 配置回读时序、Frame_ECC 数据校验等方面,下面分别进行介绍。

1. 基于 ICAP 的配置回读

在对 ICAP 进行操作的过程中,需要不断地对配置寄存器写入配置指令以完成配置文件读写操作,这样的指令包含两种类型:

(1) Ⅰ型包:Ⅰ型包主要用于对配置寄存器的读写,如图 6 - 21 所示。

① [31:29]:前三位"001"指示包的类型。

② [28:27]:OPCODE 指示是读操作还是写操作。

③［26:13］:配置寄存器地址,后五位有效。

④［12:11］:保留位。

⑤［10：0］:指示读写字的数量。

头类型	操作字	寄存器地址	保留位	字计数器
[31:29]	[28:27]	[26:13]	[12:11]	[10:0]
001	xx	RRRRRRRRRxxxxx	RR	xxxxxxxxxxx

图 6 - 21　Ⅰ型包格式

（2）Ⅱ型包:Ⅱ型包在Ⅰ型包之后,用于大块数据的读写,如图 6 - 22 所示。

①［31:29］:前三位"010"指示包的类型。

②［28:27］:保留位。

③［26:0］:指示读写字的数。

头类型	操作字	字计数器
[31:29]	[28:27]	[26:0]
010	RR	xxxxxxxxxxxxxxxxxxxxxxxxxxx

图 6 - 22　Ⅱ型包格式

配置寄存器:Ⅰ型包对配置寄存器进行读写操作可以实现 FPGA 的配置和回读。

2. ICAP 配置回读时序

ICAP 的配置回读操作应当遵循严格的控制时序,主要分为 ICAP 初始化,配置寄存器设置,回读指定帧数据等阶段。详细步骤如表 6 - 4 所列。

表 6 - 4　ICAP 回读操作指令序列

步骤	操作	配置数据	描述
步骤 1	写	FFFFFFFF	无效字
步骤 2	写	AA995566	同步字
		02000000	NOP 指令
步骤 3	写	30008001	写 CMD
步骤 4	写	00000007	重置 CRC 寄存器
		20000000	NOP 指令

（续）

步骤	操作	配置数据	描述
步骤 4	写	20000000	NOP 指令
步骤 5	写	20000000	NOP 指令
		20000000	NOP 指令
		20000000	NOP 指令
		20000000	NOP 指令
		30008001	写 CMD
步骤 6	写	00000004	指示回读操作
		20000000	NOP 指令
		30002001	写 FAR 寄存器
步骤 7	写	00000000	起始帧地址为 0
		28006000	Ⅰ型包:从回读帧数据寄存器读取数据
步骤 8	写	48024090	Ⅱ型包:读取 147600 个字的数据
		20000000	NOP 指令
步骤 9	读	…	至少 31 个 NOP 指令
		00000000	回读的第 0 个字
步骤 10	写	00000000	回读的第 147599 个字
		20000000	NOP 指令
步骤 11	写	30008001	写 CMD
步骤 12	写	0000000D	去同步字
		20000000	NOP 指令
		20000000	NOP 指令

3. **基于 FrameECC 的配置数据校验**

为了对读回的数据进行校验,采用 ECC 编码校验技术。ECC 是一类校验和,用于检测数据传输和接收中出现的误差。对读回的每帧配置位信息,通过校验电路计算到的数字结果,与原始位流中的存储值进行比较,如果两个值相等,表示该帧配置位信息无故障;相反,如果两个值不等,则表示该帧存在故障,需要进行配置刷新。Xilinx FPGA 提供了 Frame_ECC 模块,能够计算每一帧配置位的汉明特征值,并与原始的特征值进行比较,如果两者不同,则表示检测到配置位故障。Frame_ECC 模块如图 6 - 23 所示。

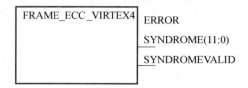

图 6 - 23　Virtex 4 Frame_ECC 模块示意图

表 6 - 5 给出了 FRAME_ECC 模块端口描述,其中 ERROR 信号表示是否有错误发生,SYNDROME 信号表征发生错误的比特位置,同时还可以指示是否发生错误,发生了一位错还是两位错。SYNDROMEVALID 信号指示 SYN-DROME 信号是否有效,信号拉低表示回读的一帧数据的末尾。

表 6 - 5　Frame_ECC 端口定义描述

端口	方向	位宽	功能描述
ERROR	输出	1	指示错误是否发生
SYNDROME	输出	12	指示错误发生的比特位置,无错,一位还是两位错
SYNDROMEVALID	输出	1	指示 SYNDROME 信号是否有效,为低时,表示回读帧数据末尾

6.3.2.2　基于 ICAP 配置回读 + RS 编码的多故障检测及恢复技术

传统的配置文件加固技术主要采用 SECDED 汉明码编码方式,SECDED编码能够对配置帧中的单位故障进行纠错。但是随着集成电路制造工艺的进步、晶体管特征尺寸的降低,由高能粒子导致的多位故障逐渐已经引起大家的重视。

由于 RS 码具有同时纠正突发错误和随机错误的能力,尤其对突发错误更有效,因而被广泛地应用于数据通信和存储系统的差错控制方案中。RS 码已经成为美国航天局(NASA)和欧洲空间站(ESA)在深空通信系统中采用的标准码,RS 码也是空间应用存储器系统中的首选用码。HDTV 系统中,数据传输速率在$(n \sim 10n)$Mb/s 之间,同时,应具有较高的纠错能力。在一般的应用中,RS 码可以作为单码单独使用;而在信道条件极为恶劣的信道中,也可以作为外码提供纠错能力更强的串行级联码,这样在不增加译码复杂度的情况下,可以得到较高的编码增益和与长码相同的纠错能力。对使用 DVB - T 协议实现的单频数字广播系统,即采用 RS 码作为外码,卷积码作内码的级联码,编码参数为(204,188),204 为编码长度,188 为有效信息元长度,RS(204,185)码可以纠正 8 个错误以内所有的随机错误和突发错误。

　　根据以上分析,RS 编码具有高效的多位纠错能力,因此,针对 FPGA 配置文件 MBU 中的多位故障效应,通过采用 ICAP 配置回读 + RS 容错编码对 FP-GA 配置文件进行加固,能够有效容忍多位故障情况,整个系统设计流程如图 6 – 24所示。

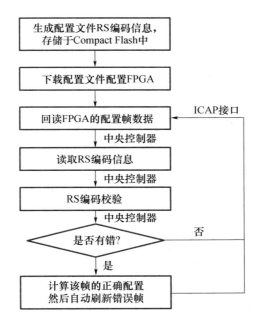

图 6 – 24　基于 ICAP 配置回读 + RS 容错编码的设计流程示意图

图 6 – 24 中各模块功能如下所述:

　　(1)中央控制器:抗辐照处理器,作为控制器控制 FPGA 配置文件回读、下载及 RS 编解码器。

　　(2)ICAP:FPGA 内置的配置接口,完成配置文件回读及写回。

　　(3)Compact Flash:存储 RS 编码,如果回读的配置文件存在多位故障,可以根据有效信息进行恢复。

　　下面,分别对抗辐照处理器中运行的 RS 编码过程和译码过程进行介绍。

1. RS 编码电路

RS 码的编码过程如图 6 − 25 所示。

（1）初始情况下，全部寄存器置 0，K_1 闭合，K_2 连接输出端。

（2）B_4，B_3，B_2，B_1，B_0 连续进入电路，同时送往输出端。

（3）一旦 5 个符号全部进入电路，开关 K_2 连接到监督字符的位置，K_1 断开。

（4）每个信息符号分别在不同的乘法单元中进行伽罗华域乘法运算后进行模二加，产生监督符号 Q_1，Q_0，紧随着信息位送往输出。

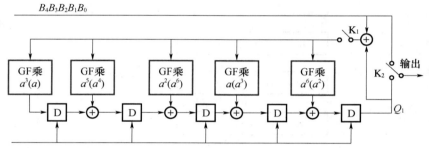

注：D为1个码字的移存器；K_1 为前5个码字闭合，后2个码字断开。

图 6 − 25   RS 编码过程示意图

在图 6 − 25 的基础上，进一步给出了基于 FPAG 实现的 RS 编码器实现框图，如图 6 − 26 所示。RS 编码器电路主要分成两部分：输入缓冲电路和线性反馈移位寄存器电路。data_in[7:0]，data_out[7:0] 分别是 RS 编码器的数据输入端和输出端；RS_start 用来表示数据块的同步字节；RS_clk，RS_en，RS_reset 分别是系统时钟、复位信号和输出使能信号；RS_syn 是输出端用来表示编码后的同步字节；RS_data 用来表示输出端是信息数据还是校验数据。图中的与门作为开关控制输入数据，选择器在输入数据和校验数据中切换。根据 RS 编码原理，在送入最后一个数据后就必须停止输入，直到校验数据全部输出为止。因此电路实现必须引入计数器，RS_CS 是计数器的输出信号，它的作用是控制与门和选择器。

图 6 − 26 中的 GF 加法器是伽罗华域加法，算法实现中需要转化为相应模数的多项式加法；GF 乘法器也是伽罗华域乘法，同样需要转化为相同模大小的多项式乘法。8 级移位寄存器 RGE 都是 8bit 并行输入并行输出的寄存器。

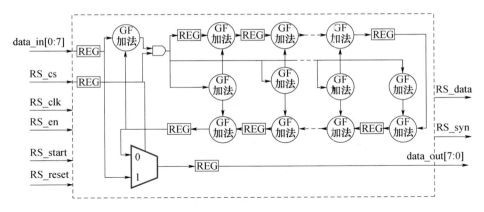

图 6 - 26　基于 FPGA 实现的 RS 编码器示意图

2. RS 译码电路

接收端收到 RS 码后,通过信息位和 2 个监督码字构成的校正子 S_1、S_2 可进行纠错。若 $S_1 = 0$,$S_2 = 0$ 则表示无误码,若 $S_1 \neq 0$,$S_2 \neq 0$ 则表示有误码。

若传输中有且仅有一组错误,假设仅 B_0 组有错,这时 $B_0 = B_0 + B_0$',则校正子方程为:

$$\begin{cases} S_1 = B'_0 + B_0 + B_1 + B_2 + B_3 + B_4 + Q_0 + Q_1 = B'_0 \\ S_2 = a(B_0 + B'_0) + a^2 B_1 + a^3 B_2 + a^4 B_3 + a^5 B_4 + a^6 Q_0 + a^7 Q_1 = aB'_0 \end{cases}$$

即 $S_2 = aS_1$。

同理:

若 B_1 组有错,则 $S_2 = a_2 S_1$;

若 B_2 组有错,则 $S_2 = a_3 S_1$;

若 B_3 组有错,则 $S_2 = a_4 S_1$;

若 B_4 组有错,则 $S_2 = a_5 S_1$。

由上式可知,若一组符号有错,则均能进行纠错,若 S_1、S_2 不满足上述关系,且 S_1、S_2 均不为 0,则只能检错 2 组,另外,当 B_4、B_3、B_2、B_1、B_0 各自有自检错能力时,通过解校正子方程,能纠错两组误码。

例如,B_1、B_0 两组误码,则校正子方程为

$$\begin{cases} S_1 = B'_0 + B_0 + B_1 + B_2 + B_3 + B_4 + Q_0 + Q_1 = B'_0 + B'_1 \\ S_2 = a(B_0 + B'_0) + a^2(B_1 + B'_1) + a^3 B_2 + a^4 B_3 + a^5 B_4 + a^6 Q_0 + a^7 Q_1 = aB'_0 + a^2 B'_1 \\ a^6 Q_0 + a^7 Q_1 = aB'_0 + aB'_1 \end{cases}$$

解得

$$B'_0 = a_5 S_1 + a_3 S_2$$

$$B'_1 = a_4 S_1 + a_3 S_2$$

若 B_0、B_1 均有自检错能力,根据上式即可进行纠错。

Berlkemap 从代数学的角度提出了 RS 码的迭代译码算法,从线性反馈移位寄存器出发得出了后人称为 Berlekamp-Massey 的 RS 译码算法。Berlekapnl-Massey 算法的效率更高,特别是在硬件设计中可以提升系统译码的速度。因此,我们采用 Berlekmap-Massey 译码算法,译码步骤如下:

(1)计算伴随式。

(2)进行迭代运算求差错定位多项式。

(3)用 Chlen 搜索求差错定位多项式的根,其倒数即为错误位置。

(4)实现求差错值 Forney 算法。

RS 译码流程如图 6 - 27 所示。

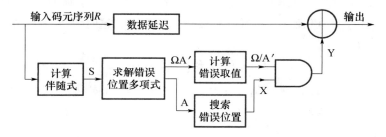

图 6 - 27　RS 译码流程图

总的来说,基于 ICAP 配置回读 + RS 容错编码的多故障检测及恢复技术既能够有效容忍 FPGA 内存储的配置文件多故障情况,也能容忍 Compact Flash 中存储校验位的故障情况,对单粒子导致的多故障容错效果明显。

6.3.2.3　基于 EAPR 的动态重配置技术

FPGA 动态重配置是指对特定的基于 SRAM 结构的 FPGA,在控制逻辑的驱动下,对 FPGA 芯片内某一部分的逻辑功能实现在线高速重配置,而芯片其他部分的逻辑功能保持不变,同时不会对系统的正常功能产生影响。动态重配置技术带来了一种新的设计思想,即用有限的硬件资源实现大规模时序系统的功能;将传统的空间分布的硬件逻辑,转换为外部功能特征不变、而内部在时间上交替变换的逻辑模块组合,并共同在时间、空间上实现完整的系统逻辑功能。基于动态重配置的故障恢复技术是从模块角度进行故障恢复。当 DMR/TMR 模块检测到故障后,中央控制器读取故障模块的配置位,在系统运行时进行故障恢复,如图 6－28 所示。基于动态重配置的故障恢复技术仅对 FPGA 故障模块进行重配置,具有故障恢复速度快的特点,并且配置过程中其余电路保持正常运行,对系统功能影响较小。

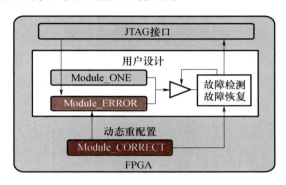

图 6－28　模块级动态重配置故障恢复示意图

FPGA 的动态重配置功能由 Xilinx 公司首先提出和实现,Altera 公司于 2010 年 7 月发布的 Stratix V 型 FPGA 也开始支持动态重配置技术。对于动态重配置,Xilinx 提出了四种设计流程,下面分别进行介绍。

（1）基于模块化的动态重配置。基于模块化的动态重配置将设计划分为多个模块,由每个模块约束相应的物理区域。这些模块包括重配置模块(可以实现重配置的物理区域)和静态模块(功能不变的物理区域)。重配置模块可以在器件的其他部分正常运行时进行重配置。对一个完整的设计,每个模块都是相对独立的,并且各模块的物理区域约束都是固定的,在电路运行过程中不能改变。

为了保证重配置前后重配置模块与静态模块之间的通信,需要保证穿过重配置模块边界的布线资源的一致性,这就需要引入一种特殊的逻辑结构——总线宏(Bus macro)。总线宏是一种预先定义,具有确定布线轨道的宏;它允许静态模块需要的信号不受重配置模块变化的影响,从而保证模块间信号连接的正确性。

（2）基于差异的动态重配置。基于差异的动态重配置比较配置前后两种电路的差异,产生只包含设计差异部分的配置位流。电路设计的修改可以在两个层次进行,分别是 RTL 层修改(修改 HDL 描述)和物理层修改(修改 NCD 文件)。对于 RTL 层修改,修改后的 RTL 代码需要重新进行逻辑综合、布局布线,生成相应的 NCD 文件。而对于物理层修改,可以通过 FPGA Editor 工具直接修改 NCD 文件,不必再进行逻辑综合。最后,对得到的 NCD 文件,使用 Bit-Gen 工具生成可以进行重配置的位流文件。

(3) 基于位流的动态重配置。基于位流的动态重配置是底层的重配置实现方式,该方法直接对二进制配置文件进行操作,能定位到配置信息的某一个位。Xilinx 于 2003 年 8 月发布了 JBits3.0 工具。JBits 由一系列的 JAVA 类库组成,JAVA 类库提供了直接访问 Xilinx FPGA 位流文件的应用程序编程接口(API)。这些 API 能够读取和修改位流中包含的逻辑信息和布局布线信息,提供配置文件的下载和读回等功能,并能够控制 FPGA 芯片进行动态重配置。该方法具有精度高、底层物理信息可见等特点。但是,该方法设计过程复杂,缺乏完善的设计和验证工具,要求使用者对 FPGA 芯片物理结构具有较深入的了解。目前,该方法仅支持 VirtexII 以前的 FPGA 芯片,无法对较新的器件提供支持。

(4) 基于 EAPR 方法的动态重配置。EAPR(Early Access Partial Reconfig-uration)是 Xilinx 最新提出的一种动态重配置设计方法。通过使用其最新的动态重配置设计工具 PlanAhead,该方法可以使整个动态重配置设计流程更加简化。该方法同样进行模拟化操作,与基于模块化的动态重配置方法相似,但有很多重要的改进:

① 去掉了基于模块化设计方法中对重配置区域必须是整列的要求,在 EAPR 设计流程中,允许重配置区域为任意矩形区域。

② 采用基于 SLICE 实现的总线宏,不是原有的基于 TBUF 的总线宏,提高了模块间总线的密度。

③ 允许静态设计中的全局信号直接穿越重配置区域,而不必使用总线宏。这一改进显著地提升了电路时序性能,并简化了重配置设计中的编译进程。

④ 去掉了静态模块的面积约束,为静态模块的布局布线提供了更大的灵活性。

⑤ EAPR 设计流程及工具支持最新的 Virtex 4 及 Virtex 5 器件。

　　对于动态重配置技术,本节重点介绍 Xilinx 公司最新提出的 EAPR 动态重配置设计流程。通过使用 Xilinx 新发布的动态重配置设计工具 PlanAhead,基于 EAPR 的动态重配置设计流程能够使整个动态重配置设计流程更加简化,并去掉了多种约束条件,使设计更为灵活,对电路性能影响更小。

　　基于 EAPR 的动态重配置设计流程如图 6 – 29 和图 6 – 30 所示。

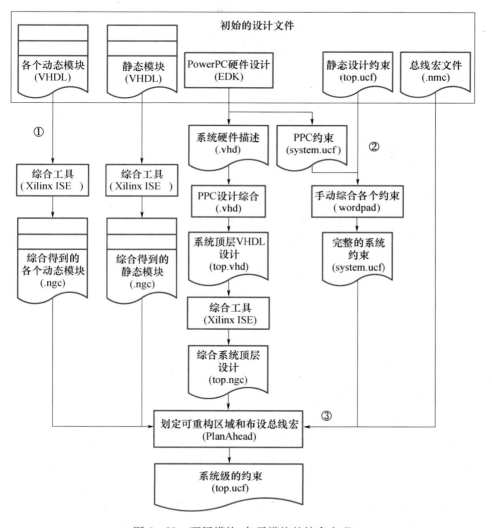

图 6 – 29　顶层模块、各子模块的综合实现

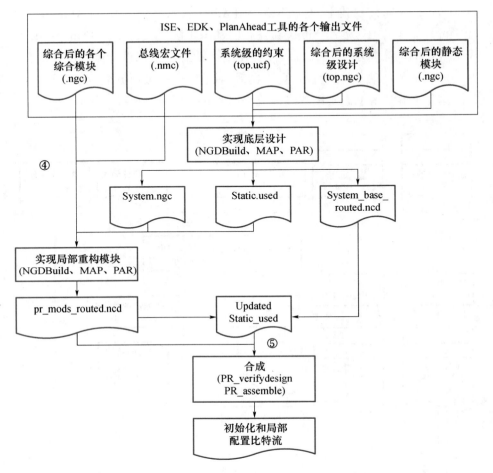

图 6-30　生成配置文件流程图

该设计流程具体分为以下几步：

① 设计输入与综合(HDL Design Description and Synthesis)。包括顶层模块(Top Module)、静态子模块(Static Module)、各个子重构模块 PRM(Partial Reconfiguration Module)的设计与综合。顶层模块不实现任何逻辑功能,各个子模块(静态模块和可重构模块)在顶层模块中都以元件的形式例化。

整个设计的层次化视图及各个模块的平面布局如图 6-31 所示。

在用硬件电路描述语言(VHDL 或 Verilog 等)完成各个模块的设计后,借助 ISE 综合工具完成各个模块的综合,得到整个设计所需要的网表文件(.ngc

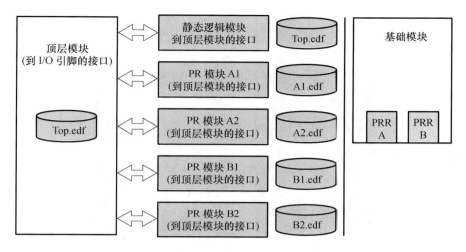

图 6-31 设计层次化视图和可重配置区域布局

文件或者使用其他综合工具生成的. edf 文件)。对于同一个可重配置区域
(PRR, Partial Reconfiguration Region)的不同 PRM 需要建立不同的工程目录,
但文件名必须保持一致,最终生成的网表名称也一致。为了保证重构操作前
后的模块间互联的正确性,基于 SLICE 的总线宏(BusMacro)也要在顶层模块
中以元件的形式例化。总线宏是位于相邻的或者不相邻的模块之间的预布线
硬件电路,不随模块的重配置而改变,因而可保证可重构模块之间以及重构模
块和静态模块之间的正确通信。任何可重构模块和静态模块之间的非全局信
号必须通过总线宏。

　　② 添加约束(Set Design Constrains)。这一步定义初始的用户约束文件
(top. ucf),包括顶层文件的引脚约束以及一些全局的时序约束。与常规的
FPGA 设计和其他 DPR 流程的主要区别在于,通常情况下,面积约束及各模块
的面积划分均不在此处进行,而是通过 PlanAhead 工具进一步添加。

　　③ 借助 PlanAhead 工具完善设计(EAPR Design with PlanAhead)。该阶段
分为以下几步:第一,将工程设置为局部重配置(Partial Reconfiguration, PR)工
程,输入第①步综合得到的各个模块的. ngc 文件和全局约束文件 top. ucf;第
二,利用 PlanAhead 的 floorplan 工具手动规划出各个 PRR 区域,然后在各个
PRR 区域添加相应的 PRM 模块,其优点是可直观地观察到各 PRR 区域的资
源占用情况,如果占用率达到或者超过 100% 则需要重新手动规划 PRR 区域;

第三,放置总线宏、全局时钟逻辑,手动放置时一定要确保总线宏横跨静态模块和可重构模块的边界。PlanAhead 模块物理区域划分如图 6 – 32 所示。

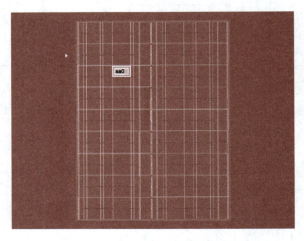

图 6 – 32　PlanAhead 模块物理区域划分示意图

④ 各模块激活实现(Active Modules)。对每个模块运行 Ngdbuild、MAP 和 PAR 命令,将所有的静态和可重构模块结合顶层设计以及约束分别激活。

⑤ 合并实现(Final Assembly)。完成顶层模块与各底层模块、静态模块以及各可重构模块的装配,生成 FPGA 的初始化位流文件以及各个可重构模块的局部配置位流文件。

⑥ 上板测试(Debug on Board)。先加载 FPGA 的初始化位流文件,再手动加载各个可重构模块的局部重配置位流文件,进行局部重配置操作。

在可靠性设计过程中,基于 EAPR 的动态重配置技术以模块为单位,对各模块生成相应的可重构模块,在电路运行过程中,通过中央控制器不断地对电路状态进行监视,若故障检测模块监测到电路故障,则调用相应的动态重配置模块对电路进行配置位刷新,消除故障对电路正常功能的影响。

6.3.2.4　基于硬件检查点的故障恢复技术

检查点恢复技术是指在程序运行时通过周期性地设置检查点保存程序运行状态到存储器中,通过定期或在关键程序运行之前保存系统当前状态,提供系统状态重建所必需的信息。系统如果在随后的运行过程中发生故障,则系统进行回卷恢复,从存储器中读出前一个检查点时的正确状态,从该点继续执行。

　　检查点恢复技术按设计层次可以分为软件检查点和硬件检查点。软件检查点关心与系统运行相关的中间状态,通过额外软件指令对系统内运行状态进行保存和恢复;而硬件检查点在电路硬件层次对电路内部触发器逻辑值进行保存,对上层软件系统透明。由于硬件检查点直接对底层硬件触发器进行状态提取,因此具有比软件检查点更低的时间开销。另外,硬件检查点可以利用硬件结构的特性,加速检查点建立及状态恢复。

　　对于 FPGA 硬件,由于其电路运行状态由电路内触发器中保存的逻辑状态决定,可以通过对 FPGA 内所有触发器的逻辑状态进行提取得到。在硬件检查点建立过程中,首先需要对电路中所有触发器、IO 模块、BlockRAM 中的逻辑状态进行采样,将采样后的逻辑状态映射到 FPGA 芯片配置文件中,然后通过 FPGA 配置接口将配置文件读出,最后对读出的配置文件进行解析,将与电路状态相关的逻辑值进行保存,设计流程图如图 6 - 33 所示。

　　对于配置回读的第一步和第二步,利用 Xilinx FPGA 内提供的 Capture 硬核来对电路内触发器、IO 模块、BlockRAM 中的逻辑状态进行采样。Capture 硬核结构示意图如图 6 - 34 所示。当 Capture 硬核受到信号触发后,会将电路逻辑状态映射到 FPGA 配置位中的 CLB 和 IOB 列。

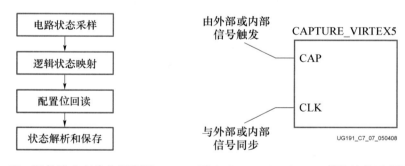

图 6 - 33　硬件检查点建立流程图　　　图 6 - 34　FPGA Capture 模块结构示意图

　　对于配置回读的第三步,利用 FPGA 提供的 ICAP 配置回读接口进行配置文件回读。通过采用 ICAP 接口对配置数据进行回读,能够将控制器在片内进行实现,电路结构简单,不需要另外监控模块。

　　对于配置回读的第四步,利用 FPGA 配置文件生成过程中的" - 1"选项,得到 design. ll 文件。该文件指示了 FPGA 配置文件内各电路设计触发器状态所对应的配置位位置。根据该位置指示,可以从回读得到的配置文件中解析出电路状态。

6.3.2.5 重配置容错方法小结

选择适当的 FPGA 重配置技术,需要考虑以下几个因素:①系统任务类型——不间断工作/间歇性工作;②FPGA 在整个系统中的角色——是否属于关键部件;③故障处理的侧重点——检错/纠错/容错;④系统可靠性要求。

根据不同的任务类型,可以选择不同的 SEU 故障处理方法。

1. 全局重构

该方法适用于间歇性工作的系统,如图像处理、数据处理等。如果系统允许 FPGA 暂时处于空闲状态,即可通过定期重配置消除配置存储器的 SEU 故障,提高系统的可靠性。

特点:完全依赖全局重构的方法,不考虑故障的检测及定位,属于最简单的重配置方法。

2. 回读 + 全局重构

该方法适用于可以容忍一定数量的 SEU 故障的系统。首先通过回读、比较配置位流完成故障的检测、统计,当故障累积到一定数量时对 FPGA 全局重构。该方法已经成功应用于澳大利亚科学实验卫星 FedSat(2002 年 12 月 14 日在日本发射,由 NASA 戈达德空间飞行中心(NASA Goddard Space Flight Center)支持,由澳大利亚昆士兰州科技大学(Queensland University of Technology)和霍普金斯大学(Johns Hopkins University)应用物理实验室联合开发,是第一个将可重构计算技术应用于太空的航天器)。这种方法的特点是:

(1)回读 + 全局重构的方法相对于完全依赖全局重构的方法而言,其重配置的时机更加灵活,同时也扩大了适用系统范围。

(2)该方法可用于 FPGA 单粒子试验。在故障检测的基础上可以进一步完成故障的定位,有助于进一步了解 FPGA 内部各组成的抗辐射性能。

3. 刷新

该方法可用于连续的、无间断工作的系统。首先通过配置信息的回读与比较实现 SEU 故障的检测、定位,通过 FPGA 的部分重构将正确的配置数据帧

写入 FPGA,修正 SEU 故障。这种方法的特点是:

(1)与前两种方法相比,该方法重新写入 FPGA 的配置数据量大大减少,因此极大地减少了配置所需时间。

(2)FPGA 的部分重构不影响其非重构区域的正常工作,因此该方法可用于无间断工作系统。

4. TMR + 刷新

该方法与完全依靠刷新的 SEU 故障处理方法相似,但由于 FPGA 设计本身已经采用了 TMR 容错技术,因此其可靠性更高,可用于通信、导航等关键任务中,同时也是目前国外应用最为广泛的重配置技术。

在充分利用基于 SRAM 型 FPGA 灵活配置特性的同时,必须针对其 SEU 敏感的缺点采取防护措施,特别是对于空间环境中应用这一点至关重要。针对基于 SRAM 型 FPGA 空间应用的 SEU 防护要根据具体的使用情况采取不同的措施以获得最高的性价比,主要原则如下:

(1)在空间环境较好的低轨道、短寿命飞行器中使用,若应用系统属非关键系统可以不进行 SEU 防护,对关键系统仅进行 TMR 设计即可。

(2)在空间环境比较恶劣的中、高轨道飞行器中使用,必须进行 SEU 防护处理,系统设计中应给基于 SRAM 型 FPGA 留有重配置的功能。

(3)对于实时性要求很高的关键系统建议采取 TMR 和动态刷新并举的防护措施,部分核心系统中的主电路应慎用基于 SRAM 型 FPGA。

6.4　典型的 SRAM 型 FPGA 容错设计方案

本节主要介绍基于 ICAP 的自动刷新、回读和重配置技术实现方案。在 Xilinx Virtex - 6 系列 XC6VLX550T 型 FPGA 芯片上实现了基于 ICAP 接口的故障注入、故障检测、故障恢复系统。实现电路故障注入、电路运行时故障检测、检测到故障后故障恢复等功能。系统框图如图 6 - 35 所示。

用户逻辑:用户自定义实现的功能逻辑,通过用户接口与外部相连,实现特定的逻辑功能。

故障注入模块:通过 JTAG 线与 PC 端相连,通过 Chipscope 核对内部故障注入使能信号进行控制,进行故障注入。

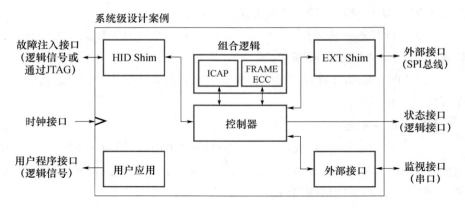

图 6 – 35   ICAP 自动刷新、回读和重配置原型系统框图

外部接口模块:通过 SPI 总线与外部 CF(Compact Flash)卡相连,读取 CF 卡中的配置位信息,包括正确配置位及配置位中关键配置位部分信息。

显示接口模块:通过 RS232 串口与 PC 端相连,进行交互,便于用户获取电路状态信息及完成相应的控制功能。

ICAP 模块:完成 FPGA 芯片内部配置位读取、写回操作。

ECC 帧校验模块:对每一帧配置位计算其 ECC 值,并与配置位中保存的原始 ECC 值相比较,确定该帧是否存在故障。

中央控制模块:对以上各模块进行控制。当进行故障注入时,接收来自故障注入模块的指令,获取故障注入位置及故障值,通过调用 ICAP 接口读取目标位置配置位帧,生成相应的故障配置位后,再通过 ICAP 接口对故障配置位进行下载,完成故障注入。故障检测阶段,中央控制模块对 FPGA 芯片上所有配置帧进行轮询,通过 ICAP 接口读取相应配置位帧,并调用 ECC 帧校验模块对故障进行检测,确定是否存在故障。如果配置存在故障,则通过 ECC 校验对故障位置进行恢复。若未检测到故障,则继续对下一帧配置位进行故障检测。需要注意的是,ECC 校验只能检测该帧配置位中存在的单个故障,并进行纠错。当该帧配置中存在两个故障时,ECC 只能检测到错误,而无法进行纠正。此时,中央控制模块通过外部接口模块读回正确的配置数据,并通过 ICAP 接口完成故障恢复。为降低故障对电路正常功能的影响,当检测到故障时,中央控制模块还可通过外部接口读取 CF 卡中的配置信息,确定该故障是否会对电路正常功能产生影响,如果有影响,则进行故障恢复,如果不造成影响,则保持电路正常功能,不进行故障恢复。

在电路实现过程中,首先需要在 Xilinx ISE 工具中建立顶层模块 sem_example。在顶层模块中,例化各个子模块,example_controller 实现中央控制模块及和外围其他模块的接口,example_hid 实现故障注入模块。另外,顶层模块还直接用 verilog 语言实现了用户逻辑,并通过 example_cfg 模块调用 ICAP 接口对 FPGA 进行配置。对于显示接口模块,通过 example_mon 模块实现 RS232 通信协议,连接到 PC 端实现与 FPGA 的交互。

在对各例化模块进行实现的过程中,需要通过 Xilinx Core Generator 调用 Xilinx IP 库中已有的 IP 核对部分例化模块进行实现。Sem_v2_1 实现例化的 example_controller 模块完成中央控制功能,Chipscope 核完成例化的 example_hid 模块完成故障注入功能。

在完成电路逻辑综合后,需要在 PlanAhead 中对各模块施加位置约束,以达到较好的时序性能。如图 6 - 36 所示,约束 example_controller 模块在 ICAP

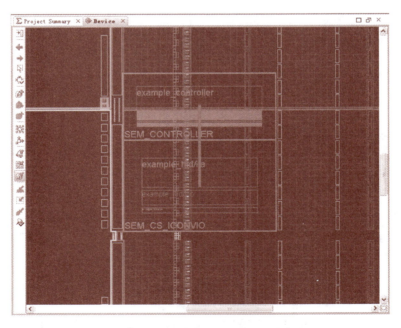

图 6 - 36　PlanAhead 对模块施加位置约束示意图

接口周围,便于中央控制模块与 ICAP 接口的交互。接着,通过布局布线及配置生成,完成 FPGA 电路的实现过程。

在电路运行过程中,需要配置中央控制模块实现轮询功能,不断地对 FP-GA 中各配置帧进行故障检测。当检测到故障后,完成 ECC 故障纠错及重配置恢复功能。需要注意的是,故障检测时间会根据故障位置和当前进行故障检测的相对关系确定。若故障位置为当前故障检测的下一帧,则在下一个故障检测周期即可检测到故障,该情况为故障最短检测时间。若故障位置位于上一周期故障检测完成位置,则需要等待下一个故障检测周期轮询到故障位置时才能进行故障检测,该情况为最长故障检测位置。因此,平均故障检测时间为完成全芯片故障检测时间的 1/2。在电路运行过程中,利用 Chipscope 观测及内部信号控制功能实现对电路的故障注入及故障观测。信号控制及观察如图 6–37 所示。

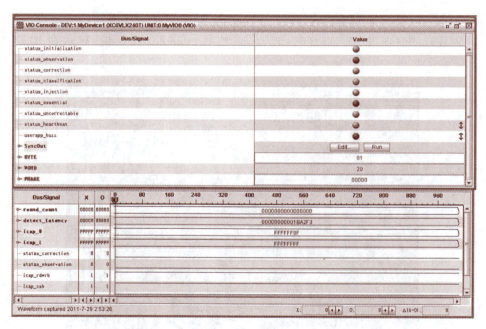

图 6–37　Chipscope 中进行信号观测和控制示意图

为了对基于 EAPR 的动态重配置技术进行验证,在 Xilinx Virtex–6 系列 XC6VLX550T 型 FPGA 芯片上实现一个基于 LEON3 微处理器的 SoC 系统。LEON

系列微处理器是欧洲航天局下属研究机构(ESA)所开发的基于 SPARC V8 架构的 32 位精简指令集计算机微处理器(Reduced Instruction Set Computer, RISC),包括 LEON、LEON2、LEON3。LEON 系列处理器软核均以 RTL 级 VHDL 源代码形式免费公布,使用者可以在 GNUL GPL(Library General Public License)下使用和研究其源代码。LEON 软核是一个与 SPARC V8 兼容的整数处理单元 IU(Integer Unit),LEON2 是 5 级流水线,LEON3 是 7 级流水线。目前 LEON3 主要分为两个版本,LEON3 和 LEON3FT(LEON3 Fault - tolerant),其中 LEON3FT 在 LEON3 内核的基础上进行容错设计,主要面向宇航应用。LEON3 微处理器具有以下特点:

(1)7 级流水线结构。

(2)具有硬件乘法/除法和 MAC 功能。

(3)独立的指令和数据 Cache(哈佛结构)。

(4)可根据需求灵活配置 Cache 的容量。

(5)片上总线使用 AMBA2.0 规范,支持 APB 和 AHB 标准。

(6)具备一些片上常用外设(如 UART、中断控制、I/O 接口、实时时钟、看门狗等)。

LEON3 微处理器软核的可配置体系架构如图 6 - 38 和图 6 - 39 所示。

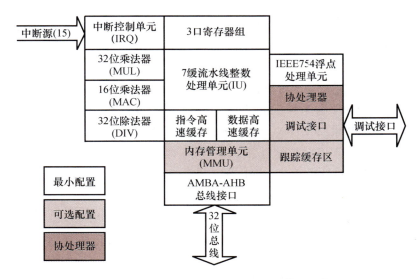

图 6 - 38 LEON3 微处理器核可配置体系架构

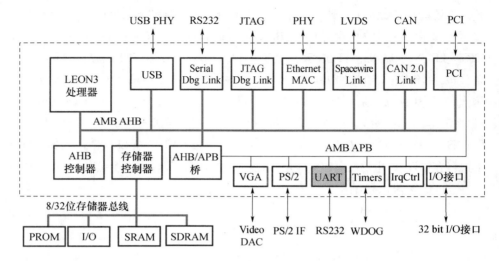

图 6-39　LEON3 微处理器整体结构示意图

LEON3 的整数处理单元 IU 完全执行 SPARCV8 标准,包括硬件乘法和除法指令。寄存器窗口默认为 8 个,在 SPARC 标准的界限内,可根据具体需求进行配置。七级流水线内含分立的指令和数据缓存接口,属于哈佛结构。LEON3 有一个可配置性优异的缓存系统,由一个分立的指令和数据缓存组成。指令缓存在线回填时使用流来最小化回填延迟。数据缓存使用写直达(Write-through)策略来执行双字的写缓冲。

LEON3 的浮点处理单元 FPU 和协处理器为 LEON3 提供高性能的浮点处理单元和一个自定义的协处理器。只要不存在数据或者资源的依赖,浮点处理器、协处理器以及整数单元的并行执行并不会阻碍操作。

内存管理单元(Memory Management Unit,MMU)遵循所有的 SPARC V8 的规范,实现了 32 位虚拟地址和 36 位物理存储器的映射。MMU 可配置多达 64 个完全关联 TLB 入口,用于访问正在运行的硬件和软件代码,方便后期调试。

在系统实现过程中,采用 Xilinx 公司 Virtex-6 系列 XC6VLX550T 型 FPGA 芯片,在 FPGA 上实现一个基于 LEON3 处理器核加外围接口 IP 的容错 SoC。在 100MHz 频率时,性能为 86MIPs。当实现四核 LEON3 处理器时,能达到 200MIPs 的性能。在 SoC 上实现串口、定时器、SPI 接口等各种外设,并通过调用 FPGA 板上的 ICAP+Frame_ECC 接口进行故障检测。

首先,完成静态模块综合和功能验证,在 ISE 中完成顶层模块的设计和实现。需要注意的是,在顶层设计中需要采用层次化设计方法,将重构模块例化为黑盒。接着,对多个动态模块进行设计,各动态模块之间需要保持对顶层模块接口的一致性。在完成各模块的静态设计以后,通过 PlanAhead 软件完成模块物理区域划分及模块装配。

在进行动态重配置技术进行验证时,选取处理器执行部件中的加法器模块进行动态重构。首先,通过在处理器中加入 OWARE(Operand Width Aware Redundant Execution)差错检测功能,当通过 Chipscope 的 Vio 核进行内部信号控制,对加法器进行故障注入后,处理器检测到故障,此时,继续运行程序结果出错,验证故障注入的有效性。进行对比实验时,当完成任务对电路进行故障注入后,采用动态重配置技术对故障配置进行动态可重构,重构时观察到,程序仍在正常运行,重构未对电路功能产生影响。并且,通过重构触发电路 reset 信号,程序重新运行,并得出正确的结果。

在完成动态重配置功能验证后,需要通过两组实验对配置时间进行验证。第一组实现两路组合逻辑功能输出的比较操作。一路经过静态模块输出,另一路经过动态重配置模块输出。两个模块通过同样的数据源进行驱动,在进行重配置时,对两路输出结果进行比较后对不同的输出周期进行计数。若计数器输出值不为 0,则表示动态重配置过程会对电路正常功能产生影响,若计数器值一直保持为 0,则表示动态重配置过程对电路正常功能无影响。本实验中,为最大限度降低电路连线时延对实验结果的影响,划分的动态模块面积较小,而且电路功能简单,仅实现两路模块输入信号选通逻辑,使用一个查找表,电路结构如图 6 - 40(a)所示。在动态重配置过程中,本实验选用 JTAG 接口进行配置,配置带宽为 12Mb/s,生成的配置的位流文件大小为 183.2KB,理论所需配置时间为 183.2KB/12Mb/s = 0.122s。实验结果表明,在小于 8Hz 的工作频率下,配置时间小于 1 个时钟周期,重配置过程不会对电路的正常功能造成影响。而在大于 8Hz 的工作频率下,配置时间等于或超过 1 个时钟周期,动态重配置过程会影响电路的正常功能。理论分析与实验结果相符。

第二组实验实现两路时序逻辑的比较操作,功能与组合电路版本类似,只是在重构模块中存在时序单元,时序模块输出后进行两模块间的比较操作。

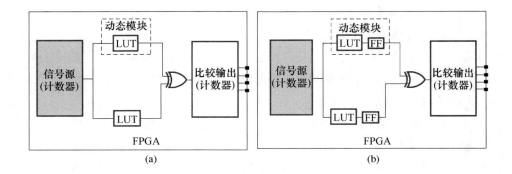

图 6-40　动态重配置配置时间验证电路示意图
(a) 组合功能验证电路结构示意图；(b) 时序功能验证电路结构示意图。

由于引入时序单元,重构模块资源占用较大,共使用 63 个 LUT 和 32 个 FF。需要注意的是,在动态重配置过程中,会对重配置模块的所有输入输出信号进行锁存,导致重配置模块电路状态保持不变,而此时,静态模块电路状态仍然随着输入的变化而不断变化。因此,在比较输出端,会出现两个模块输出不同的情况。实验发现,在各功能频率下,动态重配置过程均会影响电路的正常功能,符合理论预期。

　　总的来说,动态重配置过程能够以较短的时间完成电路结构的更新,而且不会对电路其他模块的功能产生影响。但是,在重配置过程中,模块配置时间相对于电路运行的时钟周期仍然较长,在模块输出被使用的情况下会对电路正常功能造成影响。同时,若电路中存在时序单元,重配置过程会保持该电路状态不变,直到配置完成。因此,在使用动态重配置技术时,需要重点考虑模块输出对电路功能的影响,如选择重构模块输出未使用的时间段进行动态重配置,或者在重配置过程中手动建立还原点,在动态重配置完成后进行状态恢复等,保证电路功能的正常运行。

　　选取基于 ICAP 接口的 FPGA 配置回读、校验和自动刷新技术及基于 EA-PR 的动态重配置技术,通过搭建百万门级 FPGA 硬件验证平台对技术实现的正确性进行了验证。实验结果表明,基于 ICAP 接口的配置回读及校验技术和基于 EAPR 的动态重配置技术各项性能指标符合理论预期,为航天器用 FPGA 的广泛应用提供了可行的技术方案。

6.5　反熔丝型 FPGA 的容错技术

目前航天器电子产品中使用的反熔丝型 FPGA 主要是 Actel 的 FPGA 产品,下面重点介绍 Actel 型 FPGA 产品的分类、结构及容错设计方法。

Actel 公司提供用反熔丝编程的抗 SEU 的 SX 系列 FPGA。此系列的结构被描述为"海量模块"结构,因为器件的整个基底被逻辑模块的网格所覆盖,事实上没有为互联单元和布线留下芯片资源。在过去几年中 Actel 的 SX 系列进行了改进。第一个版本提供两类逻辑模块,和标准 Actel 系列相同,寄存器单元(R – cell)和组合逻辑单元(C – cell)的示例如图 6 – 41 所示。

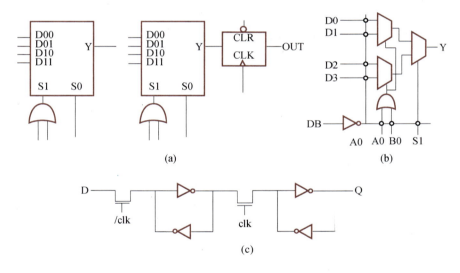

图 6 – 41　Actel 的 FPGA 结构
（a）组合的 ACT1(C – cell)和时序的 ACT1(R – cell)；
（b）详细描述的 C – cell；（c）R – cell:锁存器描述。

这些逻辑模块之间的互联采用 Actel 的专利"金属到金属"可编程反熔丝互联单元实现,这些互联单元嵌入第 2 层金属和第 3 层金属之间。这些反熔丝通常是断开电路,当被编程则形成永久低阻抗的连接。

为了适应特殊应用情况下高可靠性的要求,目前反熔丝型 FPGA 也在采

用抗辐射加固技术,主要包括三模冗余(TMR)和组合逻辑替代时序逻辑(C –
C)等。简要说明如下。

在第一个抗 SEU 的 FPGA 版本(Actel,2001)中,提出了三种能避免翻转
的时序逻辑单元实现技术:CC、TMR 和 TMR_CC。在 Symplify 工具中,时序逻
辑单元在综合过程中自动实现。CC 技术使用带反馈的组合逻辑单元替代触
发器或锁存器原语来实现存储单元。例如:DFP1 由两个组合逻辑模块组成,
用于代替 DF1。这种技术能避免大于 0.23μmCMOS 工艺中的 SEU,但不能避
免下一代工艺中的 SEU,在这种工艺中组合逻辑也会受到带电粒子的影响。
TMR 是寄存器的实现技术,每个寄存器通过三个触发器或锁存器表决寄存器
状态来实现。TMR_CC 也是三模冗余技术,每个参加表决的寄存器由带有反
馈的组合逻辑单元(替代触发器或锁存器原语)组成。

用 CC 触发器(CC – FF)生成的设计比使用标准触发器(S – FF)更具有对
SEU 效应的抵抗力。在典型情况下,CC – FF 使用两倍于 S – FF 的面积资源。
三倍表决或三模冗余(TMR)产生的设计对 SEU 效应更具抵抗力。三倍表决
使用三个触发器通向一个多数门表决电路,而不是采用单个触发器。在这种
方法中,如果一个触发器跳转到错误状态,其他两个会将其屏蔽,正确值就传
播到其余的电路。因为开销(较之 S – FF 语言实现,三到四倍的面积和两倍的
延迟需求),三倍表决通常用多个 S – FF 实现。然而,在 Symplify 中也可以只
用多个 CC – FF 实现三倍表决。

目前,Actel 提供 RTFXS 和 RTAXS FPGA 系列(抗辐射 FX 和 AX 结构的
宇航版本)。这些器件的配置使用金属到金属的反熔丝连接,包含对所有寄存
器的内建 TMR。这些新的 SEU 加固结构不需要用 HDL 语言实现 TMR 触
发器设计,因为触发器已经被结构层(矩阵)的 TMR 所防护。它们使用图
6 – 42所示的 D 触发器。三个 D 触发器并行连接到时钟和数据输入。一个
表决器(或多数表决电路)用前端的多路器实现,来生成"加固的"输出。两
个触发器的输出 A 和 B 连到表决多路器的选择端。如果 A 和 B 都读到逻辑
0,多路器的输入 D0 被选择。因为它连接到地,多路器的输出将是逻辑 0。
同样,如果 A 和 B 都读到逻辑 1,多路器的输出将是逻辑 1。如果 A 和 B 由
于 SET(或是其他原因)而不一致,则多路器将选择触发器 C。由于 C 与 A
或 B 一致,这样被表决的多路器就产生三个触发器中两个一致的数据。

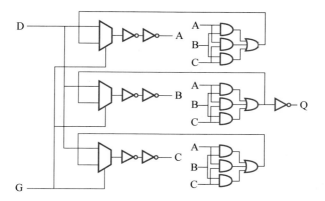

图 6 - 42　抗辐射 FX 或 AX 结构的 Actel FPGA 中存储器单元上的内建 TMR

第 7 章
故障注入技术

故障注入技术首次提出是在 20 世纪 70 年代初,当时主要用于工业中对容错计算机系统进行设计和验证,80 年代后开始引起高校和研究部门的重视,对故障注入的研究也随之深入,应用越来越广泛。从 1991 年的 21 届国际容错年会(FTCS)开始,每一届会议中均设有故障注入专题讨论组,以故障注入为专题的各种学术会议也已经举办多次。随着故障注入理论研究和实践的深入,越来越多功能强大的故障注入工具已投入使用。

高可靠性的容错计算机系统通常面临系统的可靠性评估问题,也就是有效的容错设计验证与评估。由于高可靠性的容错计算机系统设计的复杂性,很难 100% 地测试到系统的每一个分支,乃至每一条语句。故障注入成为一种容错计算机系统可靠性评估的有效方法。

▶7.1 故障注入的基本概念

故障注入技术按照选定的故障模型,用人工的方法有意识地产生故障,并且施加于运行特定工作负载的目标系统中,以加速该系统的错误和失效的发生。与此同时,通过观测和回收目标系统对所注入故障的反应信息,并对回收信息进行分析,从而向实验者提供相关结果的实验过程。故障注入技术作为一种基于实验的测评技术,不需要长时间地等待数据收集,具有方便、实时、快捷等优点,已经成为评价容错系统可靠性的一种重要方法。

故障注入流程可用图7-1所示的循环层次结构进行说明。一次完整的故障注入实验是由实验者建立故障模型、选择故障注入方法执行故障注入、运行工作负载的目标系统、观察系统行为和分析实验结果的循环过程。

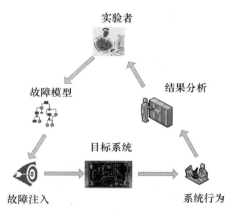

图7-1　故障注入流程

7.1.1　实验者

实验者主要负责建立故障模型和分析实验结果,此外还负责控制整个故障注入实验过程的开始、执行与终止。

7.1.2　建立故障模型

建立故障模型主要负责生成故障注入实验的输入信息,即根据真实运行环境下故障的特性,抽象出故障属性,得出故障空间,在故障空间内根据一定的机制生成故障序列。通常,故障属性越能准确地反映实际环境中故障发生的特点,故障序列对系统实际运行期间发生的故障的覆盖越高,实验评测结果就越精确。

7.1.3　执行故障注入

执行故障注入接收"建立故障模型"步骤中生成的故障模型,并将该模型转换为可应用于故障注入实验的形式,然后选定恰当的方式将故障引入至目标系统,通常需要借助一定的故障注入工具来执行故障注入。故障注入工具通常包括软件实现的故障注入工具和硬件实现的故障注入工具两种形式。

7.1.4 故障注入的目标系统

目标系统包括模拟系统模型和真实系统原型,前者可在系统的开发阶段进行实验,而后者要等系统实现后才能进行注入实验。工作负载是指运行于目标系统上的任务或应用程序的集合,包括用户的所有行为、所执行的程序及支持任务执行的操作系统、真实应用程序、基准测试程序、现场环境模拟程序及用于激活所注入故障的测试数据等。故障注入实验应根据实验目标选择合适的工作负载。

7.1.5 系统行为观察

实验时需要观察的系统行为取决于实验者所期望获得的目标度量。典型的系统行为包括故障是否有效注入、故障是否被激活、故障是否被检测到、系统是否成功恢复和注入故障后系统的运行轨迹等。目标系统类型和需要监测的系统行为类型决定监测系统行为究竟通过硬件还是软件的策略来实现。观察到的系统行为通常需要与系统正常运行状态进行比较。

7.1.6 实验结果分析

在分析实验结果阶段,实验者根据观察到的目标系统行为,获得对容错机制的定性或定量的度量信息。容错机制的评测目标不同,实验结果的度量也不同。例如,实验结果可以评测故障注入后系统的"正常/失效"概率、故障检测覆盖率、错误延迟时间等参数,还可以分析故障在系统中的传播过程。此外,该步骤还负责判断故障注入实验是否可以终止、度量参数是否达到某一预定的阈值等。

7.2 故障注入技术分类

故障注入技术按实现方式的不同可分为:仿真实现的故障注入(Simulated Fault Injection)、硬件实现的故障注入(Hardware Fault Injection)、软件实现的故障注入(Software Fault Injection)、物理的故障注入(Physical Fault Injection)和混合的故障注入,如图7-2所示。

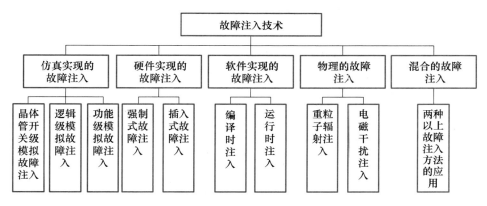

图7-2　故障注入技术分类

7.2.1　仿真实现的故障注入

仿真实现的故障注入就是在没有真实软硬件的情况下,通过建立模型在计算机中仿真真实系统的运行情况,并在其中注入故障。该方法易于实现,被注对象的可控性和可观性好,其关键技术在于器件模型的建立和仿真环境的搭建。

仿真实现的故障注入技术是利用硬件描述语言(如 VHDL)为目标系统建立硬件仿真模型,然后在该模型内部插入故障注入单元来实现故障注入。由于该方法是把故障注入被测系统的仿真模型中,因此它可用于设计过程的早期阶段,此时实际系统还没有产生。所以该方法的一个优点就是可探测早期的设计错误,这就大大降低了后期纠正这些错误的开销。另外,由于注入故障的时间和位置以及跟踪系统响应的观测点的设置比较自由,该技术所提供的故障注入的可控性和可观性也非常高。主要缺点是仿真过程的时间消耗很大,这就限制了可仿真的硬件和软件行为总的数量。根据抽象层次的不同,基于仿真的故障注入方法可在三个层次上进行:晶体管开关级、逻辑级、功能级。

7.2.1.1　晶体管开关级仿真故障注入

晶体管开关级仿真故障注入可用于研究电路或芯片内部瞬时故障的影响,进行集成电路芯片测试和可信性评估。通过改变电路内部的电流和电压来模拟瞬时故障,由电流或电压改变引起的故障能够在门级产生逻辑值错误,进一步传播到其他功能单元并输出到芯片管脚。

这种方法由于必须跟踪故障从电路到门再到功能单元和芯片管脚的传播过程,时间和存储开销都很大。多数晶体管开关级模拟模型都采用了混合模式(Mixed-mode)方法,电路的无故障部分在逻辑级进行模拟而电路的故障部分在晶体管开关级模拟。在这种混合模拟模型中,故障注入过程作为一个对电路的实时改变来实现,把一个电流源加到目标节点上,在故障注入期间改变节点的电压值。故障注入工具提供监视功能用来记录故障的传播行为。

7.2.1.2 逻辑级仿真故障注入

逻辑级仿真故障注入仿真真实故障在逻辑门上的表现,目的主要是研究VLSI电路或系统门级故障到管脚级的传播,以及门级故障对程序输出结果的影响等。通常使用的故障模型包括固定0、固定1、桥接故障和翻转故障。尽管逻辑级仿真忽略了门级故障之下的物理过程,仍然需要跟踪门级到更高级的故障传播过程。

逻辑级仿真只需完成表示给定器件行为的二元操作,采用二元的输入向量以及为给定输入模式确定器件的二元输出。电路中的每个信号用描述电路稳定情况的布尔值来表示。在这一级的故障注入只需把节点值置为0或1,或翻转其逻辑值。通常无故障的仿真结果被用来和故障情况下仿真结果进行比较来确定故障注入的效果。

7.2.1.3 功能级仿真故障注入

功能级仿真故障注入通常用于研究计算机系统或网络的可信性属性。仿真采用功能级的故障模型而忽略故障在低级出现的过程,描述故障表现的功能级模型可以来自低级故障注入实验的结果或现场数据记录。功能级仿真模型的建立与解析模型有类似的地方,但解析模型要求用概率或分布来定义故障的结果,而仿真模型不需要。功能级的仿真模型不仅可以是随机模型还可以是行为模型,能够表示系统详细的结构特征、真实的故障情况以及部件之间的相互依赖关系。

功能仿真故障可以注入到被研究系统的各个部件上,包括CPU、存储器、通信链路、软件等。这些部件的输入不同,功能各异,相互之间还有复杂的联系,因而不可能为所有的部件建立一个一致的故障模型。针对各种部件可以选择不同的故障模型进行注入。常用的两种故障模型是内存位翻转和 CPU 寄存器错。由于模型仿真系统或网络的功能,多数仿真注入工具能够执行真实的用户程序,从而可以研究软件对系统的影响。

基于仿真的故障注入技术的优点是:

(1) 它可以精确地监控和注入各种故障;

(2) 既可以注入瞬态故障,又可以注入永久性故障;

(3) 实验费用低廉,不需要专用的硬件设备。

基于仿真的故障注入技术的主要缺点是:

(1) 开发工作量大;

(2) 建立硬件的仿真模型比较困难;

(3) 故障注入准备时间长,并且通用性差。

7.2.2　硬件实现的故障注入

硬件故障注入是用额外的硬件系统将故障引入到被测系统中,以模拟系统故障情况。根据注入故障层次的不同主要有:总线级故障注入、管脚级故障注入和门级故障注入。近年来随着 FPGA 和可编程片上系统(System on a Programmable Chip,SoPC)技术的广泛应用,系统集成度越来越高,好多功能模块都已集成到芯片内部,用硬件描述语言基于 FPGA 实现的片内故障注入技术开始受到人们的关注,目前已有许多相关成果问世。

硬件实现的故障注入是通过利用附加的硬件将故障引入目标系统的硬件中,然后通过观察和分析,得出注入的故障对目标系统的影响。

当进行硬件故障注入时,通常是将故障注入到在集成电路的管脚级,原因是电路的复杂性足以反映出电路注入故障后的特征,并且通过这些特征易于识别电路的故障。对于硬件故障注入技术,注入瞬态故障较为容易,注入锁定故障和桥接故障相对较困难。

故障注入器和目标系统直接接触,通过改变目标芯片外部的电压或电流来实现目标系统故障的注入。接触式故障注入方法有多种,其中管脚级故障注入是较为典型的一种。其实现方式是将故障注入器直接和目标系统电路的管脚相连,通过改变芯片管脚的电压或电流来实现硬件故障的注入。根据管脚电流电压改变的不同又可以分为强制式故障注入和插入式故障注入。

强制式故障注入采用活动夹具附在目标系统被注入芯片的管脚上,通过改变注入点的电压或电流来改变目标系统相应的逻辑值达到注入故障的目的。使用这种注入方法在向目标设备强行加入额外电流时需要非常小心,因为稍有偏差就可能会造成目标设备硬件的损伤或损坏。

插入式故障注入是在目标硬件和它的电路板之间插入一个特别的插座,通过插座可以改变芯片管脚电压的输入/输出值来实现故障的注入。通过将期望逻辑值的模拟量强行加到目标硬件的管脚上,可向目标硬件注入固定、开路或更复杂的逻辑故障。这种注入方式通常不会对目标硬件造成损伤。

由于计算机系统级总线是 CPU 和外围电路连接的重要通道,进出 CPU 的所有信号都要通过总线进行传输,理论上控制了所有的总线信号就可以控制计算机所有操作。在总线上进行故障注入也就是看中了总线的特殊地位,通过在总线上注入故障,可以模拟计算机中绝大多数故障。因此,硬件实现的故障注入,大部分从计算机总线注入故障。

基于硬件的故障注入技术的主要优点是:

(1) 能够把故障注入到目标机芯片内部的各单元,比较真实地反映硬件故障;

(2) 这种注入方法对目标机系统不会造成入侵;

(3) 对目标机系统中其他负载不需要有任何特殊的改动。

基于硬件的故障注入技术的主要缺点是:

(1) 需要有额外的故障注入专用硬件设备;

(2) 对目标机硬件系统容易造成损伤或损坏;

(3) 故障注入程序的移植性差;

(4) 故障注入准备时间长。

7.2.3 软件实现的故障注入

软件故障注入根据其注入时间的不同,可分为编译时注入和运行时注入两大类。编译时注入是将错误注入到目标程序源代码或汇编代码中来仿真硬件、软件、瞬时故障的影响,修改后的代码改变了目标程序指令,以此引发故障。运行时注入主要是要有一种触发机制,如插入代码、软件超时、陷阱等,来触发故障注入。

软件故障注入是根据一定的故障模型,通过修改目标系统存储器或处理器内部的寄存器内容来模拟硬件或软件故障的发生。尽管由于自身的原因使得它存在对永久性故障建模困难、容易对被评测系统造成入侵等缺点,但与其他故障注入技术相比仍然存在着明显的优势,如:可注入的故障范围广泛,既可以模拟硬件故障,又可以模拟软件故障;无需昂贵的额外硬件设备,开发实现的成本低廉,且不会对硬件造成任何形式的损伤和损坏;能够方便地跟踪目标系统的执行和回收数据,具有较好的可移植性;无需开发和验证复杂的系统模型,开发周期短等。

对于软件实现的故障注入系统,一方面接受来自主控计算机的故障序列,另一方面完成故障的注入并监视系统的行为及注入的故障是否超时。该方法的主要特点是成本低廉,实现简单,操作简便。

7.2.3.1 编译时注入

为了在编译期间进行故障注入,必须在程序映像被加载和执行前修改程序指令。这种方法不是将故障注入到目标系统的硬件中,而是通过将错误注入到目标程序源代码或汇编代码中来仿真硬件、软件和瞬时故障的影响。修改后的代码改变了目标程序的指令,这些修改后的目标程序指令会产生一个错误的软件映像,当系统执行带有故障的映像时,就会引发故障。

这种方法需要修改用来进行评测故障影响的目标程序,但在运行时不需额外的软件,并且不会干扰目标程序的运行。由于故障影响是硬编码的,所以可以用来仿真永久故障。这种方法实现简单,但它不允许在工作负载程序运行时注入。

7.2.3.2 运行时注入

在运行期间注入故障,需要有一种触发机制来触发故障注入,常用的触发机制有超时、异常/陷阱和代码插入三种。

超时,是最简单的一种技术,它采用一个到达预先设定时间的定时器来触发故障注入。也就是,超时事件产生一个中断,用来激活故障注入。定时器可以是硬件定时器,也可以是软件定时器。由于超时是基于时间而不是特定的事件或系统状态,因此它可能产生不可预料的故障影响和程序行为。超时比较适合模拟瞬时故障和间歇硬件故障。

异常/陷阱,通过硬件异常或软件陷阱来控制故障注入。与超时不同,异常/陷阱可在某个事件或条件发生的任何时间进行故障注入。例如,将一个软件陷阱插入到目标指令中,它可以在程序执行某条特定指令之前进行故障注入。陷阱执行时,产生一个中断,调用一段中断服务子程序。当硬件检测到某事件发生时(例如,访问指定的存储器单元),一个硬件异常会引发故障注入。两种机制都必须有对应的中断服务向量。

代码插入,在进行故障注入的程序的某条指定的代码前加入一些指令。该方法与修改代码的方法类似,但不同,因为代码插入是在系统运行期间进行故障注入,它增加了一些指令却不改变原始指令,而修改代码是在系统运行之前进行,它不增加指令而只是修改原指令。同样,代码插入也不同于陷阱的方法,因为使用代码插入进行故障注入时,故障注入器是目标程序的一部分,运行在用户模式下,而不是像陷阱法那样运行在系统模式下。

基于软件的故障注入技术的主要优点是:
① 可注入的故障范围很广,既可以模拟硬件故障,又可以模拟软件故障;
② 无需额外的专用硬件设备,开发成本低;
③ 对目标机系统不会造成任何形式的损伤或损坏;
④ 能够方便地跟踪目标机系统的执行过程;
⑤ 无需开发系统仿真模型,开发周期短等;

基于软件的故障注入技术的主要缺点是:
① 对目标机系统运行带来额外的开销,因而影响目标机系统的实时性;
② 这种故障注入方法需要修改源程序代码,因而编程工作量大;
③ 注入永久性故障比较困难。

尽管基于软件的故障注入方法存在着一些缺点,但总的来说,它比基于硬件的故障注入方法更具有灵活性,无需额外的专用硬件设备,也不会对目标系统造成损伤或损坏,因此它是一种很有发展前景的可靠性评测手段。

7.2.4　物理的故障注入

对于星载计算机系统,需要工作在太空环境,而空间辐射环境一直是航天器电子产品发生故障的主要原因。前面提过总剂量效应(Total Ionizing Does,TID)和单粒子效应(Single Event Effect,SEE)是星载计算机在空间面临的两大辐射效应。

物理的故障注入就是把被注对象放入到人工模拟的恶劣环境中,观察被注对象在恶劣环境中的工作情况,验证被测系统应对恶劣环境的能力。常用的方法有:真实环境注入,如辐射注入法或电磁干扰法等。辐射注入主要是通过粒子加速器将粒子加速到很高的能量去轰击被注对象,或者用辐射源对被注对象进行辐照。常用的辐射源有锎源、钴源、铯源等,其中锎源可用于模拟单粒子效应,钴源和铯源用于模拟总剂量效应。

空间的单粒子效应可以用物理的故障注入方法来模拟。最简单的方法是采用锎源裂变的方式模拟,这种方法的优点是模拟方便、费用低,但锎源裂变的射程短,多用于加速器试验前的摸底。

中国原子能科学研究院的串列加速器能够提供从低能的 H、Li、Be 到高能的 Ag、I、Au 等二十多种重离子,具有更换离子转换快,能达到较低 LET 值,费用低等优点,但 Ag、I、Au 等高能离子存在硅中射程短的缺点。中国科学院近代物理所的回旋加速器具有能量高,提供粒子在硅中射程长的优点,但存在更换离子时间长、费用高的缺点。表 7 - 1 为用于单粒子效应的地面模拟试验加速器一览表。

表 7 - 1 用于单粒子效应地面模拟实验加速器一览表

名称	能量范围/(MeV/uma)	优点	缺点
直线串列静电加速器(TVGA)	0 ~ 10	更换离子种类快,能达到较低的 LET 值,费用低	不能得到具有足够射程的高能离子
回旋加速器	10 ~ 100	能量高;提供离子种类较多,离子可具有足够射程	更换离子需占用大量时间,费用高
同步加速器	100 ~ 1000	离子能量可与空间环境相比	费用很高难以操作
高能质子加速器	10 ~ 150	能量可与空间环境相比	数量少

由于光子和离子与半导体材料相互作用都可以产生电荷,人们也利用激光来模拟研究单粒子效应。激光单粒子模拟系统是一种简便、经济安全的实验室模拟单粒子效应的试验设备。激光单粒子效应模拟系统可以用于:单粒子效应机理研究、单粒子效应导致的错误在星载计算机中的传递规律研究、集成电路单粒子效应的分析和测试、集成电路的单粒子翻转敏感区的确定、星用

元器件及电子线路加固性能的评估。与加速器及放射性同位素锎源相比,激光模拟实验简便、经济、安全,但激光试验不能穿透隔光材料,其模拟等效性还需深入研究。

NASA 的一份报告统计显示,在航天器在轨运行期间空间环境引起的故障中,因辐射产生的故障占到其中的45%,而在所有辐射引起的故障中,单粒子翻转又占到近80%,成为人们研究的重点。近年来随着半导体技术的不断发展,民用的大规模集成电路工艺逐渐从130 nm 进入45nm,甚至22 nm。抗辐射的 CPU、存储器和逻辑电路,也进入深亚微米阶段,主流的抗辐射器件工艺已经到了180nm 和130nm。这时,辐射总剂量的危害相对减弱,而单粒子效应特别是单粒子扰动(SET)和单粒子翻转(SEU)的影响越来越大。

采用物理的故障注入方式时,故障注入器和目标系统间没有物理连接,而是通过利用某种外部因素产生的某种物理现象来实现故障的注入。如重离子辐射注入、电磁干扰注入等就属于这一类故障注入。前者是利用重离子辐射形成芯片内部载流子的非正常移动,可以使数字系统内存单元的状态发生随机变化而将故障注入到集成电路内部;后者则是利用辐射天线或两充电导体间的强电磁场对芯片进行干扰实现故障的注入,通常,将目标设备放在电磁场内部或附近也可以注入故障。

7.2.5 混合的故障注入

以上几种故障注入方法都有各自的优缺点。物理的故障注入模拟的故障真实,可信度高,但其可控、可观性差,故障情况不易再现。硬件故障注入的实时性好,故障分辨率较高,适合于对分辨率要求高的系统,对永久故障的模拟也较容易实现,其缺点就是需要额外的硬件系统和注入环境,实现的成本较高。软件实现的故障注入通过修改寄存器的值来达到模拟故障的目的,实现的灵活性较大,成本也较低,但由于故障注入代码的插入,会改变原有系统的程序流,软件运行还要占用系统的资源,对实时性要求很高的系统不适用。仿真实现的故障注入主要用于系统初始设计阶段的测试验证,它主要是在计算机中通过搭建虚拟样机并注入故障来观察系统的输出是否满足要求。由于所有设计都是在虚拟环境中进行的,不会对被注对象带来任何损坏,修改起来也比较容易。其缺点是对仿真模型依赖较大,模型的准确性直接决定了仿真的准确性。另外,由于仿真对系统资源要求较高,系统较大时,仿真速度会很慢。各种故障注入特点的对照关系如表7-2所列。

表7-2 各种故障注入实现方法的比较

注入方法	基本原理	实现成本	可控、可观性	安全性	适用阶段
仿真故障注入	向被注对象的仿真模型中引入故障	低	好	安全	系统设计的初级阶段
硬件故障注入	通过额外的硬件系统将特定的故障引入到被注对象中	较高	较好	可能存在损坏	真实系统已完成
软件故障注入	通过软件代码修改寄存器的值或者改变原有软件的流程制造故障	较低	较好	安全	系统设计的各个阶段
物理故障注入	通过模拟空间辐射环境引入故障	高	较差	损坏被注对象	真实系统已完成

由于计算机仿真故障注入、硬件故障注入、软件故障注入和物理的故障注入都有各自的优缺点,目前,国外一些机构正在研究混合的故障注入方法,这种方法吸取几种实现方法的优点,是故障注入方法今后的一个发展方向。

混合故障注入是采用以上四种注入技术中的两种或两种以上共同实现故障注入的技术。它往往兼有多种注入技术的优点,因此,比单种注入方法功能更强,适应面更广,注入的故障类型也会更多,但是采用该技术对实验人员要求较高,需要他们具有多种故障注入的知识和技能的储备。

7.3 故障注入系统的评价及应用

故障注入系统注入故障的时候,不但不能破坏被注对象,还必须同时满足注入的可控性、可观性和有效性,这样的系统才是一个有效的故障注入系统。

7.3.1 注入的可控性

故障注入的可控性是指用某种故障注入方法进行故障的注入时,注入故障的类型、注入位置、触发时间、触发条件等因素是否都是可以控制的,各种故障是否可以根据用户的需求按照用户的意愿进行注入。可控性好带来的最大好处是当用户对某种故障现象感兴趣时,可以方便地再现这种故障,便于对其分析。故障注入可控性是衡量故障注入方法好坏的一个重要标准,也是用户选择不同故障注入方法时所考虑的一个主要因素。另外,故障的可控注入可以有效防止故障注入损坏被注对象情况的发生。

✍ 7.3.2　注入的可观性

故障注入的可观性是指使用某种故障注入方法进行故障注入后,能否方便地观察故障注入后的结果。在可观性较差的故障注入中,用户必须借助于额外的辅助工具,花费一定的精力才能观察到故障注入的结果。故障注入的结果一般可以通过波形、数据、符号等形象化的形式展示在用户面前,方便用户对故障注入结果的观察和评估。同故障注入的可控性一样,可观性也是区分故障注入方法好坏的一个重要因素,用户在选择不同故障注入实现方法时同样也会考虑注入的可观性问题。

✍ 7.3.3　注入的有效性

当向系统中注入一个故障时,并不是每次注入都是有效的注入。所谓有效的故障注入,是指当该故障注入到系统中时,与系统正常运行相比,其信号状态要有所改变。从图 7-3 中可以看出,如果 A 为正常信号,AA 为注入故障后的 A 信号,那么在 ab 段信号的注入是有效的注入,注入使信号从低电平变成了高电平,而 bc 段的注入则是无效注入,注入前后信号的状态没有改变。

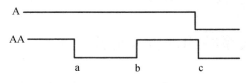

图 7-3　注入有效性示例

在真实的系统中,故障注入的有效性与不损坏被注对象有时是相互矛盾的,既能有效地注入故障又保证不损坏被注对象的故障注入方法是人们所期望的。当注入一个故障时,有时即使是一个有效的注入也不一定会产生不良结果,即在瞬时的干扰下,系统有可能仍然正常运行。

⊿7.3.4　故障注入的应用

随着故障注入技术实现方式的多样性和复杂性,故障注入的应用越来越广泛。故障注入技术可应用于系统开发的所有阶段,包括设计阶段、系统原型构造阶段和系统应用阶段,主要体现在两个方面:一是对系统容错机制设计和实现的正确性进行验证;二是对容错机制进行故障处理效率的评估。下面总结几种典型的应用情况。

7.3.4.1　验证故障检测机制

火灾刚发生时,影响还不大,很容易就能扑灭。同理,故障发生的第一时间,影响面也很小,这时,如果系统能够迅速发现故障,并把故障隔离,使其不被扩散,是现在星载计算机系统中故障检测、隔离和恢复技术的核心,通过有意识的注入故障,验证故障检测机制的有效性。

7.3.4.2　故障影响域分析

故障发生后,必须将其有效隔离在一定范围内,才能不让其扩散。通过故障注入的方法,能够确定故障发生后的扩散时间和影响域,从而确认隔离措施的有效性。

7.3.4.3　故障恢复

很多情况下,容错计算机系统并不能消除故障,而是通过故障隔离措施,使故障影响域不再扩大;而系统通过容错措施和手段,从故障中恢复正常。故障注入也是检验系统能否恢复正常的有效手段。

7.3.4.4　覆盖率估计

对故障检测等容错机制的覆盖率估计是故障注入技术最成熟和最广泛的应用。覆盖率反映系统处理故障的能力,是容错机制效能的重要度量指标。故障注入实验所获得的覆盖率还可以作为解析模型的参数来获得目标系统的可信性度量。故障注入实验所得到的覆盖率的估计是否准确,取决于实验中故障模型的准确度。

7.3.4.5　获得延迟时间

延迟时间是另一个有关容错机制效能的度量指标,它包括故障出现到产生错误的时间(故障延迟),以及错误出现到错误被检测到的时间。获得的延迟时间为确定目标系统故障检测机制的运行频率提供依据。

7.3.4.6　生成故障字典

故障字典又称为故障数据库,由某一抽象层次上发生的故障和该故障在本层或其上层的表现症状组成。生成故障字典需在系统较低层次上进行故障注入,在较高层次上对结果进行监视、记录和分析。在系统中维护故障字典是非常有意义的,可被应用于故障诊断过程来确定故障的发生位置和类型。由故障注入方法生成的故障字典在研究故障模式在不同层次上的表现和生成较高层次上的故障模型等方面具有重要意义。

7.3.4.7　软件测试

软件实现的容错机制应用于分布式系统和网络协议时,与故障处理有关的程序代码只在故障出现时执行,因此这些程序的测试只能借助故障注入来实现。故障注入方法还可以和形式化方法结合对容错软件或协议进行验证。这种方法的主要思路是利用形式化方法和工具对软件或协议进行验证,再通过故障注入实验验证软件实现的正确性。另外,故障注入还可以通过模拟软件设计中的错误来验证软件测试用例集的有效性。

▶7.4　故障注入平台及工具

国外故障注入技术起步较早,其中美国的 California、IBM、NASA 等大学和研究机构,法国的 LAAS – CNRS 等大学的研究处于国际领先地位,另外德国、日本、英国、澳大利亚等国家也有一些大学和研究机构在进行故障注入方面的研究。目前国外故障注入的研究已取得很多成果,各种故障注入技术都有许多代表性的故障注入工具。基于重离子辐射故障注入的典型工具有瑞典 Chalmers 技术大学开发的 FIST。硬件实现的故障注入工具的典型代表有:葡萄牙 Coimbra 大学开发的基于管脚级故障注入工具 RIFLE,美国 Illinois 大学开发的 FOCUS,法国 LAAS – CNRS 大学开发的管脚级故障注入工具 Messaline 等。软件实现的故障注入工具的典型代表有:美国 Carnegie Mellon 大学开发的 FIAT, Illinois 大学开发的 FTAPE,Michigan 大学开发的 DOCTOR,Texas 大学开发的 FERRARI,葡萄牙 Coimbra 大学开发的 Xception,意大利 Politecnico diTorins 开发的 EXFI 等。基于仿真的故障注入工具的典型代表,有德国 Erlangen-Numberg 大学开发的 VERIFY,瑞典 Chalmers 技术大学开发的 MEFISTO 等。

我国对故障注入的研究起步相对较晚,北京控制工程研究所在抗辐射研究中研制的 80C86 总线级故障注入设备已用于卫星控制计算机软硬件容错设计测试验证,取得了很好的验证效果,并获得了航天科技进步三等奖。在星载计算机可靠性研究项目中,对故障注入又进行了进一步探讨。另外,北京控制工程研究所多年来在星用器件抗辐射加固研究中通过模拟空间辐射环境做了大量实验,在辐射故障注入方面积累了丰富的经验。20 世纪 80 年代中期由哈尔滨工业大学的杨孝宗教授领导的容错计算机实验室开展了故障注入设备研制,该实验室已先后推出了四代硬件故障注入设备,至今该实验室在故障注入方面在国内仍处于领先地位。目前该实验室对故障注入的研究已经扩展至软件故障模拟、软件故障注入、故障模式分析等更为广泛的领域。北京航空航天大学的金惠华教授所在的实验室多年来也在从事这方面的研究,他们主要进行嵌入式系统中故障注入的研究,目前产品已经应用到了航天部门的某些型号测试中,取得了良好的效果。同时该技术也引起了国内一些高校和科研部门的重视,清华大学、重庆大学、中国航天科技集团 771 所等单位也先后开展了这方面的工作。国内外各种典型故障注入工具及其实现原理对应关系如表 7-2 所列。

表 7-2 各种典型的故障注入工具

故障注入实现方法	工具名称	开发者	实现原理
物理故障注入	FIST	瑞典 Chalmers 技术大学	利用辐射源辐照产生瞬时故障
	X86 处理器辐射故障注入平台	中国空间技术研究院北京控制工程研究所	通过粒子加速器和辐射源辐照模拟单粒子和总剂量效应
硬件故障注入	RIFLE	葡萄牙 Coimbra 大学	基于管脚级通过强行抬高或拉低电平注入故障
	Messaline	法国 LAAS - CNRS 大学	基于管脚级通过强行抬高或拉低电平注入故障
	HFI-1~HFI-4	哈尔滨工业大学	通过管脚级强行注入或嵌入式总线级注入
	独立式故障注入器	北京航空航天大学	通过软硬件配合实现处理器管脚上故障的可控注入
	X86 系统总线级故障注入器	国空间技术研究院北京控制工程研究所	基于管脚级通过强行抬高或拉低电平注入故障
	SPARC 系统总线级故障注入器		

（续）

故障注入实现方法	工具名称	开发者	实现原理
软件故障注入	FIAT	美国 Carnegie Mellon 大学	通过改变存储器镜像注入故障
	FTAPE	美国 Illinois 大学	主要注入单位翻转故障,需借助于辅助硬件系统实现模拟
	DOCTOR	美国 Michigan 大学	通过超时、陷阱、修改代码实现注入
	FERRARI	美国 Texas 大学	通过软件陷阱注入 CPU、Memory 和 Bus 故障
	Xception	葡萄牙 Coimbra 大学	不修改软件,利用处理器处理异常陷阱程序注入故障
仿真故障注入	VERIFY	德国 Erlangen Numberg 大学	通过 VHDL 建模实现特定模型故障的注入
	MEFISTO	瑞典 Chalmers 技术大学	提供完整的故障建模、注入及性能评估的集成环境

7.4.1 EDA 环境下的故障注入平台

采用基于软件和基于硬件仿真的混合型故障注入方法,开发出一套混合型故障注入平台。该设计结合软件注入方法可观性、可控性好,故障注入精确,以及硬件仿真注入方法运行速度快、故障覆盖率高的特点,搭建了软硬件联合故障注入验证平台,系统框架如图 7-4 所示。

整个系统可分为计算机控制子系统、FPGA 子系统和故障注入模块。计算机控制子系统主要进行系统的控制显示,并在 VCS 仿真环境中运行软件模拟部分,收集软件模拟信息以及被测设计运行信息,为被测设计提供输入和调试信息,具有良好的可控性和可观性。FPGA 子系统基于 Xilinx 公司的 Virtex5 系列 FPGA 芯片实现,FPGA 子系统配置为被测对象,模拟执行获取更接近真实的硬件运行信息,并可以根据用户的需求配置为不同功能,评估故障在真实硬件下对设计的影响,具有灵活性和可扩展性。通过 VPI(Verilog Procedural Interface)接口及 UART 通信接口完成控制子系统与 FPGA 子系统的交互,实现完整的系统模拟评估。故障注入模块可选择在软件模拟部分和硬件实现部

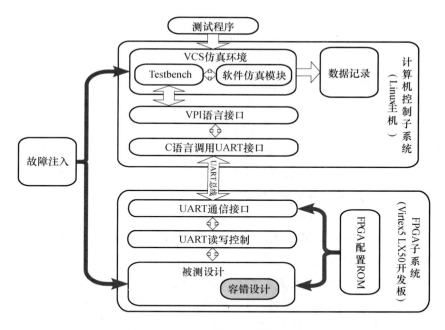

图 7 - 4 EDA 环境下的故障注入平台

分进行不同层次的故障注入,以进行可靠性设计评估。

7.4.2 基于计算机总线的故障注入平台

整个故障注入系统从功能上主要分为四大模块:总线数据截获模块、故障触发控制及注入模块、属性控制及通信模块、上位机参数注入及显示软件。这四部分的逻辑连接关系如图 7 - 5 所示。

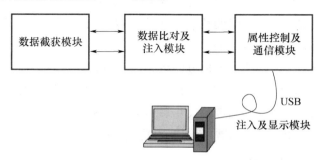

图 7 - 5 故障注入系统功能模划分

其中数据截获模块主要是把目标 CPU 总线上的信号引入到故障注入系统中,并把系统处理后的数据发送到总线上,它是连接故障注入系统和被注对象的纽带。系统中设置了 100 路信号接口,可以将被注对象的数据总线、地址总线和控制总线都引入到故障注入电路。针对 8 位、16 位处理器,可以根据需要引入部分信号即可。故障触发控制及注入模块是整个故障注入系统的核心,当监测到总线上的数据满足故障触发条件时就按照用户设置的故障模式向系统总线中注入故障,每次可向系统中注入一种类型的故障。属性控制及通信模块主要是解析上位机的软件信息,从中提取故障注入的条件、位置和注入类型等信息,传送给故障触发控制及注入模块,同时该模块还完成从故障注入系统中采集系统的运行状态信息,将其反馈到上位机,让故障注入软件显示故障注入前后数据变化的情况,方便用户判断此次注入是否达到预期的目标。

在系统设计中为了遵循 7.3 节中提到的评价准则,可以采取以下措施:

(1) 为了满足系统平台的通用性和可扩展性,可以通过调查不同型号采用的器件,制作不同的总线数据截获模块,在不同型号上进行故障注入时只需更换不同的数据截获模块即可;触发、注入控制及属性控制工作可由 FPGA 来实现,实现核心控制逻辑的完全可重配置。

(2) 通过移除或屏蔽被注对象中的部分器件,防止总线上信号的"撞车"现象,从而对被注系统上的器件起到保护作用;另外通过电源独立供给,采用有效的隔离等措施来进一步提高故障注入系统的安全性。

(3) 在 FPGA 的编码时,要求在故障注入系统上电后,使得整个故障注入电路处于输入状态,只有在 CPU 的控制作用下,故障注入系统才适当输出,这样就不会因为故障注入电路的错误输出损坏挂接在总线上的其他器件,提高系统上电工作的安全性。

(4) 故障注入电路中的数据方向控制信号应该通过电阻拉到一个确定的状态,保证在故障注入系统没有与被注对象连接时也能独立地进行调试工作,不会出现因总线方向的不确定而发生总线信号的振荡。

(5) 使用 USB 总线实现与上位机的通信,对于用户来说,使用起来将会非常方便,真正实现即插即用。

(6) 上位机故障注入软件是用户与故障注入系统交互的窗口,可用 Visual

C++实现一个友好的界面,用户可以方便地设置各种故障注入参数,并查看故障注入的结果,所有故障注入的数据自动存储在后台 Access 数据库中,方便以后的查询。

　　系统中 FPGA 和 USB 通信控制芯片是系统中的主要器件,也是系统中的核心。由于本故障注入对象中 CPU 功能复杂,信号线较多,为了全面控制总线上的信号,FPGA 需要有很多的 I/O 管脚和较大的容量,以便于后期平台的完善和扩展。在系统中,FPGA 采用 Xilinx 公司的 XC3S1000 - 456,该器件容量是 100 万门,有 456 个管脚,用户可用 I/O 达 333 个。USB 的控制芯片采用 Cypress 公司的 Cy7c68013A,该芯片支持 USB2.0 传输协议,内部集成一个 80C51 的 MCU 硬核,同时带有两个串口,可方便地进行调试。系统中数据的流向关系如图 7 - 6 所示。

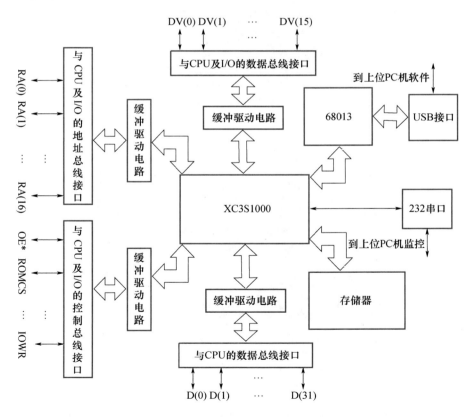

图 7 - 6　故障注入系统数据流向

⊿7.4.3 基于串列加速器的故障注入实例

试验使用两种芯片各 3 个样本,均开帽处理。共 3 块试验板,每个试验板上布有一片 FPGA 和 1553B 接口芯片,辐射源选择 5 种不同的粒子,5 种粒子轮流照射所有样片。开帽后的 FPGA 如图 7 - 7 所示,开帽后的 1553B 接口芯片如图 7 - 8 所示,试验系统如图 7 - 9 所示。

图 7 - 7 开帽后的 FPGA

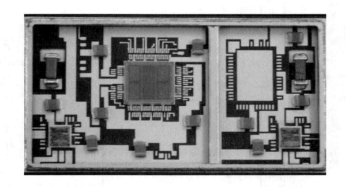

图 7 - 8 开帽后的 1553B 接口芯片

试验采用动态测试。辐射粒子束流直接喷射在开帽后的芯片内核上,每块样机上有 FPGA 和 1553B 接口芯片的样片,FPGA 芯片实现单片机8051 功能(使用 8032 兼容 IP 核实现),同时还配置生成了 4KB RAM。1553B

图 7 - 9 试验系统

接口芯片内部有两条互为备份的总线,先进行 1553B 接口芯片的单粒子效应试验,芯片内部有 3 块集成电路(1 块逻辑,2 块互为备份的收发器),试验时分别对这 3 个模块进行照射;然后进行 FPGA 芯片的单粒子试验,试验系统原理如图7 - 10所示。

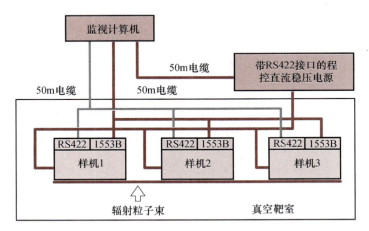

图 7 - 10 单粒子试验原理示意图

通过试验,得出 FPGA 和 1553B 接口芯片均对单粒子翻转效应比较敏感,LET 阈值不高,饱和截面高,在空间应用中需要采取加固措施的结论。

7.4.4 故障注入技术研究的发展方向

目前,故障注入在容错系统可靠性评测领域的作用越来越关键,它的研究工作也随着应用面的不断扩大而不断深入,故障注入技术的研究正在向以下几个方面发展:

(1)故障模型理论的研究:准确的故障模型能减少故障注入实验时间和实验开销,提高实验效率和评测结果的精确性。

(2)故障注入工具的研究:根据故障注入实现方式的不同,构造实用的注入工具,例如结合软硬件实现方法的优点,研制更为实用的故障注入工具。

(3)硬件实现的故障注入工具在速度、时间分辨率、触发注入条件、注入效果跟踪等方面的改进和提高。

(4)软件故障的注入方法的研究及其在评价软件系统可靠性和健壮性等方面的应用。

(5)软件实现的故障注入方法应用于分布式系统和网络设计中。

(6)将故障注入这种实验方法与分析模型及现场测量方法相结合,将故障注入技术与形式化方法相结合,将用于设计阶段的故障注入方法与用于评价阶段的故障注入方法相结合,将测评硬件的故障注入技术与测评软件的故障注入技术相结合。

(7)研究实验室中所注入的故障与真实环境中发生故障的异同之处。

(8)推广故障注入技术在故障传播、故障诊断方法等方面的应用。

第8章
智能容错技术

　　本章主要讨论以可进化硬件容错和人工免疫硬件容错为代表的智能容错技术,这些前沿容错技术,可为下一代航天器计算机的容错设计提供参考和借鉴。

▶ 8.1　可进化硬件容错

　　可进化硬件(EHW,Evolvable HardWare)容错是近年产生并发展起来的一种智能容错技术,其基本思路是在硬件发生故障时,利用进化的思想不断对硬件结构进行改变,以便屏蔽硬件中发生故障的部分,同时保持了整个硬件的原有功能,甚至在外界环境变化时,可以使硬件功能根据环境而发生改变,主动地适应环境。可进化硬件容错具有自修复、自适应的特性。

8.1.1　基本概念和原理

　　可进化硬件容错是利用进化思想实现硬件容错,这种概念产生于 20 世纪 90 年代,最初是 1992 年由日本的 Hugo de Garis 和瑞士联邦工学院的科学家同时提出的,而起源则可追溯到 1962 年 Holland 教授首次提出遗传算法的思想,随后 1975 年 Holland 教授在专著《自然界和人工系统的适应性》

("Adaptation in Natural and Artificial Systems")中全面介绍了遗传算法,他的成果为遗传算法及相关研究奠定了基础。20世纪70年代以来,硬件技术发展迅速,可编程器件出现并逐渐被广泛应用,这使得可进化硬件技术由理论走向实现。

可进化硬件狭义地说是指电子电路的自主重配置(Self-reconfiguration),比如使用进化算法和遗传算法的 FPGA 重配置机制;广义地讲就是指包括从传感器、天线到整个空间系统的硬件自主重配置,以适应外界环境的变化并能够提高系统在执行任务过程中的性能。可重配置可以看成是可进化硬件的雏形和初级阶段,而实际上可进化硬件狭义定义就是一种可重配置的硬件。可进化硬件的基本思想是采用进化算法(特别是遗传算法)对可编程器件的配置数据进行搜索,寻找满足电路预期功能的配置数据,其实现的简要流程如图8-1所示。可进化硬件容错则是利用上述过程实现硬件容错,由两个基本要素组成:①进化算法;②可编程器件。这两个基本要素将在 8.1.2 节和 8.1.3 节分别详细介绍。

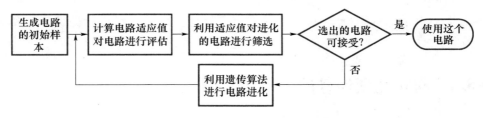

图 8-1 可进化硬件的实现流程示意图

早期的硬件电路在设计制作后,无论结构还是功能都无法改变,针对这种硬件特点多采用静态冗余的方式实现容错。出现可编程器件后,不同的配置可以实现不同的功能,但是由于这种配置的改变是在预先设定好的,无法自主改变,因此利用可重配置功能的容错策略也需要预先设定好。硬件进化的思想产生后,为容错技术开辟了新的领域,采用进化方法实现容错可以动态在线改变硬件功能,并实现硬件电路的自动适应环境和故障的自主修复,是一种智能的容错方法。

可进化硬件容错具有自组织、自适应、自修复的特性,可以根据环境的改变来动态改变其自身结构以获得和环境相适应的功能,这种容错技术不需要显式的冗余,本身固有容错的特性,具有以下特点:

（1）能够在硬件出现故障、老化、发生温度漂移以及受到辐射时维持已有的功能，并且能够在有些部件发生故障的情况下继续进化生成可工作系统。

（2）能够产生新的功能，使硬件自主适应环境，硬件故障时自动恢复，而不需要地面站发送配置指令和数据，从而避免由于通信时延长而不能及时对故障进行处理的问题。

（3）比传统的冗余节省体积、重量和功耗，这对于航天器，尤其是长时间自主运行的航天器有着重要的意义。

可进化硬件容错主要有两种实现方法：

（1）外部进化（Extrinsic Evolution）。这种方法首先建立器件结构的软件模型，然后用软件方法对硬件电路设计进行进化和评估，把最终的进化结果生成硬件电路。其进化过程由于采用软件模拟从而不受硬件平台的约束，但是其进化的结果受模型精确程度的影响。

（2）内部进化（Intrinsic Evolution）。这种方法是直接在硬件电路上进行进化计算，并利用器件动态在线可重配置的特性实时下载配置数据，并在线对其进行评估。这种方法的优势是不需要外加软件平台，而且进化速度快、实时性好。

上述两种实现方法如图8-2所示。这两种方法中，首先随机生成初始种群的个体染色体；随后在外部进化中把染色体映射到电路模型，在内部进化中

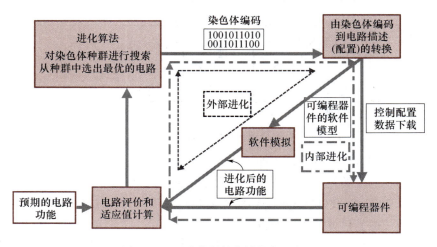

图8-2　可进化硬件容错的实现方法

把染色体映射到可编程器件的下载位流;以目标响应为标准对电路响应作比较,并依据个体对目标响应的符合程度对个体加权;根据个体的权值(也就是适应值)进行进化,重复这个过程直到电路的输出符合目标响应。

可进化硬件容错是将可编程器件的配置位流当作进化算法中的染色体,通过进化算法对染色体进行进化,自动地发现符合要求的硬件电路设计。可编程器件不同的电路功能需要不同的配置位流,但不同的配置位流对应的电路功能却有可能相同。当故障发生时,利用可编程器件的空余资源通过进化可以找到实现相同功能而和故障前不同的配置位流,从而实现容错。可进化硬件容错也遵循了容错的基本原理,即以冗余的方式构造高可靠性系统,但这种冗余是一种动态冗余,比起传统的静态冗余有更高的资源利用率和灵活性,此外这种技术利用进化算法实现的硬件容错具有智能的特性。

图 8 - 3 表明了可进化硬件容错在可编程逻辑器件上实现容错的过程,图中左半部"进化前"和右半部"进化后"的功能相同,配置位流不同。设进化前电路原有的功能和配置如图 8 - 3 左半部所示,当有故障发生时,利用进化算法重新对配置位流进行搜索,一旦进化结果出现图 8 - 3 中右半部配置时,则停止进化,并对 PLD 进行重新配置,实现了容错。

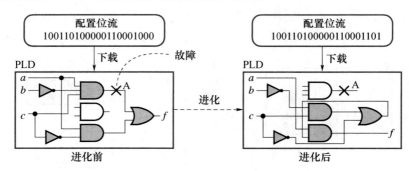

图 8 - 3 在可编程逻辑器件上的进化容错过程示意图

上述实现容错的流程描述如下:

(1)把器件的配置位流看作染色体,实现对问题解的编码。例如初始配置位流是 0000 0000 0000 0000 0000 0 和 1111 1111 1111 1111 1111 1,这也是编码后形成的染色体位串。种群数为 2。

(2)采用遗传算法,通过选择、变异、交叉产生下一代染色体,即产生新的配置位流。例如设采用选择、交叉和变异算子,产生下一代配置位流的情况如下：

①选择 0000 0000 0000 0000 0000 0 和 1111 1111 1111 1111 1111 1 到下一代。

②变异 1111 1111 1111 1111 1111 1 为 1111 1111 1111 1111 1110 1。

③没有交叉发生。

（3）把配置位流下载到器件中，利用适应值函数进行评价，看是否达到预期功能。

（4）如果达到预期功能，则停止进化；否则跳转到（2），产生下一代染色体（即配置位流）。

例如，此时（2）产生的配置位流不满足预期功能，则跳转到（2）继续进化，产生下一代染色体。设进化了 N 代后，配置位流中有 1001 1010 0000 1100 0100 0，则满足电路预期功能，停止进化，其逻辑功能和配置位流如图 8-3 左半部分"进化前"所示。

（5）当有故障发生，则对器件的配置位流重新进化，并重新评价。器件中不同的配置位流可能具有相同的功能，因此不使用发生故障的单元而实现相同的预期功能是可能的。如果进化后的配置位流实现预期功能则停止进化，这样实现了容错。如果进化了最大代数后仍然不能实现预期功能，则容错失败。此时发生的故障是不能容忍的。

例如对原有的正确染色体（即配置位流）1001 1010 0000 1100 0100 0 进化，当下一代染色体出现 1001 1010 0000 1100 0110 1 时，则满足预期功能，停止进化，其逻辑功能和配置位流如图 8-3 右半部分"进化后"所示。这样通过进化算法的智能搜索，用不同的配置位流实现了相同的逻辑功能，实现了对故障的屏蔽。

8.1.2　进化算法

进化算法是可进化硬件容错的两个要素之一，也是实现智能性和适应性的关键所在，其思想来源于自然界中普遍存在的进化现象。生物为了适应新的环境，逐代地把适应环境的个体保留下来，把不适应环境的个体淘汰掉，生成的新个体可能继承上一代多个个体的性状，还可能具备以前个体没有的特征。

生物进化过程的发生需要四个基本条件:①存在多个生物个体组成的种群;②生物个体之间存在着差异,或种群具有多样性;③生物能够自我繁殖;④不同个体具有不同的环境生存能力,具有优良基因结构的个体繁殖能力强,反之则弱。生物种群的进化机制分为三种基本形式:自然选择、杂交和突变。生物进化的本质体现在染色体的改变和改进上,生物体自身形态的变化是染色体结构变化的表现形式。基因组合的特异性决定了生物体的多样性,基因结构的稳定性保证了生物物种的稳定性,基因的杂交和变异使生物进化成为可能。基于这种生物进化的规律,科学家提出进化算法。

迄今为止,用于可进化硬件容错技术的进化算法主要有三个分支:遗传算法(GA,Genetic Algorithm)与遗传程序设计/遗传规划(GP,Genetic Programming)、进化规划(EP,Evolutionary Programming)、进化策略(ES,Evolutionary Strategies)。20 世纪 60 年代初期,柏林工业大学的 Ingo Rechenberg 和 H. P. Schwefel 等在进行风洞实验时,由于设计中描述物体性状的参数难以用传统方法进行优化,因而利用生物变异的思想来随机改变参数值,并获得了较好的结果。随后,他们对这种方法进行了深入的研究,形成了进化计算的一个分支,即进化策略(ES)。20 世纪 60 年代,Lawrence J. Fogel 等人在设计有限状态自动机(FSM,Finite State Machine)时提出了进化规划(EP),他们借用进化思想对一组 FSM 进行进化,获得了较好的结果。20 世纪 60 年代,John Holland 认识到生物的遗传和自然进化现象与人工自适应系统的相似关系,提出在研究和设计人工自适应系统时可以借鉴生物的遗传机制,以群体的方式进行自适应搜索,并于 1975 年出版了开创性的专著《自然界和人工系统的适应性》。1992 年,Koza 将遗传算法应用于计算机程序的优化设计及自动生成,提出了遗传程序设计(GP)的概念,现已成为遗传算法的一个重要分支。

近年来,国际上不断把新的进化算法用于可进化硬件容错技术,主要有粒子群算法(PSO,Particle Swarm Optimization)和蚁群算法(ACO,Ant Colony Optimization)。此外,也有把多种算法相结合的算法应用,例如量子进化(Quantum Evolution)和粒子群算法相结合的 QEPSO 算法。

上述算法各有优劣,都有实际的应用,例如英国的 Tyrrell 就采用进化策略进行可进化硬件容错的相关研究,美国的 Koza 主要采用遗传算法的分支遗传程序设计。在这些进化算法中,遗传算法是被采用最多、最广泛的算法,因此本书重点介绍遗传算法的相关内容。在介绍遗传算法理论之前,首先对算法中用到的术语进行解释。

（1）染色体（Chromosome）:用于表示实际问题的描述结构或参数的编码串结构,表明个体的特征。

（2）个体（Individual）:遗传算法所处理的基本对象、结构,是染色体的实体。

（3）群体/种群（Population）:个体的集合。

（4）基因（Gene）:染色体串结构中的元素,表示不同的特征。

（5）基因位（Locus）:某一基因在染色体中的位置。

（6）适应值（Fitness）:某一个体对于环境的适应程度,或者在环境压力下的生存能力,取决于遗传特征。

（7）基因型（Genotype）:用基因定义的遗传特征和表现,对应于遗传算法中的染色体串结构。

（8）表现型（Phenotype）:基因型在特定环境下的表现特征,对应于遗传算法中染色体串结构解码后的参数。

（9）选择/复制（Selection/Reproduction）:在有限资源空间上的排他性竞争。

（10）交叉/重组（Crossover/Recombination）:一组染色体上对应基因段的交换。

（11）变异（Mutation）:染色体水平上的基因变化。

遗传算法是一种基于自然选择和遗传变异等生物进化机制的全局性概率搜索算法,其基本思想是:首先对问题的解集合进行取样,形成一个解集合的样本（即种群）,这个初始的样本集合中的元素不一定是问题的解;然后对问题的每一个解（即个体）进行编码形成串结构,这个串结构称为染色体;最后设定一个目标函数作为适应值函数,用于对染色体集合进行评估,如果满足预定评估条件则算法结束,否则对全体染色体进行进化形成下一代再进行评估。其中,进化就是对种群实施选择、交叉和变异这三种遗传操作。

与传统的搜索算法和优化算法相同,遗传算法在形式上也是一种迭代方法,但是遗传算法也具有自身的特点:

（1）算法不是直接作用在问题变量集上,而是利用问题变量集的某种编码,摆脱原问题的变量集,具有广泛的适应性。

（2）不需要求导或其他辅助知识,只需要影响搜索方向的目标函数和相应的适应值函数。

（3）算法的搜索是从问题解的编码集合开始搜索,而不是从单个解开始,因此陷入一个局部最小的可能性明显减小。

（4）算法使用的选择、交叉和变异三个算子都是随机操作,而不是确定的规则。

（5）遗传算法利用概率转移规则,而非确定性规则,具有良好的可扩展性。

（6）自组织、自适应和自学习性,即智能性。

（7）具有本质的并行性。

此外,遗传算法对于给定问题可以产生多个潜在的解,这些解的选择由使用者确定,而且算法形式简单、鲁棒性强。遗传算法的这些特点使其在实际应用中比较简便,适用性强,效果好,得到了较为广泛的应用,成为进化算法中最具代表性的算法。

遗传算法自从被提出以来,根据实际应用环境的不同产生了很多不同的具体算法。遗传算法中最基本的是标准/简单遗传算法（SGA,Standard/Simple Genetic Algorithm）,在标准遗传算法的基础上采用保留最佳个体策略形成保留最佳个体的遗传算法（EGA,Elitist Genetic Algorithm）,这两种算法是最常用的遗传算法。此外还有其他改进算法,例如分层遗传算法、CHC 算法、混合遗传算法、并行遗传算法、自适应遗传算法等。

遗传算法必须完成的工作内容和基本步骤是:

（1）选择编码策略,把目标问题的参数集合 X 转换为染色体串结构空间 S。遗传算法求解问题不是直接作用在问题的解空间上,而是利用解的某种编码表示,选择何种编码有时将对算法的性能、效率等产生很大的影响。

（2）定义适应值函数 $f(X)$。适应值是对解的一种度量,它表示解对进化目标的接近程度。适应值函数一般以目标函数的形式来表示,解的适应值是算法中进行选择的唯一依据。

（3）确定遗传策略,包括确定种群大小 n,确定选择、交叉、变异算子,以及确定交叉概率 p_c、变异概率 p_m 等遗传参数。不同的选择策略对算法的性能有较大的影响。

（4）生成初始的种群 P，一般随机生成。

（5）计算种群中个体染色体串结构解码后的适应值 $f(X)$。

（6）按照遗传策略，运用选择、交叉和变异算子作用于种群，形成下一代种群。

（7）判断种群性能是否满足某一指标，或者已完成预定迭代次数，不满足则返回步骤（6），或者修改遗传策略再返回步骤（6）。

基本遗传算法的流程如图 8-4 所示。

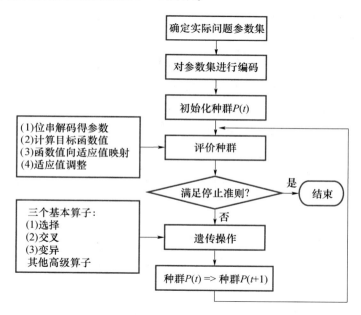

图 8-4　基本遗传算法的流程

遗传算法的实现涉及五个方面，这也是算法的五个要素：编码、初始种群的设定、适应值函数的设计、遗传操作（或称遗传算子）的设计和控制参数的设定。其中，初始种群一般可以随机产生；控制参数一般根据经验值设定；而编码、适应值函数的设计和遗传操作的设计是遗传算法的三要要素，下面分别进行介绍。

8.1.2.1　编码的方法

生物进化的本质体现在染色体的改变和改进上，生物体自身形态的变化是染色体结构变化的表现形式。在遗传算法中,染色体就是对实际问题的算法描述,染色体通常表现为串结构,一个染色体表明一个个体的特征,是遗传算法实施的对象。

由问题空间向遗传算法编码空间的映射称作编码(Encoding),而由编码空间向问题空间的映射称作译码(Decoding)。编码是建立实际问题描述和遗传算法染色体串结构之间的映射关系,而译码则是把染色体串结构还原成实际问题描述。实际问题描述和遗传算法染色体串结构之间的映射关系称为表现型和基因型之间的映射。

遗传算法有多种编码方式,应视不同问题采用不同的编码方式。常用的编码方式有:

(1)二进制编码:这是遗传算法最常用的编码方式,即把问题空间的参数映射成由集合{0,1}中字符构成的染色体串结构,集合{0,1}中的字符根据不同问题可有不同的解释。

(2)大字符集编码:这种编码中染色体的每个码字来自于多个字符组成的字符集,一般字符集选用 N 进制数中的字符。例如:基于十六进制字符集的染色体串结构 $a = a_1 a_2 \cdots a_i \cdots a_N$,其中 $a_i \in \{1, 2, \cdots, 9, A, \cdots, F\}$, $i = 1, 2, \cdots, N$。

(3)实数编码:用实数构成染色体串结构。实数编码具有精度高、便于大规模搜索的特点。

(4)序列编码:用遗传算法求解排序等与序列有关的问题时,染色体的每个码字取自序列集合。这种编码针对性强,对于与序列有关的问题更为自然、合理。

除了上述四种常用编码,还有树编码、自适应编码和乱序编码等多种编码方式。此外,对于具体的实际问题也可以采用具体的编码方法。

遗传算法由于本身鲁棒性较强,对于编码的要求并不苛刻,但是对于问题的编码一般需要满足 3 个原则:

(1)完备性(Completeness),即问题空间中的所有点(可行解)都能成为编码空间中的点(染色体串结构)的表现型。

(2)健全性(Soundness),即编码空间中的染色体串结构必须对应问题空间中的某一潜在解。

(3)非冗余性(Non-redundancy),即染色体和潜在解必须一一对应。

对于可进化硬件容错技术,可编程器件的配置数据一般用二进制表示,因此通常直接采用二进制编码产生染色体。

8.1.2.2　适应值函数的设计

遗传算法将问题空间表示为染色体串结构空间,为了体现适者生存的原则,必须对个体的适应性进行评价。适应值函数就构成了个体的生存环境,根据个体的适应值决定其在此环境下的生存能力,好的染色体串结构具有比较高的适应值,可以获得较高的评价,具有较强的生存能力。

为了便于评价,适应值一般非负,且越大表示个体越优秀。若用 S^L 表示染色体串结构空间,R^+ 表示非负实数集合,则 S^L 上的适应值函数可以表示为

$$f(\cdot):S^L \rightarrow R^+$$

设目标函数为 $g(x)$,对于给定优化问题 $\mathrm{opt}g(x)(x \in [u,v])$,由于目标函数有正有负,还可能是复数,所以需要建立适应值函数和目标函数之间的映射关系,使得适应函数非负,且适应函数的增加方向和目标函数的优化方向相同。建立映射 $T:g \rightarrow f$,使得对于最优解 x^*,$\max f(x^*) = \mathrm{opt}g(x^*)(x^* \in [u,v])$:

(1) 对于最小值问题,可以建立如下适应值函数 $f(x)$ 和目标函数 $g(x)$ 的映射关系:

$$f(x) = \begin{cases} c_{\max} - g(x) & (g(x) < c_{\max}) \\ 0 & (其他) \end{cases}$$

其中,$c_{\max}$ 可以是一个输入值或是理论上的最大值,也可以是到当前所有代中或者最近 K 代中 $g(x)$ 的最大值(此时,$c_{\max}$ 随着代数发生变化)。

(2) 对于最大值问题,一般建立如下适应值函数 $f(x)$ 和目标函数 $g(x)$ 的映射关系:

$$f(x) = \begin{cases} g(x) - c_{\min} & (g(x) < c_{\min} > 0) \\ 0 & (其他) \end{cases}$$

其中,$c_{\min}$ 可以是一个输入值,也可以是到当前所有代中或者最近 K 代中 $g(x)$ 的最小值。

在实际应用中,可以根据具体问题设计不同的适应值函数,但一般来说应该满足:①单值、连续、非负、最大化;②合理、一致性;③计算量小。

8.1.2.3　遗传算子

遗传算法的算子也称为遗传算法的基本操作,一般主要有三种:①选择

（Selection）或称复制（Reproduction）；②交叉（Crossover）或称重组（Recombination）；③变异（Mutation）。

除了这三种算子，还有其他一些算子，例如逆转算子（Inversion），但是在一般应用中这三种算子就足够了。

1. 选择

选择是从当前种群中以一定策略选出适应值高的个体，进行下一步遗传操作或产生下一代。选择需要三步完成：

（1）第一步：计算个体的适应值。适应值是选择操作的依据，在选择操作之前必须计算种群中所有个体的适应值。

（2）第二步：确定个体概率的分配方法，即规定每个个体被选中的概率。分配方法有两种：

① 按比例的适应值分配（Proportional Fitness Assignment），又称为蒙特卡罗法：这种方法是利用和个体适应值成比例的概率决定其被选择到下一代中的可能性。设种群数为 N，个体 i 的适应值为 F_i，则其被选取的概率表示为

$$P_i = \frac{F_i}{\sum_{i=1}^{N} F_i}$$

按照这种分配方法，适应值高的个体被选中的概率大，它就会以更大的概率被复制到下一代中，因此它的遗传基因也得到了相应程度的保留。按比例的适应值分配是一种比较常用的方法。

② 基于排序的适应值分配（Rank-based Fitness Assignment）：这种方法把种群按照目标值排序，适应值仅仅取决于个体在种群中的位序，而不是实际的目标值。Michalewicz 提出一种线性排序的选择概率计算公式：$P_i = c(1 - c)^{i-1}$，其中 i 为个体排序的序号，c 为排序第一的个体的选择概率。

（3）第三步：选择操作，即根据个体的概率分配，采用一定随机方法对个体进行选择。选择操作方法有很多种，以下列举了常用的几种：

① 轮盘赌选择法（Roulette Wheel Selection）：为了生成下一代，需要进行多轮选择。该方法首先在区间 $[0,1]$ 的数轴或圆盘上按照分配好的个体概率划分每个个体的子区间。设有 N 个个体，则子区间 1 为 $[0, P_1]$，子区间 2 为 $[P_1, P_1 + P_2]$，……，子区间 N 为 $[P_{N-1}, 1]$。随后在每一轮选择中产生一个在区间 $[0,1]$ 上均匀的随机数，将该随机数作为选择指针来确定被选的个体，设

产生的随机数为 x,若 $x \in$ 子区间 i,则选择个体 i 到下一代。由于这种方法一般基于按比例分配的适应值,所以又称为适应值比例选择法,有的文献中也把按比例的适应值分配和轮盘赌选择法合并称为轮盘赌选择法。轮盘赌选择法是一种最简单、最常用的选择方法,但也有不足之处,该方法不能保证适应值最高的个体一定被选中而进入下一代种群,只是适应值最高的个体被选择进入下一代的可能性比别的个体大。

② 精英选择法(Elitist Selection):为了克服轮盘赌选择法中,适应值最高的个体不能选进下一代的缺点,产生了精英选择法。该方法在产生下一代时,比较当前代和下一代最佳个体的适应值,如果下一代的最佳个体适应值小于当前代最佳个体的适应值,则将当前代最佳个体或者适应值大于下一代最佳个体适应值的多个个体直接复制到下一代,随机替代或者替代最差的下一代中的相应数量的个体。从遗传算法的选择策略来讲,这种保留最佳个体的选择策略是算法收敛到优化问题最优解的基本保障。采用这种策略的遗传算法称为保留最佳个体的遗传算法。

③ 锦标赛选择法(Tournament Selection):这种方法的基本思想是从当前种群中随机地选择一定数量的个体(放回或者不放回),将其中适应值最大的个体选进下一代,重复这个过程直到下一代个体数量达到种群的规模。该方法的选择参数是竞赛规模,即每次随机选择的个体数量,用 q 表示。根据大量实验总结,参数 q 一般取2。

2. 交叉

交叉是模仿自然界有性生殖基因重组过程,把两个双亲染色体的部分结构加以交换重组而生成新个体的操作。交叉是遗传算法获取新的优秀个体的重要手段。交叉一般有以下方法:

(1) 单点交叉(One-point Crossover):这是 Holland 提出的最基础的一种交叉方式。设有两个染色体串结构 $s_1 = a_{11}a_{12}\cdots a_{1L}$ 和 $s_2 = a_{21}a_{22}\cdots a_{2L}$,随机产生交叉位置 $x \in [1, L-1]$,则两个染色体串结构在位置 x 之前进行交换,形成两个新的染色体串结构 $s_1' = a_{11}a_{12}\cdots a_{1,x-1}a_{2,x}\cdots a_{2L}$ 和 $s_2' = a_{21}a_{22}\cdots a_{2,x-1}a_{1,x}\cdots a_{1L}$,对于 $x = 1$ 有 $s_1' = a_{21}a_{22}\cdots a_{2L}$ 和 $s_2' = a_{11}a_{12}\cdots a_{1L}$。单点交叉破坏个体性状和降低个体适应值的可能性最小,但是在种群规模较小时,其搜索能力受到一定的影响。

（2）多点交叉(Multi-point Crossover)：这种方法在染色体串结构中随机产生多个交叉点，然后进行基因交换，其具体操作过程与单点交叉类似。图 8-5 以两点交叉(Two-point Crossover)为例说明了操作的过程。多点交叉能够增加交换的信息量，产生更加多样化的个体，但它有可能破坏一些好的模式。事实上，随着交叉点数的增多，染色体的结构被破坏的可能性也逐渐增大，这样就很难有效地保存较好的模式，从而影响遗传算法的性能。因此，在多点交叉中一般只是采用两点交叉，而更多交叉点的则不常使用。

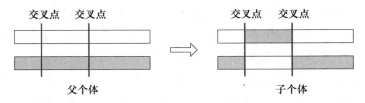

图 8-5　两点交叉的过程

（3）一致交叉(Uniform Crossover)，又称均匀交叉：这种方法把染色体串结构上的每一位按照相同的概率进行随机均匀交叉。设两个染色体串结构 $s_1 = a_{11}a_{12}\cdots a_{1L}$ 和 $s_2 = a_{21}a_{22}\cdots a_{2L}$，通过一致交叉生成的新的染色体为 $s_1' = a_{11}' a_{12}'\cdots a_{1L}'$ 和 $s_2' = a_{21}'a_{22}'\cdots a_{2L}'$，其中

$$a_{1i} = \begin{cases} a_{1i} & (x > 1/2) \\ a_{2i} & (x \leq 1/2) \end{cases}, a_{2i} = \begin{cases} a_{2i} & (x > 1/2) \\ a_{1i} & (x \leq 1/2) \end{cases}$$

式中：x 是区间 $[0,1]$ 上符合均匀分布的随机变量。

3. 变异

变异是模仿自然界生物进化过程中染色体上某些基因发生突变的现象，从而改变染色体的结构。在遗传算法中，变异操作是指染色体串结构中的基因按照变异概率 p_m 发生随机改变。设 N 是种群的大小，L 是染色体编码的长度，对于 EHW 研究中常用的二进制染色体编码 $s_i = b_{i1}b_{i2}\cdots b_{iL}$ ($i=1,2,\cdots,N$)，变异操作后生成的新染色体为 $s_i' = b_{i1}'b_{i2}'\cdots b_{iL}'$ ($i=1,2,\cdots,N$)，其中

$$b_{ij} = \begin{cases} 1 - b_{ij} & (x \leq p_m) \\ b_{ij} & (x_{ij} > p_m) \end{cases}$$

式中：x_{ij} 是在区间 $[0,1]$ 上符合均匀分布的随机变量，决定染色体 i 的基因 j 是否产生变异。

虽然变异可以产生新的优秀个体,但是变异率过大容易造成算法的振荡,不易收敛,因此变异率 p_m 一般取较小的值。这样实际上染色体的每个基因变异的概率很小,如果对每个基因都分别计算是否变异效率很低,可以分两个步骤实现变异操作:

(1) 第一步:计算每一个体染色体是否进行变异操作。设染色体变异的概率为 $p_m^{(S)}$,则 $p_m^{(S)} = 1 - (1 - p_m)^L$。设 x 是在 $[0,1]$ 上符合均匀分布的随机变量,若 $x \le p_m^{(S)}$,则对该染色体进行变异操作,转第二步;否则结束。

(2) 第二步:计算个体染色体上基因变异的概率。由于变异操作的具体方法发生了变化,个体染色体上基因变异的概率也应该做相应的调整。设新的基因变异率为 p_m',则传统变异操作的变异次数的数学期望是 $N \times L \times p_m$,新变异操作的变异次数的数学期望是 $(N \times p_m^{(S)}) \times (L \times p_m')$,两种操作的数学期望应相等,即 $N \times L \times p_m = (N \times p_m^{(S)}) \times (L \times p_m')$,得

$$p_m' = \frac{p_m}{p_m^{(S)}} = \frac{P_m}{1 - (1 - P_m)^L}$$

8.1.2.4　遗传算法的收敛性

对于常用的两种遗传算法,即基本遗传算法(SGA)和保留最佳个体的遗传算法(EGA),其收敛性结论是:

(1) 基本遗传算法收敛于最优解的概率小于1。也就是说基本遗传算法并不能保证全局收敛。但是在一定条件的约束下,基本遗传算法能以概率1收敛于全局最优解。

(2) 对基本遗传算法加以改进,使用保留最佳个体策略(Elitist Strategies)的算法 EGA 收敛于最优解的概率等于1。

值得说明的是,基本遗传算法不能保证全局收敛,并不是说明该算法一定不收敛。在实际应用中,很多问题的求解都可以用这种简便的遗传算法实现。

8.1.3　可编程器件

可编程器件是可进化硬件容错的两个要素之一,是进化过程的评价手段和进化后的硬件载体,同时也是容错实施的对象,对于可进化硬件容错技术至关重要。

在可编程器件出现之前,硬件电路在设计制作后其结构无法在线改变;可

编程器件的出现使得硬件电路设计可以通过不同的配置实现不同的功能,而在线可重配置的 FPGA 可以实现硬件电路动态在线改变。可进化硬件容错技术就是随着可编程器件的出现才由理论逐渐付诸实现的。

可编程器件包含的范围很广,只读存储器(ROM)、可编程阵列逻辑(Programmable Array Logic,PAL)和通用阵列逻辑(General Array Logic,GAL)都属于可编程逻辑器件,它们内部主要由"与"阵列和"或"阵列构成的,是简单的可编程逻辑器件。FPGA 是复杂的可编程逻辑器件,其内部主要由可配置逻辑块(CLB)组成的阵列构成。早期在可进化硬件容错技术中采用了可编程阵列逻辑、通用阵列逻辑。目前,用得最多的有三种可编程器件:现场可编程模拟阵列(FPAA)、现场可编程门阵列(FPGA)和现场可编程晶体管阵列(FPTA)。FPAA 用于实现模拟电路的进化;FPGA 可用于实现数字电路的进化,是一种"粗颗粒"的可编程器件,其电路的单元是可配置逻辑块(CLB);FPTA 既可用于实现数字电路的进化,又可用于实现模拟电路的进化,是一种"细颗粒"的可编程器件。

采用上述可编程器件,需要了解器件详细的内部结构,针对不同厂家的器件采用的具体方法都不相同,因此对具体器件的依赖性较强。此外,由于进化的级别是器件底层的门级电路,进化电路的规模也较小。为了解决这些问题,提出了虚拟可重配置电路(Virtual Reconfigurable Circuit,VRC),这种电路准确地说已经不是一种实际的器件,一般称为可编程结构。基于 VRC 的进化是近年来硬件进化相关研究的主要方法,VRC 模仿 FPGA 的结构特点,由基本逻辑单元组成阵列结构,并在具体的可编程器件(例如 FPGA)之上形成一个虚拟的可重配置硬件层,其主要特点是不依赖具体器件、结构灵活、基本单元可实现复杂逻辑功能、可获取配置数据格式等,可以实现较大规模电路的进化,非常适合可进化硬件容错技术。

下面对可进化硬件容错技术中采用的各种可编程器件和可编程结构进行详细介绍。

8.1.3.1　只读存储器 ROM

ROM 主要由地址译码器和存储单元体组成。存储单元体是一个二维的存储矩阵,行是地址译码器的输出(即地址),称为字线;列是存储单元体存储的二进制信息,称为位线。地址译码器根据输入地址选择某条输出字线,由它再去驱动该字线的各位线,从而读出字线上的存储单元中的数据。图 8-6 是以熔丝为存储单元的 8×4 ROM 的原理图,其中保留熔丝表示存入的数据是"0",熔断熔丝表示存入的数据是"1",这种 ROM 称为可编程只读存储器(PROM),信息一次写入后就不能更改了。

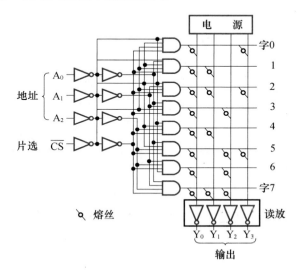

图 8-6　ROM 的结构

　　ROM 一般用来存储数据/程序,并不被看作可编程逻辑器件,但就其内部结构来讲是一种可编程逻辑器件。ROM 的地址译码器是"与"门的组合,它的输出是全部地址输入的最小项。存储单元体实际上是"或"门的组合,ROM 的输出数即"或"门的个数。译码器的每个最小项都可能是"或"门的输入,但最小项能否成为"或"门的输入取决于存储单元中的信息,存储单元体可看成一个"或"阵列。因此,ROM 的结构由一个"与"门阵列和一个"或"门阵列组成,其中"与"阵列是固定的,形成全部最小项,而"或"门阵列由用户设置,是可编程的。

　　ROM 一般有熔丝工艺结构的 ROM/PROM,器件的这种工艺特征使其配置数据只能一次写入,写入后不能更改,这决定其只能适用于外部进化。

8.1.3.2　可编程阵列逻辑 PAL 和通用阵列逻辑 GAL

1. PAL 器件及其结构

　　PAL 是 20 世纪 70 年代后期由美国单片存储器(Monolithic Memories Inc,MMI)公司推出的可编程器件。PAL 沿用了该公司生产的 PROM 器件中采用的熔丝和双极性工艺。PAL 采用可编程"与"门阵列和固定连接"或"门阵列的基本结构,如图 8-7 所示,特点是"与"阵列可编程,"或"阵列不可编程。还有其他类型的 PAL,结构更为复杂,功能和使用的灵活性也都有所提高,但基本结构都是建立在基本结构基础上的。

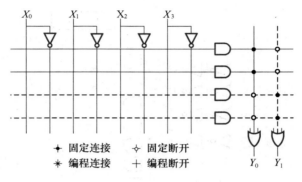

图 8-7　PAL 的基本结构

PAL 内部采用熔丝连接工艺,靠熔断熔丝达到编程目的,熔丝未熔断表示交叉点的连接是接通的,表示为"编程连接";熔丝熔断表示交叉点的连接是断开的,表示为"编程断开",这种 PAL 器件一旦被编程就不能改写,因此也只适用于外部进化。

2. GAL 器件及其结构

GAL 的结构更为复杂,由"与""或"阵列加上逻辑宏单元(OLMC,Output Logic Macro Cell)组成,提供更为灵活的可编程 I/O 结构,其基本的内部结构仍然是"与""或"阵列。GAL 按结构可分成两类:一类是"与"阵列可编程,"或"阵列不可编程;另一类是"与"阵列和"或"阵列都可以编程。GAL 采用 E2CMOS 工艺,数秒内即可完成芯片的擦除和编程过程,是一种可用电擦除可重复编程的高速 PLD。

PAL 器件只能编程一次的特性使得其只适用于外部进化研究;GAL 器件虽然可多次编程,但编程速度慢,编程次数有限,这种器件一般也适用于外部进化。

8.1.3.3　现场可编程门阵列 FPGA

自从 1985 年 Xilinx 公司推出世界上第一款 FPGA,其他公司也相继推出各自的 FPGA 产品,发展异常迅速。目前,世界上 FPGA 的生产厂商主要有

Xilinx、Actel、Altera、Atmel、Lattice 等。

　　FPGA 按照内部工艺主要分成基于反熔丝（Anti-fuse）和基于 SRAM（SRAM-based）两类。基于反熔丝的 FPGA 配置一次烧录后就不能更改。SRAM 型 FPGA 片内带有存储配置数据的 SRAM，可以动态在线对 SRAM 中的配置数据进行更新，从而实现电路功能动态在线改变。EHW 的内部进化方法就是利用 SRAM 型 FPGA 的这种动态在线可重配置的特性才得以实现的。

　　FPGA 的生产厂商很多，不同厂商的 FPGA 在结构上的特点不尽相同，但基本的组成结构是相同的。FPGA 从内部逻辑块的构造上分有三种结构：查找表型、多路开关型和多级"与""或"门型。Xilinx 公司的 FPGA 种类多，功能强大，同时也是国外进行 EHW 研究中选用最多的器件。现以 Xilinx 公司的查找表型器件为例介绍 FPGA 的内部结构。

　　FPGA 通常由可编程的布线资源围绕的可编程逻辑单元（CLB）构成阵列，又由可编程的 I/O 单元（IOB，Input/Output Blocks）围绕阵列构成整个芯片。FPGA 片内每个 CLB 由两个 Slice 和一个 CLB 布线资源（CLB Routing Resources）组成。Xilinx 公司标准的 FPGA 内部结构如图 8 - 8 所示，这是一个多层的阵列结构，FPGA 通过修改内部连线的布线结构以及 CLB 的功能来实现编程。

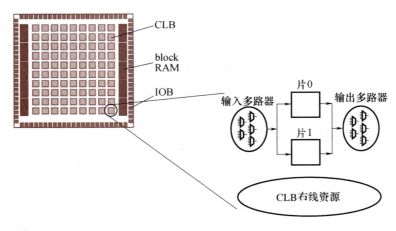

图 8 - 8　Xilinx 公司 FPGA 的内部结构

　　Virtex 系列 FPGA 的一个 CLB 的内部结构框图如图 8 - 9 所示。组成 CLB 的每个 Slice 都是由两个查找表（Look-Up Table，LUT）、两个寄存器以及外围的

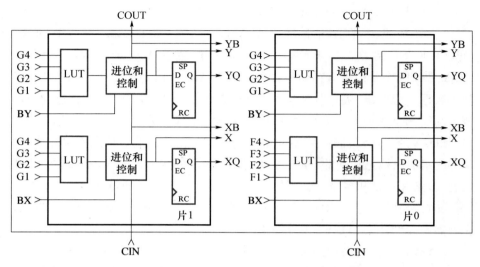

图 8 – 9　Virtex 系列 FPGA 包含两个 Slice 的 CLB 结构框图

多路器等逻辑电路组成,能够灵活地实现各种组合和时序逻辑。每个 Slice 的输入通过布线资源控制,布线资源还可通过若干单线和相邻的 CLB 连接。

一个 Slice 中更为详细的内部结构如图 8 – 10 所示。每个查找表是 4 输入和 1 输出,实质上是用 RAM 实现,因此查找表还可以作为 16×1 bit 的同步 RAM。从图中可看出,多路器 F5 不但可以对 Slice 中的两个查找表选择输出,还可以实现任意 5 输入 1 输出的组合逻辑功能,还可以实现某些 9 输入的组合逻辑功能。这种灵活性的结构为可进化硬件容错的实现提供了硬件基础。

上述几种可编程逻辑器件的基本内部结构、制造工艺特征,以及适用的进化方法总结如表 8 – 1 所列。

8.1.3.4　虚拟可重配置电路

虚拟可重配置电路(VRC)的基本结构由功能单元组成,功能单元能够实现简单的组合逻辑,并包含触发器用于实现时序逻辑,其功能和 FPGA 中 CLB 类似。功能单元阵列按分层,两层之间的功能单元可以任意连接,层和层之间还可以连接,连接关系由二进制开关控制通断,这种功能单元之间的连接关系实质上形成了网状连接关系,如图 8 – 11 所示。VRC 的对外功能通过配置数据来实现,不同的配置数据对应不同的 VRC 功能,配置数据不仅包括决定功能单元功能的配置数据,还包括决定功能单元连接关系的配置数据。

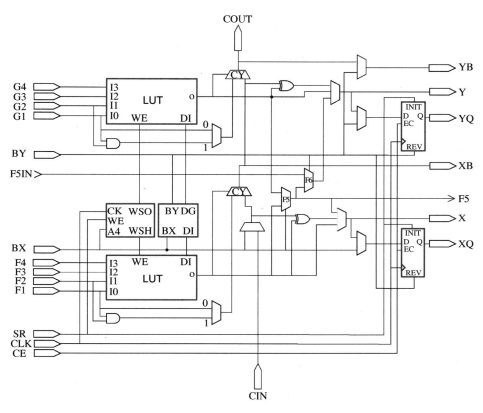

图 8 - 10 Virtex 系列 FPGA 一个 Slice 的内部结构

表 8 - 1 可编程逻辑器件的基本结构、制造工艺及适合的进化方法

	基本结构的特征	制造工艺特征	适合的进化方法
PROM	"与""或"阵列结构,"与"阵列不可编程,"或"阵列可编程	熔丝工艺,只能一次编程	适合外部进化
PAL	"与""或"阵列结构,"与"阵列可编程,"或"阵列不可编程	熔丝和双极性工艺,只能一次编程	适合外部进化
GAL	"与""或"阵列和输出逻辑宏单元结构	E2CMOS 工艺,可多次编程,但编程速度较慢	一般适合外部进化
基于 SRAM 的 FPGA	由布线资源、CLB 和 IOB 组成,CLB 形成阵列结构。每个 CLB 由真值表、寄存器和组合逻辑组成	CMOS-SRAM 工艺,可动态在线编程	适合内部进化

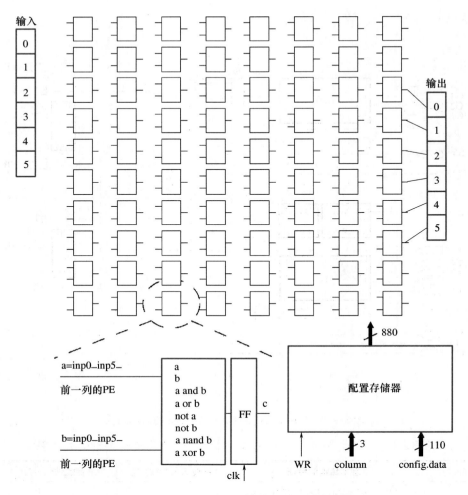

图 8 – 11　Lukas Sekanian 等采用的 VRC 的结构

✒ 8.1.4　可进化硬件容错的实现方法

　　根据可进化硬件容错的两个组成要素,选用不同的进化算法以及不同的可编程器件,实现可进化硬件容错的具体方法也不相同。在两个要素中,可编程器件的选取对具体的进化方法尤为关键。本小节从分析和归纳硬件进化系统的模型入手,以可编程器件为主线总结了不同的进化方法,最后进行举例说明。

8.1.4.1 硬件进化系统模型和组成

进化系统的模型主要有以下要素：①基因型（Genotype）；②表现型（Phenotype）；③环境。基因型是指用基因定义的遗传特征和表现，对应于遗传算法中的染色体编码。表现型是基因型在特定环境下的表现特征，对应于遗传算法中染色体解码后的参数。所谓环境实质上是外界对进化系统所应具有功能的一种需求。

设基因型空间为 $G = \{g = (g_1, g_2, \cdots, g_n)\}$，表现型空间为 $P = \{p = (p_1, p_2, \cdots, p_m)\}$，环境为 $V = \{v_1, v_2, \cdots, v_k\}$。对于进化系统，一方面基因和环境相互作用最终决定系统的外在表现，即有映射 $f: G \times V \rightarrow P$；另一方面表现型和环境的差异作为反馈信息作用于进化过程，改变基因型 g，设进化过程用 E 表示，则有映射 $f': P \times V \xrightarrow{E} G$，这种改变是一种高度非线性过程，难以用简单的函数关系进行描述。

在硬件进化系统中，基因型是对可编程器件配置数据进行编码后形成的染色体，表现型是在配置数据确定情况下的可编程器仵形成的电路功能，环境就是外界对电路功能的需求。一般来说，配置数据不属于表现型，而是基因型到表现型之间的一个桥梁，且对于配置数据空间 $C = \{c = (c_1, c_2, \cdots, c_l)\}$ 中任一配置 c，下载到可编程器件中电路的表现型 p 是唯一的，即有函数型映射 $f_2: C \rightarrow P$。映射 f_2 的实现是由可编程器件的体系结构所确定，因此一旦确定可编程器件结构，配置数据 c 也可以看成是表现型。设染色体编码（基因型）到配置数据的映射为 $f_1: G \times V \rightarrow C$，则基因型到表现型的映射为 $f = f_1 \cdot f_2$，如图 8 - 12 所示。在硬件进化系统中，基因型和表现型之间的映射关系，主要体现在染色体编码和配置数据之间的映射 f_1 上，配置数据可以看作是一种压缩的电路功能信息，电路最终表现的功能是可编程器件对配置数据的解释和执行，如图 8 - 13 所示。

图 8 - 12 基因型和表现型

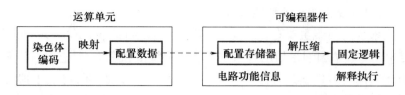

图 8-13　硬件进化系统中的染色体编码、配置数据和电路功能的关系

根据上述分析,整个硬件进化系统的模型如图 8-14(a)所示,从实现的角度对各个环节进行具体化可得图 8-14(b)所示的硬件进化系统结构,即硬件进化系统由 3 个模块和 4 种数据流组成,其中 3 个模块是运算单元、可编程器件(或可编程结构)和电路评价模块,4 种数据流是配置数据、适应值、电路实际功能和外界环境的功能需求。

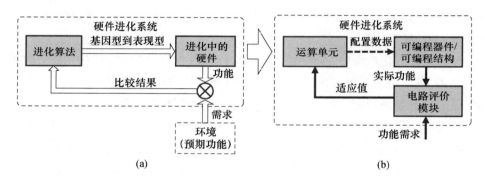

(a)　　　　　　　　　　　　　(b)

图 8-14　硬件进化系统模型和实现

(a)硬件进化系统的模型;(b)硬件进化系统的实现。

(1)运算单元:主要用于运行进化算法,进化算法以染色体编码作为进化的对象。

(2)可编程器件/可编程结构:是硬件进化的平台,以及最终进化成功的电路实现的平台。

(3)电路评价模块:用于把进化过程中的个体电路的实际功能与外界环境的功能需求相比较,生成适应值。

(4)配置数据:是根据染色体编码转化而成的可编程器件(可编程结构)的配置,其本质体现了基因型到表现型的映射关系。

(5)适应值:是电路评价模块输出结果,作为进化算法的反馈信息。

(6)电路的实际功能:是电路评价模块一个输入条件,也是进化成功后硬件电路对外表现出的功能。

（7）外界环境的功能需求：是电路评价模块另一个输入条件，是外界环境对硬件进化系统的功能需求。

在硬件进化系统的 7 个组成部分中，目前需要解决的问题主要有 3 方面：

（1）运算单元中进化算法的效率。

（2）适合进化大规模电路的可编程结构，以及染色体编码到可编程结构配置数据的映射关系。

（3）电路功能需求的表示方法以及电路评价方法。

在当前阶段，进化算法的效率、电路功能需求表示方法以及电路评价方法这几方面没有突破性进展，研究工作主要集中在可编程结构和染色体编码到可编程结构配置数据的映射关系这两个方面，这也是实现硬件进化系统的关键环节。

8.1.4.2 重配置及其分类

在介绍进化容错方法之前，首先需要明确重配置的概念。重配置一般是针对实际的具体的可编程器件，尤其是针对目前广泛应用的 SRAM 型 FPGA。但如果把重配置的概念拓展开来，则是通过硬件中某些特定数据（配置数据）的改变使得整个硬件结构或功能发生变化，硬件的每一次进化都是依赖于硬件结构的重新配置。

可编程（Programmable）：包括软件可编程和硬件可编程。软件可编程是指在基于 CPU 的系统中，编写微处理器代码；硬件可编程是指在可编程硬件逻辑领域，硬件逻辑的功能和拓扑由配置数据决定。

可配置（Configurable）：这个术语是和 FPGA 技术紧密相关的，就是指可以通过 FPGA 配置数据来改变 FPGA 硬件逻辑功能，在硬件领域，可配置与可编程的含义是可以等同的。

重配置分为静态重配置和动态重配置两种。

（1）静态重配置（Static Reconfiguration），又可称为编译（综合）时重配置（Complile-Time Reconfiguration，CTR），即在系统运行之前对 FPGA 进行一次配置，在系统运行的过程中不改变 FPGA 的逻辑功能。静态可重配置系统运行过程中只能被配置一次，系统的硬件资源无法分时复用，实现的逻辑功能和系统规模受到片内资源的制约。

（2）动态重配置（Dynamic Reconfiguration），又可称为运行时重配置（Run-Time Reconfiguration，RTR），指系统运行过程中，在不断开电路情况下，在一定逻辑的控制下，改变芯片配置数据，重配置 FPGA，以实现对芯片逻辑功能的动态切换。这种动态重配置体现了一种思想，即分时复用相对小规模的硬件逻辑资源来实现大规模系统功能。空间分布的硬件资源其器件外部特征不变，而内部逻辑功能在时间轴意义上交替切换，从而在时间、空间上构成系统整体逻辑功能，这种动态重构可以是整个系统重构，也可以是系统一部分重构。

动态可重配置系统按照重配置的粒度可分为动态全局重配置和动态部分（局部）重配置。

① 动态全局重配置（图 8 - 15）是指对整个 FPGA 芯片进行重新配置，在重配置的过程中芯片停止工作，系统旧的逻辑功能失去，新的逻辑功能尚未建立，系统的逻辑功能在时间轴上断裂（可称之为系统重配置时隙），系统功能无法动态连续。

图 8 - 15　动态全局重配置系统

② 动态部分（局部）重配置（图 8 - 16）是指对 FPGA 芯片的部分区域进行重新配置，在重配置的过程中芯片仍然工作，系统在建立新的逻辑功能的过程中，未被重配置部分的逻辑功能仍然正常，即系统的逻辑功能在时间轴上是动态连续的。基于 FPGA 的动态部分重配置将一个纯空间的数字逻辑系统化解为在时间、空间上混合构建的数字逻辑系统。这种新型的数字逻辑系统从时间轴和外部看上去，和原来整体功能一样；但从资源利用来看，由于可以动态

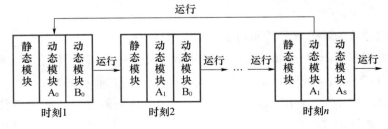

图 8 - 16　动态部分重配置系统

地重复利用资源,资源的利用率将成倍地提高,实现的数字逻辑系统规模不受硬件资源的限制。

8.1.4.3　进化容错的系统结构和方法

为了实现内部进化,硬件电路必须有 3 个模块:①可进化硬件容错实现的载体,即能够实现动态在线重配置的器件;②进行进化计算的处理器;③对进化电路输出进行评价的电路。在 FPGA 上实现进化容错的硬件结构框图如图 8 - 17 所示,进化容错实现的步骤如下:

(1)处理器系统产生初始种群,种群大小为 N。

(2)处理器系统把种群中的每个个体染色体编码映射到 FPGA 的配置数据(即基因型到表现型的映射),把 N 个配置数据分别下载到 N 个 FPGA 器件中。

(3)处理器系统产生 M 路激励信号作为 N 个 FPGA 的输入信号,通过评价电路读取评价值,如果评价值满足目标电路,则进化完成,否则转步骤(4)。

(4)处理器系统根据评价值进行进化计算,产生下一代种群,转步骤(2)。

图 8 - 17 所示硬件结构体现了可进化硬件容错的群体概念,是一种高效并行的实现方法,N 个 FPGA 器件只是在进化时才被使用,进化完成后的结果只配置到一个 FPGA 器件上。这种 N 个 FPGA 器件的可进化硬件容错系统只是一个原理上的系统,并行系统进化速度虽然很快,但硬件利用率低。为了降低硬件成本、提高硬件利用率可以选用 n 个 FPGA 器件,$n \ll N$,这样不仅能够

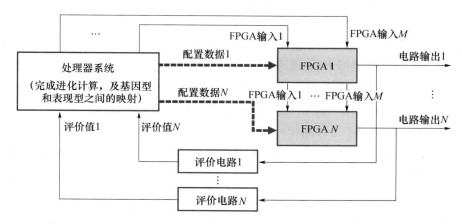

图 8 - 17　FPGA 上可进化硬件容错的结构框图

降低成本,减小硬件的复杂度,而且进化的速度又不致过于缓慢。也可以令 $N=1$,即采用一个 FPGA 器件作为进化的载体和评价的对象,但是进化算法是一个基于种群的搜索算法,此时需要用串行的方法对 FPGA 上的进化结果进行评价,进化过程缓慢。

在实际应用中,为了提高系统的可靠性,进行进化计算的处理器需选用可靠性高的器件;灵活选择 N 值,并采用其他策略构建进化容错系统。例如选择 FPGA 的个数 $N=3$,并采用如下策略实现可进化硬件容错系统:

(1) 设置初始种群数为 $6P(P$ 是整数$)$。

(2) 每一代进化中,每个 FPGA 器件完成 $2P$ 个个体的进化,这 $2P$ 个个体的评价采用串行策略,但三个 FPGA 器件上电路进化结果的评价并行进行。

(3) 进化结果配置到 FPGA 1 上,FPGA 1 的输出是系统的输出。

(4) 如果三个 FPGA 器件中有一个发生故障,系统降级为两个 FPGA 的系统,此时每个 FPGA 器件完成 $3P$ 个个体的进化,这 $3P$ 个个体的评价采用串行策略,这两个 FPGA 器件上电路进化结果的评价并行进行,进化结果配置到两个 FPGA 器件中的一个上。

(5) 如果三个 FPGA 器件中有两个发生故障,系统退化称为串行进化系统,用一个正常的 FPGA 器件完成 $6P$ 个个体的进化和评价,以及结果的输出。

(6) 如果三个 FPGA 器件全部发生故障,则系统失效。

8.1.4.4 不同硬件层次的进化容错方法

可进化硬件容错有外部进化和内部进化两种实现方法,其关键的区别在于是否把进化中的每个个体都在硬件上直接评价,即计算适应值是采用软件模拟还是直接下载到硬件。外部进化中个体的适应值计算采用软件模拟的方法,只把最终进化成功的个体下载到可编程器件中,如图 8-18(a)所示;而内部进化则把进化过程中每个个体都下载到可编程器件中进行评价,从而计算适应值,如图 8-18(b)和图 8-18(c)所示。

理论上讲,内部进化和外部进化的最终结果都要下载到可编程器件中,如果对可编程器件建立精确的软件模型,且航天器硬件系统处理能力足够强,则可以通过软件模型对进化个体进行评估,而最终把进化成功的最优个体下载到可编程器件中,即采用外部进化的方法实现航天器的硬件进化容错。但事实上,在航天器硬件设计中多采用嵌入式系统,其应用情况是不需要外界人为

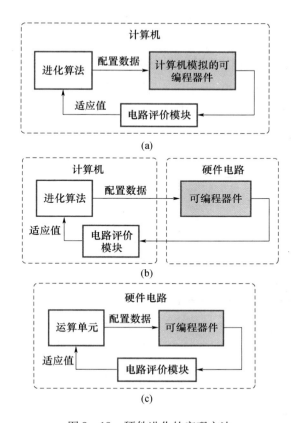

图 8 – 18　硬件进化的实现方法

（a）外部进化；（b）采用计算机实现的内部进化；（c）采用嵌入式系统实现的内部进化。

干涉、脱离计算机主机和人为控制的自主容错。此外,空间应用尤其是深空探测中的硬件系统由于重量和功耗的限制,其运算单元的处理和计算能力一般较为有限。因此,采用嵌入式技术实现的内部进化方法适用于航天器硬件系统的在线进化容错系统,如图 8 – 18(c)所示。

在可进化硬件容错中,染色体编码到可编程器件(可编程结构)配置数据的映射关系是当前需要解决的最关键问题,配置数据是联系进化算法和可编程器件的重要环节。配置数据对于 FPGA 器件而言是二进制位流,对于基因表达式进化是硬件描述语言,对于虚拟可重配置电路则是用户定义格式的配置信息。可见,在进化方法中不同形式的配置数据对应不同的可编程结构以及不同的进化策略和方法,而从硬件设计的角度,不同形式的配置数据对应硬件设计中的不同层次。因此,不同硬件层次有不同的进化方法。

从基于 FPGA 的电路设计方法和流程来看,硬件分成三个层次,最底层是配置位流层,然后是网表层,最上层是设计层,设计层又可以分成底层的门级设计和上层的模块级设计。在 FPGA 上进行硬件设计的各层次及其对应的进化对象如图 8 - 19 所示,进化的层次不同,进化对象也不同,染色体编码到配置数据的映射关系也不同。

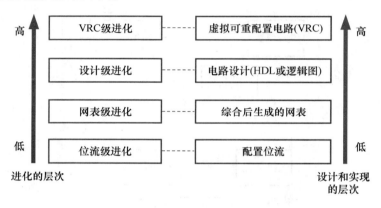

图 8 - 19　不同硬件层次上的进化方法

1. 位流级进化

直接以 FPGA 配置位流为进化对象,其实现方法如图 8 - 20(a)所示。FP-GA 配置位流是二进制序列,因此可以对其直接编码形成染色体作为进化算法的对象。这种情况下,染色体编码到配置数据的映射关系简单,其实现的难度在于以下几点:①需要已知器件内部结构和配置位流的具体格式,以便进行染色体编码;②器件的全部位流空间巨大,如果对整个配置进行搜索则难以实现,因此需要对器件的部分实施进化;③对进化出的非法位流进行处理,以便不损坏器件。由于上述几点的限制,目前位流级进化只能针对特定型号的 FP-GA 器件,且生成的电路规模较小。借助特殊工具也可以实现位流级进化,例如采用 Jbits 应用程序接口和 XHWIF 硬件接口的进化方法。由于位流级进化直接对 FPGA 器件的配置进行操作,中间过程可以不借助其他软件,因此适用于在线进化。

2. 网表级进化

网表是根据硬件描述语言或电路逻辑图并针对特定 FPGA 器件综合后生成标准格式,采用语句的方式记录 FPGA 器件内部资源的连接关系,但没有针对器件的布局布线信息。在基于 FPGA 的硬件设计中,网表比位流高一个层次,处于中间层次,如果以其为进化对象,当要把个体下载到可编程器件时需要对网表进行布局布线,最后生成位流,其实现如图 8 – 20(b)所示。布局布线一般需要器件厂商提供的专用软件(例如 Xilinx 公司的 ISE),这部分软件如果没有器件厂商提供支持很难集成到硬件进化系统中,因此目前这种方法不适用于在线进化。根据文献,目前还没有采用网表级进化的方法。

3. 设计级进化

设计级进化可以看成是对电路设计的直接搜索,进化结果是满足用户需求的设计。目前硬件设计主要采用硬件描述语言对门级及门级以上的逻辑进行描述,一般是较为高级的硬件描述语言,例如 VHDL 和 verilog。以硬件描述语言为进化对象,首先需要对硬件描述语言进行编码,形成可以实施进化计算的染色体,此外还需对硬件描述语言进行综合和布局布线,最后形成位流,整个实现过程如图 8 – 20(c)所示。虽然第三方可以提供综合工具(例如 Synplicity 公司的 Synplify),但最后用于生成位流的布局布线软件也需要由 FPGA 器件厂商提供。因此,与网表级进化类似,设计级进化也不适用于在线进化。当前,采用遗传规划算法对硬件描述语言进行编码的进化属于设计级的高层进化。

4. VRC 级进化

上述三个层次上的进化方法都与具体器件相关,采用的可编程器件不同,则进化方法中的相关环节需要改变。VRC 是在 FPGA 上生成的一个虚拟的可重配置电路层,一般采用 HDL 进行描述,其结构特点与 FPGA 相似,是由多个单元组成阵列结构,具有配置寄存器用于存储配置信息,单元的功能和阵列的连接关系可以根据配置寄存器的内容而改变,整个 VRC 的功能由配置寄存器控制。VRC 在进化之前先利用专用的软件综合、布局布线,并下载到 FPGA 中,是在可编程器件上构建的用于实现进化的虚拟可编程结构,VRC 级进化的对象是 VRC 配置寄存器中的数据,与具体 FPGA 器件无关,且在进化过程中不使用 FPGA 器件级的可重配置功能,其实现过程如图 8 – 20(d)所示。由于进

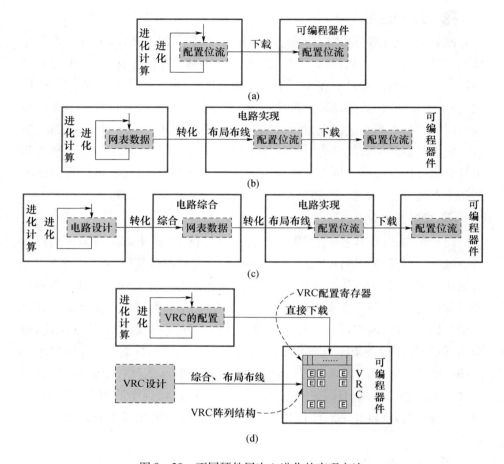

图 8-20　不同硬件层次上进化的实现方法

（a）位流级进化；（b）网表级进化；（c）设计级进化；（d）VRC 级进化。

化过程中不依赖额外的软件，VRC 级进化适用于在线进化。目前，Lukas Seka-nina 等的大部分研究采用 VRC 方法，Andy M. Tyrrell 等提出的 RISA 和 POE 体系结构也是一种可重配置结构。VRC 级进化方法的意义在于，采用该体系结构制作 ASIC 能够实现真正的可进化芯片。

　　针对不同硬件层次的进化方法特征的比较如表 8-2 所列。其中，网表级进化和设计级进化需要专用的综合、布局布线软件集成到硬件进化系统才能实现在线进化，因此不适合实现在线进化系统；而位流级进化和 VRC 级进化可以不依赖其他软件，因此适合实现在线进化系统。

表 8 - 2　不同硬件层次上进化方法的比较

进化层次	编码对象	关键技术	已有进化方法	是否适用于在线进化
位流级进化	二进制位串	可编程器件结构，配置位流结构	直接进化，采用 Jbits 工具的进化	适用
网表级进化	网表	布局布线软件的集成	—	不适用
设计级进化	HDL 语言	综合软件、布局布线软件的集成	对 HDL 进化，基因表达式进化	不适用
VRC 级进化	VRC 的配置	VRC 的体系结构	Lukas 基于 PE 的 VRC、RISA、POE 等可编程结构	适用

8.1.4.5　方法举例

1.　基于简单可编程器件的进化

可编程逻辑器件的基本结构都是基于"与""或"阵列，其基本结构如图 8 - 21 所示。在使用可编程逻辑器件实现的硬件电路中，器件的使用率一般不可能达到 100%。设输出函数 $Y_0 = (\sim X_0) + X_0(\sim X_1)(\sim X_2)X_3$，则器件的配置实际只使用了 Y_0 "与" 阵列中 16 个可配置点中的 5 个。如果没有任何容错措施，当使用的配置点发生故障时，输出 Y_0 必然出现错误，从而导致整个电路的故障。如果采用可进化硬件容错技术，则可以用进化算法对输出 Y_0 的 16 个配置点动态分配，避开故障的配置点，使硬件本身具备容错的特性。设正常的配置以及电路的输出如图 8 - 22(a)所示，如果 A 点发生 Stuck - at - 0 永久

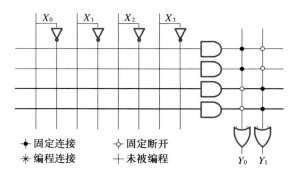

图 8 - 21　PAL 的内部结构

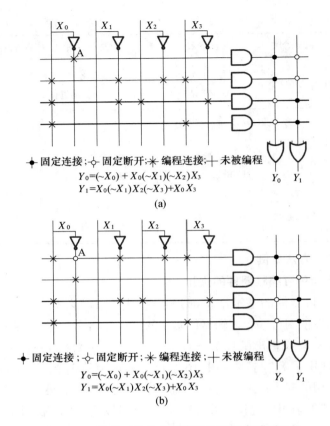

图 8 – 22　简单可编程逻辑器件的可进化硬件容错

（a）A 点正常；（b）A 点发生 Stuck – at – 0 故障。

故障,则电路可用进化算法智能地进行进化,产生图 8 – 22(b)的配置,此时虽然 A 点的故障没有修复,但整个电路的逻辑功能正确,从而实现了整个硬件的容错。

用软件对内部结构建立了软件模型,染色体的编码策略是一个输入端用两位二进制位表示,例如输入 X_0,用 10 表示的正逻辑接入到"与"阵列,用 01 表示负逻辑接入,用 00 表示 X_0 未接入到"与"阵列。由于输出阵列的连接关系固定,因此不对输出进行编码。进化算法选用遗传算法,算子采用选择、交叉和变异。其中选择用轮盘赌的算法;交叉采用两个染色体的单点交叉;变异采用单点变异。用适应值函数对进化结果进行评价,适应值函数 $F(x)$ 是每种

输入组合 $F_i(x)$ 适应值的累加和，$F_i(x)$ 定义为

$$F_i(x) = \begin{cases} 1 & \text{电路输出值等于预期值} \\ 0 & \text{其他} \end{cases}$$

评价标准是如果所有输入组合均满足预期功能，则进化成功。

进化结束后采用模拟故障注入的方法产生 S－a－0 或 S－a－1 故障，即使"与"阵列配置位对应的染色体编码固定是 10 或 01。然后让电路继续进化，结果仍能够进化出目标电路。这说明可进化硬件本身可实现电路的容错。

2. JBits 实现的 FPGA 上的硬件进化

FPGA 结构复杂，配置位流长，对于内部进化的实现非常不利。20 世纪 90 年代后期，Xilinx 公司推出 XC6000 系列 FPGA，这种器件基于 SRAM 结构，且能够实现部分重配置。XC6000 系列 FPGA 之所以能够实现内部进化，是因为该器件有以下特点：

（1）具有微处理器接口：微处理器可以访问其片上的 SRAM；

（2）部分重配置（Partial Reconfiguration）：能够改变芯片某一区域的配置，而不影响其他区域；

（3）快速重配置：该器件采用并行接口进行配置，因此配置速度比以前的器件快；

（4）已知配置数据格式：用户可以改变某一部分的配置；

（5）安全配置：芯片的设计采取措施，限制逻辑块的互联，使得器件对随机的配置位流是安全的。

XC6000 系列 FPGA 的这些特点解决了 EHW 的两个关键技术，从而使 EHW 能够在 FPGA 上实现。但由于器件配置数据公开，使得设计人员的配置数据能够被非法读取，从而变得不安全，因此 1998 年 5 月，Xilinx 公司收回了该系列器件。该公司以后的器件具有以下功能：

（1）部分重配置：器件能够以小的帧（Frame）为单位进行部分重配置；

（2）快速重配置：该器件采用 SelectMAP 接口进行配置，该接口可以和微处理器连接；

（3）未知配置数据格式：保护用户的设计不被盗取（Reverse Engineering）；

（4）不安全配置：芯片恢复到以前的常规布局，支持 CLB 和多方向的布线，用户位流有可能使得输出短路，从而造成器件的损坏。

当时 Xilinx 公司的器件不支持安全配置，随机产生的位流就可能损坏器件，如果对 FPGA 的位流进化，就必须有 Xilinx 的综合布局布线工具支持才能够完成。然而 Xilinx 公司开发的 JBits 应用程序接口（API）软件能够完成这种操作。

JBits 是一个 Java 类集合，提供对 Xilinx 公司的 Virtex 系列 FPGA 位流进行访问的应用程序接口。这个接口不但能够对 Xilinx 设计工具产成的位流文件进行操作，而且可以从实际硬件中读回配置位流。该软件提供了设计和动态修改 Virtex 系列 FPGA 中电路的功能。

然而 JBits 也可能生成坏的配置位流，确认下载到器件的配置位流是否合法很重要，为此提供了一个硬件接口 XHWIF（Xilinx HardWare InterFace）。XHWIF 也是一个 Java 接口，完成对平台相关硬件的接口操作，甚至可以运行在服务器上，接收远程的配置指令对本地的硬件进行配置。这种方式还能够并行对多板上的 EHW 种群进行评价。

在 Xilinx 公司的 Virtex 系列 FPGA 上采用 JBits 应用程序接口软件实现内部进化的硬件结构框图如图 8 - 23 所示。处理器运行遗传算法产生下一代种群，完成从染色体编码到配置数据的映射，运行 JBits 接口软件和 XHWIF 硬件接口把合法的配置数据下载到 Virtex 系列 FPGA 上。处理器通过和 FPGA 之间的 I/O 完成对进化结果的评价，作为遗传算法的依据。

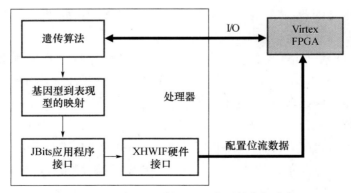

图 8 - 23　FPGA 上采用 JBits 实现的内部进化

▶ 8.2　人工免疫硬件容错

人工免疫硬件容错是将免疫的思想进行抽象并应用于硬件系统容错,并使相应硬件具有自学习、自适应和自修复的特性。本节介绍人工免疫系统及其结构、多种人工免疫系统算法,并讨论采用人工免疫系统实现硬件容错的方法和途径。

✍ 8.2.1　基本概念和原理

人工免疫系统的概念产生于 20 世纪 80 年代,是现代电子技术和生物科学相结合并受其启发而发展起来的智能计算方法。1986 年,J. D. Famler 等人在其论文中首先将免疫学原理引入工程应用,为建立基于免疫原理的计算系统迈出了第一步。一般认为,人工免疫系统是受人类免疫系统的生物免疫现象和医学理论启发而设计的计算机系统,该系统由一些人工免疫组件及其免疫算子构成,用以模拟人类免疫系统的自体构建、异体检测与识别、异体清除和系统修复等功能。人工免疫系统是仿生学的一个具体研究对象,是多学科的交叉研究领域。

免疫学是生命科学的前沿领域,也是是现代医学的支柱之一,同时也是生物体中最重要和最复杂的系统之一。它蕴藏着高度的智能和大量的信息处理机制的秘密,与脑神经系统和遗传系统并列为基于生物的三大信息处理系统,同时也是当今仿生学研究领域的一个重点研究对象。考虑到生物体免疫系统的复杂性,为更好地理解免疫系统的工作机制和主要功能,首先介绍一些免疫学中的基本概念。

1. 免疫

免疫(Immune)是指免除疫病,是生物体对"自我"和"非我"成分的识别、应答过程中所产生的各种生物学效应的总和,是维持生物体内环境稳定的一种生理性功能。而免疫性(Immunity)是指机体免除疫病的能力。

2. 抗原

抗原(Antigen)是指能够诱发免疫系统做出反应的物质。抗原具有两个重要特征:一是免疫原型,即抗原能够被免疫系统所识别并刺激免疫系统做出反应;二是抗原性,即抗原能够与被其所引发的免疫反应进行相互作用。

3. 抗体

抗体(Antibody)是由免疫系统中免疫细胞产生的能够识别抗原并与其进行特异性结合的物质。

4. 先天免疫与适应性免疫

通常,免疫系统的免疫性体现为先天免疫(Innate Immune)和适应性免疫(Adaptive Immune)。先天免疫是一种非特异性免疫,是生物体与生俱来的抵御外来入侵的机制,先天免疫在所有时间都是存在的,包括抗原入侵之前。适应性免疫是一种特异性免疫,是在机体的发育过程中通过不断地与抗原接触而获得的免疫性,能够以抗原特异性应答方式识别和清除病原体。

5. T 细胞

T 细胞(T Cell)即胸腺淋巴细胞,是一种在哺乳动物胸腺中发育成熟的免疫细胞,是适应性免疫的重要参与者。T 细胞是具有高度异质性的细胞群,按功能分可分为辅助 T 细胞、杀伤 T 细胞两大类。其中辅助 T 细胞主要参与免疫反应速度的调节和实现免疫记忆,而杀伤 T 细胞则作为适应性免疫的主体,负责识别和摧毁受到感染的细胞。

6. B 细胞

B 细胞(B Cell)即骨髓淋巴细胞,来自于骨髓淋巴样前体细胞。在适应性免疫中负责在接受抗原刺激后分泌和合成不同抗体。这些抗体可与不同的抗原物质相结合使其失去致病能力。

7. 巨噬细胞

巨噬细胞是一种既参与先天免疫又参与适应性免疫的免疫细胞。它是一种专职抗原呈递细胞,通过对将摄入的抗原物质进行加工,刺激和诱导免疫系统产生适应性免疫反应。

8.2.1.1 生物免疫系统及其机理

现代生物学和免疫学的研究已经表明高等动物和人体内存在一套完整的免疫系统,该系统负责执行生物体免疫功能,是生物体一切免疫反应的物质基础。

生物免疫系统是一个高度复杂的分布式动态自适应系统,主要由免疫器官、免疫细胞和免疫分子组成。

免疫器官可分为中枢免疫器官(胸腺和骨髓)、外周免疫器官(脾脏、淋巴结和粘膜免疫系统)和免疫细胞的循环系统。中枢免疫器官是免疫细胞成熟和分化的场所,外周免疫器官是免疫细胞驻留和免疫应答发生的场所,循环系统则是免疫细胞在体内迁移和流动的途径。

免疫细胞(Immunocyte)是所有参与免疫应答和与免疫应答有关的细胞的统称。主要有参与适应性免疫的 T、B 细胞和参与先天免疫的单核/巨噬细胞、自然杀伤细胞(NK 细胞)、树突状细胞(DC 细胞)等。在适应性免疫中 T 细胞通过其表面的受体识别抗原并激活 B 细胞分泌抗体清除抗原。T、B 细胞群通过基因变异和重组产生出能识别不同抗原的子群,从而使机体具有了识别大量抗原的能力。

免疫分子包括由 B 细胞分化产生的浆细胞所分泌的抗体、多种器官和细胞分泌的补体以及细胞因子。免疫分子参与免疫细胞的发育、分化、抗原识别、免疫应答、免疫细胞信号传递等过程,在免疫系统中发挥着重要的调节和信息传递作用。

除上述三个组成部分外,免疫系统通常还包括皮肤等隔离屏障和温度等物理环境。

生物免疫系统是生物体内一个独立的系统,其中各组成部分各司其职又协同合作共同维护生物体内环境的稳定,清除入侵抗原,保持机体健康。生物免疫系统的工作机理主要有以下几个方面:

(1)免疫识别。机体利用多种抗体对入侵的不同抗原进行识别。抗体和抗原通过表面的抗体－抗原决定簇的配对实现识别,当决定簇和抗原表面相对应的位置达到一定的匹配程度时便称为抗体－抗原匹配。

(2)免疫应答。当免疫系统完成对抗原的识别后便进入免疫应答阶段。免疫应答分为非抗原特异性应答和抗原特异性应答。在应答过程中免疫系统完成免疫细胞的增殖和分化,以及清除抗原的任务。

(3)免疫调节。免疫调节是一个复杂的过程,是机体通过对免疫应答的感知来调节免疫强度的一个闭环反馈过程。该过程主要由免疫细胞所分泌的细胞因子、抗原－抗体复合物和神经内分泌系统共同参与完成。

（4）免疫记忆。免疫记忆是适应性免疫的重要特征。免疫系统对某种抗原发生初次应答的过程中,被激活的免疫细胞发生增殖和分化,产生记忆细胞。当免疫系统再次遇到该种抗原时,会发生由记忆性淋巴细胞主导的比初次应答的反应时间更短、强度更大的免疫应答反应。

（5）免疫耐受。免疫耐受是指机体对某些抗原表现出的不识别或低识别能力。免疫耐受也分为先天耐受和适应性耐受,先天耐受中又有自身耐受（Self – tolerance）即免疫体统不与自身发生免疫应答,这是保证机体自身稳定的基础。

（6）分布式。免疫系统中的淋巴细胞广泛分布于全身,并依据自身所处环境自发采取相适应的行为。整个免疫系统在工作过程中是一个没有控制中心的并行分布式系统。

8.2.1.2　适应性免疫

生物体内的先天免疫主要是物理屏障、生化环境和部分吞噬细胞,先天免疫不存在对抗原物质特征的学习,因而是一种不具备智能性的免疫手段。适应性免疫则是一种通过后天学习才能获得的免疫手段。通过学习,生物免疫系统能够识别哪些物质是"自我"哪些物质是"非我"。因此,适应性免疫是生物免疫系统智能和自适应性的重要体现。适应性免疫的产生过程可以分为如下几个阶段:

（1）学习阶段。适应性免疫的一个重要特征就是免疫系统能识别生物体的"自我"与"非我"成分。免疫系统的这一能力被称为免疫耐受。该过程可通过克隆排除学说（Clone Deletion Theory）来阐释,其实现由一系列的阴性选择过程来完成。机体首先在胸腺内产生大量的具有不同抗原识别特性的待成熟 T 细胞,这些细胞在胸腺中通过将自身表面的抗原识别受体与生物体细胞的表面抗原相结合,具有高结合度的 T 细胞被淘汰,只有那些不会和生物体自身抗原发生反应的 T 细胞才能存活并发育为成熟的 T 细胞,执行免疫功能,如图 8 – 24 所示。B 细胞免疫耐受的形成也是经历了这样一个筛选过程,只不过发生的场所是在骨髓中。

（2）免疫功能执行阶段。适应性免疫反应是由抗原性物质和 B 细胞的特异性结合开始的。由于自然界中存在大量的抗原性物质,其数量远远超出生物体 B 细胞所能识别的数量,因此 B 细胞在对抗原物质进行识别时并不是采取完全识别的方法而是采用了部分匹配和亲和力比较的方式进行。该过程如

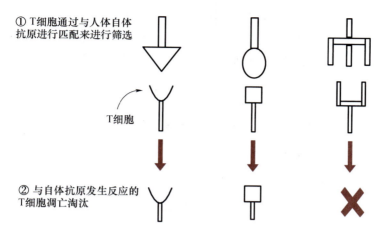

① T细胞通过与人体自体抗原进行匹配来进行筛选

T细胞

② 与自体抗原发生反应的T细胞凋亡淘汰

图 8 - 24　T 细胞筛选与成熟过程

图 8 - 25 所示,首先抗原物质经过巨噬细胞的处理后成为具有抗原活性的小分子或蛋白质片段,这些具有抗原活性的物质与 B 细胞上的抗原决定簇相结合。由于不同的 B 细胞带有不同的抗原决定簇,因此当抗原物质与 B 细胞结合时就会产生不同的亲和力。其结果便是,和抗原物质具有高亲和力的 B 细胞受到足够的刺激而开始增殖分化,并分泌抗体消灭抗原物质。

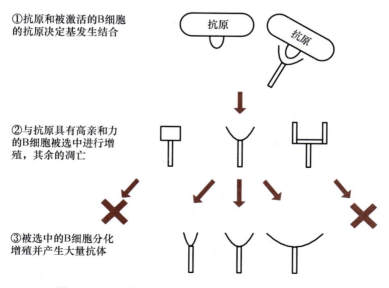

①抗原和被激活的B细胞的抗原决定基发生结合

抗原

抗原

②与抗原具有高亲和力的B细胞被选中进行增殖,其余的凋亡

③被选中的B细胞分化增殖并产生大量抗体

图 8 - 25　细胞与抗原高亲和力结合后发生增殖分化

（3）免疫记忆阶段。通常情况下 B 细胞在只有抗原单一刺激的情况下不会很快发生分化和增殖，而是会在抗原浓度达到一定程度或是抗原连续长时间刺激（通常为数日）后才会发生分化和增殖并分泌抗体，这一情况在抗原物质首次侵入生物体时表现得尤为突出。但若是抗原以前入侵过，T 细胞便会受其刺激形成记忆 T 细胞，当同种抗原第二次入侵人体时，仅需少量抗原刺激 B 细胞就能在记忆 T 细胞的共同作用下大量分化增殖并分泌抗体，如图 8-26 所示。因此，一旦免疫系统形成免疫记忆，当生物体再一次遭到同样抗原入侵时，就能以更快的速度展开免疫反应，及时清除抗原，恢复机体健康。

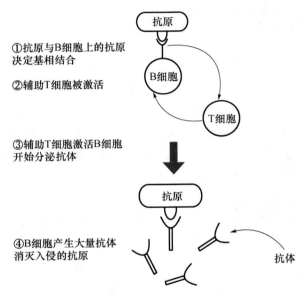

图 8-26　有 T 细胞参与的快速免疫反应

8.2.1.3　人工免疫系统

为解释生物免疫系统的工作机理并为其建立模型，科研人员通过研究和抽取生物免疫系统工作机制的方法，建立多种生物免疫理论。在众多生物免疫理论中，阴性选择（Negative Selection）原理、克隆选择（Clone Selection）学说和免疫网络（Immune Network）学说是最重要的三种学说。

通过对这三种学说的研究，科研人员发展出了基于这三种学说的免疫算法，用以实现生物体免疫系统的功能。下面将就这几种免疫算法做简要介绍。

（1）阴性选择算法。阴性选择算法是人工免疫系统研究领域的基础算法

之一,最早提出这一算法的是美国新墨西哥州大学的 S. Forrest 教授。算法的
主要思想来源于生物体免疫系统中 B 细胞和 T 细胞的成熟过程。阴性选择算
法通过模拟生物体内免疫细胞的成熟过程实现对免疫对象状态的检测。算法
的核心是:随机生成候选检测器,将候选检测器与免疫对象自身的状态进行匹
配,删除那些会和自身发生反应的检测器,最终形成的检测器集合只包含那些
不能检测到"自我"的检测器。因此在检测过程中任何能和检测器发生匹配的
状态都会被认为是"非我"。标准的阴性选择算法分为两个部分:检测器集合
生成阶段和异常检测阶段,如图 8 – 27 所示。

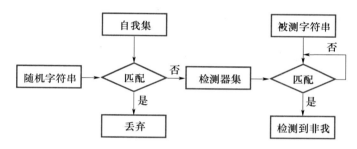

图 8 – 27　标准阴性选择算法流程图

　　在阴性选择算法中,检测器的编码方式通常采用字符串形式,而字符串之间
在进行匹配时采用部分匹配(Partial Matching)规则进行。一种较典型的部分匹
配规则是 r 连续位匹配,即两个等长的字符串如果在连续 r 个对应的位置上相同
则认为二者是匹配的。采用这种匹配方法的优点是可以用较少的检测器覆盖较
大的"非我"检测空间,但缺点也显而易见,容易产生漏检或错检的问题。

　　(2) 克隆选择算法。克隆选择算法以生物体免疫系统的克隆选择理论
(Clone Selection Theory)为基础。该理论认为生物体内抗体的产生是基于对原
始"母抗体"的克隆选择过程而来的。以这一原理为基础 Castro 和 Zuben 于 2002
年提出了克隆选择算法(CSA,Cloning Selection Algorithm)CLONALG,用于解决
学习、优化和模式识别问题。这种算法的核心思想是:随机产生初始检测器种
群,并用预设的适应性标准对其进行筛选,以通过筛选的检测器组成父种群并以
此为基础不断进行克隆变异,与适应性筛选最终生成符合要求的检测器集合。

　　(3) 免疫网络模型。免疫网络模型的基础是 Jerne 提出的独特型网络学
说(Idiotypic Network Theory),该学说认为生物免疫系统通过一个由相互连接

的抗体组成的独特型网络来对入侵的抗原进行应答,并在这一过程中保持免疫系统的动态稳定。即生物免疫系统中的 B 细胞是以网络的方式连接在一起的,当有某个 B 细胞与抗原发生匹配后,这一消息就会经由网络传遍所有的 B 细胞,其他 B 细胞在收到这一消息后就会以此为基础生成一系列抗体,这些抗体都有比原有发生匹配的抗体更高的匹配亲和度。

目前学界一般认为,人工免疫系统是受人类免疫系统的生物免疫现象和医学理论启发而设计的计算机系统,该系统由一些人工免疫组件及其免疫算子构成,用以模拟人类免疫系统的自体构建、异体检测与识别、异体清除和系统修复等功能。人工免疫系统是仿生学的一个具体研究对象,是多学科的交叉研究领域。

一个完整的人工免疫系统的结构如图 8 - 28 所示,包括免疫对象、免疫算法和修复手段三个方面。

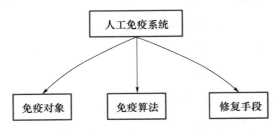

图 8 - 28　人工免疫系统结构

(1) 免疫算法是人工免疫系统的核心。其主要功能是通过一种或一组智能算法,实现对免疫对象状态或行为的监测和学习,及时发现免疫对象潜在的和已经出现的错误,实现生物免疫系统中免疫学习和免疫识别的功能。

(2) 免疫对象是人工免疫系统监测和保护的对象。它可以是一个宏观系统(如计算机网络),也可以是一个具体的实物(如一个具体的数字电路)。人工免疫系统通常不会监测免疫对象的全部信息,而是采用监测免疫对象状态或行为的方式来实现故障的诊断和定位,以加快故障检测速度。

(3) 修复手段是一组在人工免疫系统检测出免疫对象的错误或故障后用于对免疫对象进行错误纠正、故障修复或屏蔽的方法。

一个典型的人工免疫系统应该能够完整地映射生物免疫系统所具备的要素。即人工免疫系统要实现生物免疫系统对抗原的学习、记忆和识别功能。

8.2.1.4 免疫系统的容错原理

入侵机体的抗原性物质会破坏生物体内环境的稳定引发生物体出现异常,并以罹患疾病的方式表现出来。而免疫系统通过对入侵抗原进行识别和清除达到维持生物体内环境稳定的目的,表现出的效果就是使生物体能够免除疫病,保持健康。

因此,将免疫系统和传统的容错系统相比较,可以看出免疫系统就是一个成功且有效的容错系统,其容错的基本流程是"识别 – 修复",如图 8 – 29 所示。即免疫系统通过不断监视机体的状态找出对机体造成不良影响的因素,然后通过一定的手段清除这些造成不良影响的因素以维持机体的正常工作,保持机体原有状态的稳定。因此,将免疫系统和传统容错系统相比较可以得出免疫系统与传统容错方法如表 8 – 3 所列的对应关系。

图 8 – 29　免疫容错流程图

表 8 – 3　免疫系统和传统容错系统对应关系

免 疫 系 统	传统容错系统	免 疫 系 统	传统容错系统
皮肤、粘膜屏障	抗外环境加固	适应性免疫	故障检测技术
先天免疫	故障掩蔽技术	抗原清除	故障修复

从上述对应关系可以看出,生物免疫系统与传统容错方法都能够实现清除异常维持系统正常工作的功能,它们在目的和效果上具有一致性。因此生物体免疫系统具有容错的能力,因而人工免疫系统也能够用于容错系统的设计。

生物体免疫系统要实现容错,不仅需要免疫系统自身的参与还需要生物体本身的配合。这主要体现在信息处理和恢复正常工作能力两个层面。

生物体免疫系统中的适应性免疫是以对生物体自身信息的学习和对抗原物质的识别实现的。这就要求生物体必须能够为免疫系统提供能够反映自身状况的信息,同时生物体的信息还必须在发生抗原入侵后产生变化,以保证免疫系统能够通过状态的改变从而发现入侵抗原。免疫系统使生物体恢复正常工作的能力主要体现在,入侵的抗原被清除后,生物体能够恢复正常稳定工作而不是继续停留在故障状态。如表 8 - 4 所列为免疫系统在生物体中实现容错的基础和实现方式。

表 8 - 4   生物体免疫系统容错的基础

免疫容错的基础	实 现 方 式
产生反映自身状况的信息	生物体细胞表面的特征蛋白
自身状况信息随环境改变而变化	生物体细胞受抗原入侵后表面特征蛋白发生改变
抗原被清除后恢复正常工作	产生新的细胞代替原有病变细胞

从生物免疫系统实现容错的基础可以看出,将人工免疫系统应用于硬件容错领域时,不仅需要人工免疫系统实现生物体免疫系统中 B 细胞异常检测和 T 细胞故障修复的功能,还要求其中作为免疫对象的硬件满足免疫系统容错的必要条件。而硬件作为电路的集合体,由于其具备了下述三项条件因而可以作为人工免疫系统中的免疫对象,利用免疫原理实现容错。

（1）从可观测性看,人体细胞正常工作的时候在表面会有表征"自我"的信息,电路在工作的时候也会通过电路状态产生表征电路工作状态的"自我"信息。当人体细胞受到抗原感染后表面特征会发生变化,同样当电路发生故障后其状态也会发生与正常情况不同的变化。

（2）从可修复性看,人体免疫系统会杀伤已被抗原感染的病变细胞,并由干细胞重新生成一个新的细胞以替代原病变细胞。人工免疫系统也应该能够修复发生错误的电路,使其恢复正常工作。

（3）从系统结构看,与人体是由大量细胞构成的集合体一样,硬件也是由大量电路构成的集合体。

将人工免疫系统与硬件相结合,利用人工免疫系统实现硬件故障检测和修复,实现硬件容错就构成了免疫硬件。从冗余技术的角度来看,免疫硬件是空间冗余、时间冗余和信息冗余的结合,通过利用人工免疫系统对硬件故障进行检测和修复可以提高硬件对故障的容忍程度,增强系统对外部环境的适应能力,提高硬件的可靠性。

以数字电路容错设计为例,英国约克大学 A. M. Tyrrell 教授提出了免疫电子学（Immunotronics）的概念。以此概念为基础,通过将生物体免疫系统的结构映射到采用人工免疫系统作为容错手段的硬件时可以得到如表 8 - 5 所列的关系。

表 8 – 5 生物免疫系统和人工免疫系统的映射关系

防护措施	生物免疫系统	人工免疫硬件
原始屏障	皮肤、粘膜	芯片封装、抗辐射加固
生理防御	温度、酸碱度	工作环境
先天免疫	吞噬细胞	N 模冗余(NMR)
适应性免疫	体液细胞、介导细胞	免疫电子学

生物免疫系统中最具智能性和自适应性的适应性免疫,是免疫系统实现容错的关键也是人工免疫系统模仿的对象。通过将人工免疫系统与硬件容错系统进行比较可以得到如表 8-6 所列的对应关系,其中的合法状态及其迁移和非法状态及其迁移是指作为免疫对象的硬件提供给免疫算法用作检测状态学习和异常识别的信息,而硬件免疫系统中对错误进行修复的过程则提供了当人工免疫系统检测到错误后能够对错误进行修复使系统恢复正常工作的能力。

表 8 – 6 生物免疫系统和硬件免疫系统的映射关系

生物免疫系统	硬件免疫系统
自我	合法状态及其迁移
非我	非法状态及其迁移
抗体	判断非法状态的条件
抗体基因	生成抗体的数据
记忆细胞	抗体集合
自我识别	识别合法状态及其迁移的过程
非我识别	识别非法状态及其迁移的过程
抗体介导的免疫	对错误进行修复
克隆删除	删除会和自身发生反应的抗体

免疫电子学不仅提出了一种从免疫系统角度对硬件容错进行审视的方法,而且提供了一种被称为硬件免疫系统的新型硬件容错方法。

参照生物免疫系统中适应性免疫产生的过程,基于免疫电子学的硬件容错系统在工作时包括以下几个容错免疫流程(Immune Cycle):

(1) 数据收集(Data Gathering)。收集被测系统的正常状态迁移,建立自我集。在这一阶段免疫系统是不工作的,而是在单纯地学习哪些状态迁移时被测系统的合法迁移。因此在该阶段必须保证被测系统始终处于无故障(Fault – free)运行状态下并且免疫系统需要尽可能地学习到全部的自我集。

（2）耐受条件生成（Tolerance Condition Generation）。经过自我集学习后免疫系统便可以运行阴性选择算法来生成检测器集合了。生成的检测器集合应该是只能检测到非法的状态迁移。

（3）在线故障检测（On-line Fault Detection）。在被测系统运行的同时对其状态的迁移进行检测，当被测系统的状态迁移字符串和检测器集中的检测器匹配时就会认为被测系统出现了故障，需要进行故障修复。

（4）故障移除（Fault Removal）。利用一定的手段和方法对出现的错误进行修复，恢复系统的正常工作状态。

根据免疫电子学的概念，如果采用硬件电路实现人工免疫容错，其方法可用有限状态机模型描述。该方法通过将被测电路抽象为有限状态机并利用免疫算法实现对被测系统的在线检错，该硬件免疫系统的结构模型如图8-30所示。

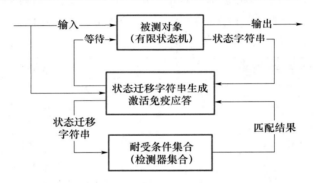

图8-30 免疫硬件的有限状态机模型

模型中的被测对象为由时序电路抽象而来的有限状态机，有限状态机能够产生反映当前数字电路工作状态的状态字符串；状态字符串能激活免疫应答模块，用于将免疫对象送来的状态字符串组合成状态迁移字符串，并将其送入检测器集合，是否让被测对象进入等待状态进行故障修复是根据检测器集合的匹配结果来决定的；检测器集合用于存储检测器字符串集合，并对输入的状态迁移字符串进行比较和返回比较的结果。

✍ 8.2.2　人工免疫容错方法

人工免疫硬件容错多采用FPGA实现。而SRAM型FPGA是当前FPGA的主流发展方向，其具有逻辑密度大、无限次可编程等特点，在各种场合均得到了广泛的应用,也是 FPGA 容错研究领域的主要研究对象。

与生物体的基本结构是细胞相类似,FPGA 也存在一种被称为可编程逻辑块(CLB)的基本组成单元。此外,FPGA 内部的布局布线单元、配置寄存器等均可与生物体中的结构建立如表 8 - 7 所列的关系。

表 8 - 7　FPGA 结构和生物体结构间的映射关系

生物体结构	FPGA 结构
功能细胞	已配置的可编程逻辑块
RNA	查找表中存储的信息
干细胞	未配置的可编程逻辑块
神经网络	布线资源
DNA	配置寄存器

从这一映射关系出发,可以建立起用生物体内细胞分化过程进行描述的 FPGA 工作流程。其中人体细胞的工作流程如下:

(1) 由不具有特定功能的干细胞分化为具有不同功能的特定功能细胞。

(2) 功能细胞中的 DNA 转录产生 RNA 用于指导蛋白质的合成。

(3) 细胞按照 RNA 的编码合成蛋白质,完成细胞功能,并借助神经网络与其他细胞建立起联系。

按照生物体细胞工作方描述的 FPGA 工作方式如下:

(1) 由未配置不具有具体功能的 CLB 经由配置过程成为能实现用户逻辑功能的 CLB。

(2) 已配置的 CLB 中的查找表按照配置寄存器中的数据进行初始化。

(3) 按查找表中的配置数据实现具体功能,并借助 FPGA 片内的布局布线网络和其他 CLB 相连。

从上述流程可以看出,FPAG 与生物体内的细胞不仅在结构上有相似之处而且在工作流程上也具有相似性,这都为人工免疫系统在 FPGA 上的应用奠定了基础。因此,由生物免疫系统实现容错的基本条件和人工免疫系统用于硬件容错的基本条件出发,并结合 FPGA 的实际情况,可以从可观测性、可修复性和系统结构三方面证明人工免疫系统可以用于 FPAG 容错系统的设计。

从可观测性角度出发。在工作时,生物体内的细胞会产生表示自身当前状态的信息,当细胞被抗原(病毒)侵染后其内部的 DNA 会被抗原劫持,导致细胞不能完成相应的工作,最终的结果是细胞表面的状态信息发生改变。而免疫系统就是通过这种状态的改变来判定细胞是否发生"故障"的;与此相同,当 FPGA 中的 CLB、配置寄存器或布局布线单元发生故障后都会导致 FPGA 无法正确完成工作,状态输出发生改变,人工免疫系统可以通过这种状态输出的改变判定 FPGA 出现了故障。

从可修复性角度出发。当生物体内细胞被感染发生病变后,免疫系统中的杀伤 T 细胞会杀死病变细胞,同时生物体会自动从干细胞中生成一个新细胞以代替原有的病变细胞;与之对应,当 FPGA 发生故障后,可以通过重配置方式进行故障修复,恢复其正常工作。

从系统结构看,FPGA 是由大量 CLB、布局布线单元等结构组成的,与生物体是由大量细胞构成相一致。SRAM 型 FPGA 满足将人工免疫系统用于硬件容错的三项条件,因此人工免疫系统完全可以用于 FPGA 容错系统的设计。

8.2.2.1　人工免疫容错体系结构

基于人工免疫系统的 FPGA 容错方法是免疫硬件的一个具体实现,因而遵循免疫硬件的有限状态机模型。整个容错系统由免疫对象和容错控制系统两个实体构成,如图 8-31 所示。其中免疫对象是用于实现用户逻辑的 FPGA,而免疫控制系统则是免疫算法、FPGA 状态采集系统和故障修复措施的集合。依照免疫硬件的有限状态机模型,容错控制系统采集 FPGA 工作时的输入输出作为反映 FPGA 中用户逻辑工作状态的信息,由免疫算法进行处理后决定是否对 FPGA 启动故障修复过程。从图 8-31 中可以看出,免疫对象向容错控制系统提供自身状态信息,容错控制系统负责对免疫对象进行故障修复,构成一个闭环。

在这个闭环的容错系统中,存在着数据流和控制流两类信息。其中数据流主要是指免疫对象中用户逻辑的输入和输出;而控制流则是指免疫算法的运算结果(是否发现错误)和对免疫对象进行配置与故障修复的操作。在整个容错系统中信息流和控制流均是单向流动的,信息流只能由免疫对象流向免疫控制系统,而控制流则只能沿相反方向由免疫控制系统流向免疫对象。因此,将容错系统中信息流和控制流所流经的实体按先后关系进行排列可以得到图 8-32 所示的三层结构。

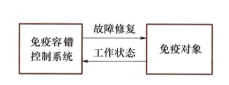

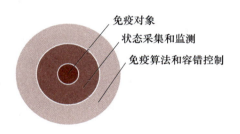

免疫对象
状态采集和监测
免疫算法和容错控制

图 8 - 31　人工免疫容错系统框图　　　　图 8 - 32　基于人工免疫系统的
　　　　　　　　　　　　　　　　　　　　　　　FPGA 容错系统层次结构

这三个层次的功能如下：

（1）免疫对象。在基于人工免疫系统的 FPGA 容错方法中，免疫对象就是 FPGA。它是容错的对象，也是容错系统信息流的起点和控制流的终点。

（2）状态采集和监控模块。用于实现对 FPGA 中用户逻辑状态的采集和监控，完成对 FPGA 出错情况下的故障修复和上电时的初始化，是免疫算法和 FPGA 之间的媒介，同时也是容错系统中信息流向上层传送的通道和控制流向下传递的桥梁。

（3）免疫算法和容错控制模块。利用免疫算法，对状态采集模块采集到的数据进行学习和检测，以实现故障诊断功能，并在 FPGA 发生故障后控制状态采集和监控模块对 FPGA 进行修复。该模块是容错系统中信息流的终点，同时也是控制流的起点，即是容错系统中所有信息处理过程的终止点和故障修复过程的发起方。

8.2.2.2　免疫对象

基于人工免疫系统的 FPGA 容错方法中用于实现 FPGA 功能的模块是一种被称为电子细胞（eCell）的结构，也是整个容错方法的技术难点。这主要体现在以下几点：

首先电子细胞必须能够实现 FPGA 的功能，也就是具备根据用户设计被配置为不同功能电路的能力；其次，电子细胞还要满足人工免疫系统用于硬件容错的三项条件，这就要求电子细胞具备产生表征自我状态信息的能力。

因此，综合考虑上述两点要求，本节所提出的电子细胞以现有 SRAM 型 FPGA 中的 CLB 结构为基础，由基本单元（BU，Basic Unit）和配置寄存器构成。

电子细胞中的基本单元由查找表（LUT）、多路选择器（Mux）和设计寄存器(Register)构成,其结构如图 8-33 所示。其中查找表是一个 4 输入 1 输出的 SRAM,通过向查找表中写入函数真值表或用户数据可以实现函数发生器或分布式存储器的功能。查找表的输出分为三路,经由一个多路选择器进行选择,多路选择器的选通情况可由配置寄存器中所存储的数据决定。查找表的三路输出分别是无设计寄存器的直接输出路径(通常用于实现组合逻辑)、有一个设计寄存器的输出路径和有两个设计寄存器的输出路径(通常用于实现时序逻辑)。采用这种查找表加寄存器的模式使得基本单元在满足可配置性的前提下既能实现组合逻辑又能实现时序逻辑,具有最大的通用性。

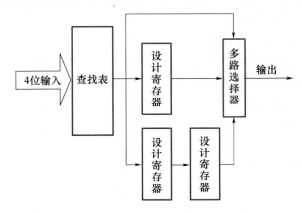

图 8-33　电子细胞中基本单元结构

将三个基本单元(从上到下为第一路、第二路和第三路)与一片配置寄存器组合到一起就构成了图 8-34 所示的一个完整的电子细胞。电子细胞是容错系统中 FPGA 的最小可编程单元,也是人工免疫系统进行故障检测和错误修复的对象。

与现有的 FPGA 中的 CLB 相比,该电子细胞的设计方案有如下特点:

(1)与现有 FPGA 采用集中放置配置寄存器的方式不同,每个电子细胞都带有自己专属的配置寄存器。这使得对 FPGA 的配置的修改可以在电子细胞这一粒度下进行,能够实现 FPGA 的细粒度故障修复。

(2)与现有 FPGA 中配置寄存器中内容的改变会立即导致 FPGA 功能改变的情况不同,电子细胞中的配置寄存器和查找表间采用异步数据传输方式。对配置寄存器内容的修改在配置信号无效的情况下不会造成查找表中数据的改变,这在一定程度上避免了因配置寄存器翻转而导致的 FPGA 失效。此外,

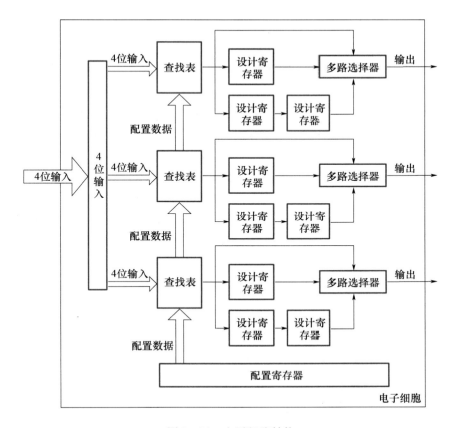

图 8-34 电子细胞结构

当采用刷洗方式来保障配置寄存器中数据的正确性时,还可以有效避免由于对配置寄存器的频繁访问所引起的 FPGA 功能中断问题。

(3)与现有 FPGA 中查找表全部用于实现用户功能不同,在电子细胞中通过将三个基本单元组合在一起的方式,可以人为制造三个基本单元间输出的时间差,达到自动生成用户逻辑输出的前态和现态的目的,以满足人工免疫系统用于硬件容错的三项条件和硬件免疫的有限状态机模型中免疫对象必须能生成反映自身运行状态信息的要求。

(4)电子细胞可编程功能的实现与现有 FPGA 保持一致。由于电子细胞在可编程能力的实现上与现有 FPGA 一致,均是采用的查找表和寄存器模式,因而对于由电子细胞构成的 FPGA,其用户逻辑设计方式和实现流程与现有的

FPGA 保持一致。

电子细胞是以 FPGA 与生物体之间关系为设计出发点,以实现生物细胞自动生成状态信息和实现具体功能为目标,其工作流程与生物体细胞的分化过程相一致,共分为四个阶段:

(1)干细胞阶段。生物体中的干细胞是一种不参与生物体具体功能,但具有转变为任何功能细胞能力的细胞。与此对应,当电子细胞上电但未被配置时,电子细胞处于干细胞阶段。在本阶段,由于配置寄存器中没有任何数据,电子细胞不表现出任何功能,输出全部被封锁。

(2)细胞分化阶段。生物体中的干细胞受外界环境刺激后进入分化状态,开始向功能细胞转换。与此对应,当用户配置信息写入配置寄存器后电子细胞也进入细胞分化阶段。在本阶段,多路选择器完成配置,三块基本单元的输出完成选通。为实现电子细胞自动生成用户逻辑前态和现态的功能,要求三路基本单元中的一路输出配置为用户逻辑所需的状态,另一个基本单元中的输出配置为比用户逻辑所需慢一个时钟周期(用户逻辑过去时),最后一个基本单元不使用,留作备份(用户逻辑的隐式)。

(3)细胞分化完成阶段。生物体中的干细胞在该阶段完成向功能细胞的转变,具备实现相应生化功能的能力。与此对应,在本阶段中配置数据由配置寄存器写入查找表,电子细胞配置结束,具备依照用户设计进行工作的条件。

(4)工作阶段。生物体内完成分化的干细胞随循环系统迁移到特定位置开始工作。与此对应,在本阶段电子细胞按照用户设计进行工作,同时外部系统以一定的速率对电子细胞中的配置寄存器进行刷洗以保证配置数据正确性。

8.2.2.3 免疫控制系统

免疫控制系统是整个免疫容错系统的核心,也是免疫容错方法智能性的体现。免疫控制系统通过模拟生物体免疫系统中适应性免疫产生的过程,实现对电子细胞工作状态的采集与学习,并建立起相应的检测器集合用于对电子细胞的工作状态进行监控,找出错误并实现故障修复。如图 8 - 35 所示是基于人工免疫系统的 FPGA 容错方法中免疫控制系统的结构图。

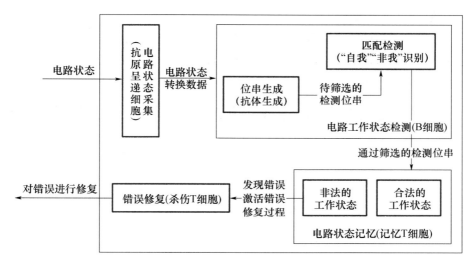

图 8 - 35　基于人体适应性免疫模型的免疫控制系统

从图 8 - 35 中可以看出,免疫控制系统由负责模拟抗原呈递细胞的电路状态采集模块、负责模拟 B 细胞的电路工作状态检测模块、负责模拟记忆 T 细胞的电路状态记忆模块和负责模拟杀伤 T 细胞的错误修复模块构成。免疫控制系统通过这些模块,实现对电子细胞的状态学习、故障检测和修复。各功能模块的主要任务和生物免疫系统中对应免疫细胞的关系如表 8 - 8 所列。

表 8 - 8　适用于 FPGA 容错的人工免疫系统角色划分及其功能

免疫控制系统模块	主要功能	对应免疫细胞	对应免疫细胞功能
电路状态采集	对 FPGA 的工作状态进行采集和加工,使其能够充分体现 FPGA 工作状态并反应潜在错误	抗原呈递细胞	加工入侵抗原以便 B 细胞进行检查
电路工作状态检测	产生随机位串对采集到的 FPGA 工作状态进行检测,当发现 FPGA 发生故障后激活故障修复	B 细胞	分泌抗体进行抗原匹配
电路状态记忆	将电路工作状态检测模块生成的检测器存储起来以提高检测速度	记忆 T 细胞	存储抗原信息加速 B 细胞活化,提高免疫反应速度
错误修复	修复故障 FPGA 使其恢复正常工作	杀伤 T 细胞	杀灭病变细胞消灭抗原

1. 抗原呈递细胞

电路状态采集模块负责采集电子细胞的输入和输出,并对其进行加工以生成电子细胞的状态转换的信息。依据硬件免疫的有限状态机模型,所采集的状态转换信息格式如图 8 – 36 所示,其中各信号意义如下:

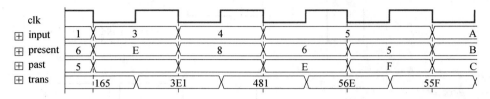

图 8 – 36 电子细胞的状态转移字符串编码

（1）clk:时钟信号。

（2）input:电子细胞输入。

（3）present:电子细胞中用户逻辑现态输出。

（4）past:电子细胞中用户逻辑前态输出。

（5）trans:由电路状态采集模块拼接产生的电子细胞状态转移字符串。

在第 n 个周期中电子细胞的状态转移字符串由 T_n 时刻电子细胞的输入、T_n 时刻电子细胞中用户逻辑的输出和在 T_n 时刻延迟输出的用户逻辑 T_{n-1} 时刻的结果,形式为"输入 $|T_n$ 时刻结果 $|T_{n-1}$ 时刻结果"。由于电子细胞具备输出用户逻辑前态和现态的能力,因此与现有人工免疫系统中电路状态采集模块相比,电路状态采集模块在一个时钟周期内就能采集到完整的反映当前状态转换的信息,效率更高,实时性更强。

电路状态采集模块以采集和生成完整的电子细胞状态转移字符串,并将其作为"抗原"交给免疫控制系统中的其他组件做进一步处理的方式,实现了对免疫对象信息的预处理。这正好对应于生物体中抗原呈递细胞对入侵抗原进行预处理的功能,电路状态采集模块是对生物体中抗原呈递细胞功能的一种有效实现。

2. B 细胞

电路工作状态检测模块是对生物体免疫系统中 B 细胞的模拟。与生物体中 B 细胞需要完成对"自我"的学习和"非我"的识别一样,电路状态检测模块通过对电子细胞状态转移字符串的学习,进而生成对应的检测器集用于实现对电子细胞工作状态的实时监测和故障诊断。因而电路工作状态检测模块是整个人工免疫系统的核心,也是人工免疫系统对生物免疫系统免疫机制的抽象,在本节所提出的容错方法中电路状态检测模块是由免疫算法来完成的。

由于电路工作状态采集系统所生成的电子细胞状态转移字符串反映了电子细胞中用户逻辑状态的转换情况,因而通过对这种状态转换进行监控就可以检测出电子细胞中用户逻辑的状态转换情况,因而当用户逻辑发生不正确的状态转换时就代表着电子细胞出现了故障。在目前常用的用于实现 B 细胞功能的免疫算法中,阴性选择算法由于具有算法流程清晰、实现简单、且设计目的就是实现异常检测等优点,被广泛用作电路工作状态检测模块的核心算法。图 8 - 37 所示为标准阴性选择算法流程图,算法以生成的随机字符串不与自我集发生匹配为成熟条件。

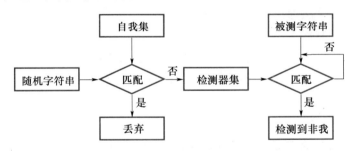

图 8 - 37　标准阴性选择算法流程图

然而,阴性选择算法一个最大的缺陷就是具有盲目性。由于阴性算法以随机生成的字符串不与自我集发生匹配作为成熟条件。因此,当被测对象的自我集较小,但自我集的编码长度又较大时,算法往往需要生成海量的检测器集才能达到对故障空间足够的覆盖率。当硬件环境受到较大限制时,算法的效率会受到很大的影响。因此,为检验在标准阴性选择算法在硬件条件受限情况下的效率。

对于状态空间较小的硬件电路来说,阴性选择算法为达到较高的故障检测率必须尽量覆盖所有可能的故障空间,因此会产生海量的检测器,这对于软硬件环境受限的系统来说无论在时间还是空间上都是不可接受的,因此有必要对现有算法进行改进使其在不影响故障检测效率的情况下更适应软硬件受限的环境。

为避免阴性选择算法的盲目性,就必须改变该算法是以检测器集覆盖故障空间来实现异常检测的这一特点,而通过让算法产生的检测器集覆盖免疫对象的自我集,藉此来有效减少所需检测器的数量提高适应硬件条件受限的环境,阳性选择算法(PSA,Positive Selection Algorithm)就正好具备这一特点。阳性选择算法是阴性选择算法的互补,该算法流程如图8-38所示,它以生成的检测器集覆盖免疫对象自我集为目标,在进行故障检测时认为任何不与检测器集发生匹配的状态都是错误的。阳性选择算法通过将检测器集覆盖故障空间变为检测器集覆盖正常工作状态空间的方法,对于故障空间比正常工作状态空间大很多的免疫对象来说具有更高的检测效率。因此,以阳性选择算法为基础,可以用较小的资源开销实现电路工作状态检测模块。

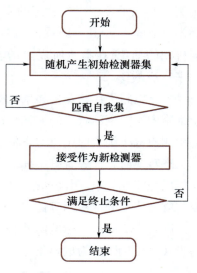

图8-38 标准阳性选择算法流程图

3. T细胞

生物免疫系统中的T细胞分为辅助T细胞和杀伤T细胞两种,分别完成存储抗原信息和清除病变细胞的功能,是免疫系统记忆和修复功能的主要实施者。免疫控制系统中负责实现这两种T细胞功能的模块则是电路状态记忆模块和错误修复模块。电路状态记忆模块采用存储器实现,负责存储电路状态检测模块生成的检测器集;故障修复模块则负责对电子细胞进行操作,通过对电子细胞的配置信息进行修改或刷新完成对FPGA的故障修复。

8.2.2.4 人工免疫系统容错的工作流程

容错系统在FPGA的容错过程中需要实现对FPGA的状态学习、状态识别、错误检测和错误修复的功能,其工作过程分为学习、错误检测、错误恢复三个阶段。

4. 学习阶段

图8-39所示为容错系统在学习阶段的工作流程图。在该阶段由电子

细胞构成的 FPGA 被假设运行在无故障(Fault – free)模式下,免疫控制系统中的"抗原呈递细胞"采集电子细胞输入和输出信息并进行拼接,从而获得电子细胞的状态转移字符串,并作为"抗原"输入用于实现"B 细胞"功能的电路状态检测模块。免疫控制系统中的"B 细胞"首先查询"记忆 T 细胞"检查当前输入的"抗原"是否已经存在,若"抗原"不存在则将其作为新的"抗体"存储到"记忆 T 细胞"中,若输入"抗原"已经存在于"记忆 T 细胞"中,则自动忽略该"抗原"。这个过程保证了检测器集中没有重复的数据,从而使存储空间不被浪费。当检测器集合构建完成后,容错系统进入下一个工作环节。

2. 故障检测阶段

在故障检测阶段,免疫控制系统中的"B 细胞"将来自"抗原呈递细胞"的状态转移字符串与存储在"记忆 T 细胞"中的检测器集进行全匹配。如果存在状态转移字符串与检测器集中任意一个都不发生匹配的情况,则认为电子细胞出现故障,免疫控制系统将向用户报警并进入故障修复阶段。故障检测阶段的工作流程如图 8 –40 所示。

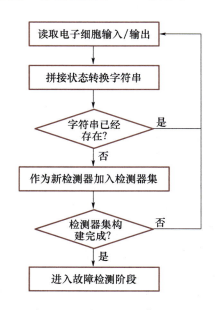

图 8 –39　学习阶段工作流程图

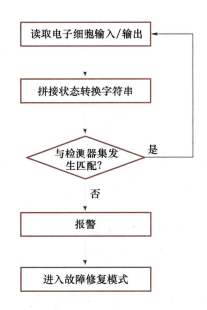

图 8 –40　故障检测阶段工作流程图

3. 故障修复阶段

在故障修复阶段,免疫控制系统中的"杀伤 T 细胞"完成对电子细胞的故障修复。故障修复过程分三个阶段进行:首先"杀伤 T 细胞"被激活,完成从内存中读取或从免疫控制软件接收正确配置信息的工作,为修复工作做好准备;然后"杀伤 T 细胞"对电子细胞执行写全"0"操作,使其复位并保持 $10\mu s$,以确保电子细胞中所有寄存器均输出"0"值;最后"杀伤 T 细胞"执行一次电子细胞配置过程,利用正确的配置信息对电子细胞进行重配置,使其恢复正常工作。修复阶段工作流程如图 8 – 41 所示,修复工作完成后,人工免疫系统自动转入学习阶段工作。

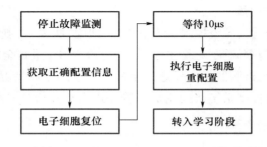

图 8 – 41　故障修复阶段工作流程图

8.2.3　人工免疫容错的实现

8.2.3.1　硬件部分

基于人工免疫系统的 FPGA 容错方法的硬件部分主要由免疫对象(电子细胞)及免疫控制系统和免疫对象之间的接口组成。

1. 免疫对象

图 8 – 42 所示为电子细胞顶层结构的设计原理图,从图中可以清楚地看出,一个电子细胞内部包含了三块完全相同的基本单元和一片配置寄存器。这三片基本单元作为冗余资源用于自动生成用户逻辑现态和前态信息。

实现用户逻辑的错时输出作为电子细胞设计中很重要的一项功能,是电子细胞能够提供用户逻辑状态转换信息的基础,也是人工免疫系统实现故障检测的前提,因此必须保证该功能的正确性。

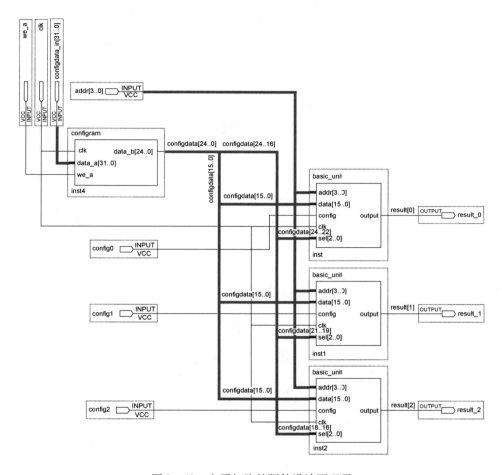

图 8 - 42　电子细胞的硬件设计原理图

2. 免疫控制系统

免疫控制系统的硬件部分负责完成与电子细胞的互联,实现了容错方法设计中抗原呈递细胞、记忆 T 细胞和杀伤 T 细胞的功能,并为免疫算法的执行提供硬件基础。

受 FPGA 应用环境的影响,通常无法采用大型、高性能的硬件用于实现免疫控制系统,而只能利用嵌入式系统。但由于传统的嵌入式系统多是基于厂商已经预先定制好的器件来实现的,无法按照用户实际需求定制硬件,因此在实际应用中为避免可能的功能缺失和性能不足,通常都会选用比实际需求高的产品,这往往会造成功能的浪费,同时也不利于进一步降低系统功耗和缩减系统体积。而可编程片上系统(SoPC)技术利用现有 FPGA 可编程的特点,允许用户按照自己的实际需求自行定制嵌入式系统的功能,实现构建"刚好适用"的硬件。

图 8 - 43 所示为采用 SoPC 技术实现的免疫控制系统硬件部分。该部分由一个 CPU 和一系列外设(Peripheral)构成,SoPC 系统中各组件的功能如表8 - 9所列。

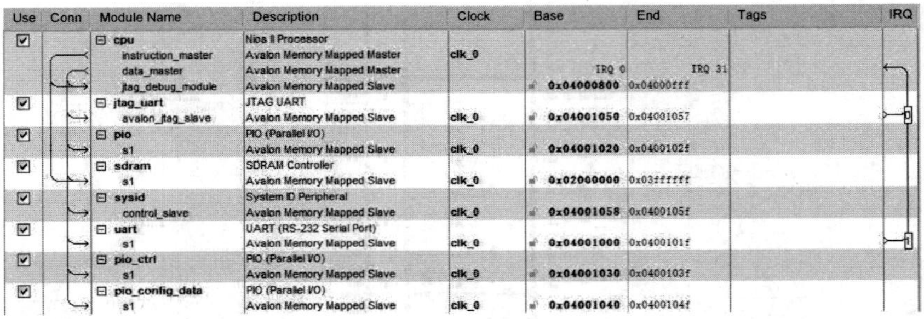

Use	Conn	Module Name	Description	Clock	Base	End	Tags	IRQ
☑		⊟ cpu	Nios II Processor					
		instruction_master	Avalon Memory Mapped Master	clk_0				
		data_master	Avalon Memory Mapped Master			IRQ 0	IRQ 31	
		jtag_debug_module	Avalon Memory Mapped Slave		0x04000800	0x04000fff		
☑		⊟ jtag_uart	JTAG UART					
		avalon_jtag_slave	Avalon Memory Mapped Slave	clk_0	0x04001050	0x04001057		
☑		⊟ pio	PIO (Parallel I/O)					
		s1	Avalon Memory Mapped Slave	clk_0	0x04001020	0x0400102f		
☑		⊟ sdram	SDRAM Controller					
		s1	Avalon Memory Mapped Slave	clk_0	0x02000000	0x03ffffff		
☑		⊟ sysid	System ID Peripheral					
		control_slave	Avalon Memory Mapped Slave	clk_0	0x04001058	0x0400105f		
☑		⊟ uart	UART (RS-232 Serial Port)					
		s1	Avalon Memory Mapped Slave	clk_0	0x04001000	0x0400101f		
☑		⊟ pio_ctrl	PIO (Parallel I/O)					
		s1	Avalon Memory Mapped Slave	clk_0	0x04001030	0x0400103f		
☑		⊟ pio_config_data	PIO (Parallel I/O)					
		s1	Avalon Memory Mapped Slave	clk_0	0x04001040	0x0400104f		

图 8 - 43 基于 SoPC 技术的人工免疫系统硬件结构

表 8 - 9 基于 SoPC 技术的人工免疫系统硬件组件功能

SoPC 模块	用　　途
CPU	嵌入式 CPU,提供嵌入式软件运行平台
JTAG_UART	调试和嵌入式程序下载接口
PIO	采集电子细胞工作时的输入和三路输出用于生成电路状态转换信息
SDRAM	嵌入式系统片外存储器控制器,提供程序运行所需内存和检测器集存储空间
UART	通用串口,用于和上位机通信
PIO_CTRL	提供电子细胞配置和故障修复指令
PIO_CONFIG_DATA	提供电子细胞的配置数据
TIMER_SYS	系统定时器
TIMER_STAMP	用于测定嵌入式软件速度的计时器(调试用)

整个嵌入式系统中 CPU 是核心,负责调度整个系统的工作和运行免疫算法;PIO 模块则是抗原呈递细胞的物理实现,通过按一定顺序连接到电子细胞的输入/输出端口,实现状态转移字符串生成的功能;记忆 T 细胞则对应了系统中的 SDRAM 模块,人工免疫系统通过阳性选择算法所生成的检测器均存放于 SDRAM 中,同时该模块也为嵌入式软件的运行提供内存空间;杀伤 T 细胞

则对应于 PIO_CTRL 模块,通过向电子细胞发出配置命令的方式实现对电子细胞的配置、重配置和故障修复。

8.2.3.2　软件部分

人工免疫系统的软件部分主要实现了模拟 B 细胞功能的免疫算法、模拟杀伤 T 细胞功能的电子细胞配置程序以及上位机通信和故障修复功能,所有这些功能均为在 SoPC 硬件上运行的嵌入式软件。

1.　B 细胞

B 细胞作为免疫控制系统的核心,担负着学习电子细胞工作状态转移、建立检测器集并实现错误诊断的功能,也是人工免疫系统智能性的最大体现。因此设计一种好的免疫算法对于提高容错系统的正确性和速度有很重要的作用。

一般免疫算法判定电路状态和检测器是否发生匹配时多采用部分匹配方法。因此,当采用 r 连续位部分匹配规则时,两个字符串发生匹配的概率为

$$p_{\mathrm{M}} \approx m^{-r}[\,(l-r)(m-1)/(m+1)\,] \qquad (8-1)$$

式中:m 为编码字符集合大小;l 为字符串长度;r 为部分匹配阈值,式(8-1)在 $m^{-r} \ll 1$ 时成立。

由于免疫算法需要在嵌入式平台下实现,受嵌入式系统存储空间和性能的限制,通常都要求算法简单易行。而通常在算法中用于实现随机数生成的线性同余算法和用于进行字符串部分匹配的 KMP 算法都会在一定程度上增加免疫算法的时间和空间复杂度,影响算法效率。因此有必要对其进行改进。

考虑到部分匹配退化为完全匹配时 $r=l$,式(8-1)则变化为

$$p_{\mathrm{M}} = m^{-r} \qquad (8-2)$$

由于 $[\,(l-r)(m-1)/(m+1)\,] < 1$,因此 $p'_{\mathrm{M}} > p_{\mathrm{M}}$,所以当采用全匹配时,不仅能够进一步降低算法复杂性而且还拥有比部分匹配更高的检测效率。所以,为提高算法效率同时简化算法的实现,这里提出如图 8-44 所示的简化阳性选择算法(SPSA,Simplified Posotive Selection Algorithm)作为基于人工免疫系统的 FPGA 容错方法所使用的免疫算法。与标准的阳性选择算法相比,新算法取消了随机生成检测器集的过程,而代之以直接存储电子细胞在无故障工作状态下所产生的状态转移字符串作为检测器的方式构建检测器集合,采用这种做法可以略去需要占用大量计算资源的随机数生成过程,减小软件体积、加快软件运行速度、提升算法效率。

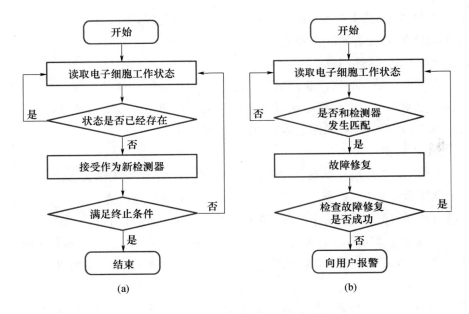

图 8 - 44 简化阳性选择算法流程图
（a）阳性选择算法检测器集合构建过程流程图；（b）阳性选择算法故障检测和修复流程图。

在嵌入式软件中，与阳性选择算法实现有关的函数有以下几个：

（1）readstats（），读取 PIO 口采集到的电子细胞状态转移字符串。

（2）inseret（），将现有状态转移字符串加入检测器集。

（3）query（），查询现有状态转移字符串是否已存在于检测器集内。

（4）study（），通过调用 readstats（）、insert（）和 query（）函数实现对电子细胞工作状态的学习构建检测器集。

（5）check（），通过调用 readstats（）和 query（）函数实现故障检测。当发现有状态转移字符串不与检测器集中任意检测器发生匹配时调用 repeare（）函数进行故障修复。

（6）repeare（），当免疫算法检测到电子细胞发生故障后，调用该函数对电子细胞进行重配置，以修复故障。

因此，一个完整的免疫算法执行过程包含了对电子细胞状态的学习、工作状态的监测和故障修复三个部分，表 8 - 10 给出了利用硬件定时器所测定的免疫算法各函数执行所需的时间。

表 8 - 10　免疫算法关键函数执行时间(CPU 时钟频率 50 MHz)

函数名	运行所需时钟节拍数	所需时间/ns
check	107	2140
repare	123	2460
study	248	4960

由于免疫算法在进行故障检测时只需要调用 check( )函数,而该函数执行一次所需的时间大约为 $2\mu s$。因此,当电子细胞的状态变化频率不大于 0.5MHz 时,人工免疫系统可以实现对其工作状态的实时监测。

2. 杀伤 T 细胞

免疫控制系统中的"杀伤 T 细胞"主要实现对电子细胞的配置功能,具体可以分为对电子细胞进行上电配置和故障后的重配置两个方面。

当"杀伤 T 细胞"对电子细胞进行配置与重配置时,首先会向电子细胞内的配置寄存器加载配置数据,然后通过使能查找表配置信号将配置数据写入基本单元中所包含的查找表,最后为保证写入的配置数据与上位机下传数据的一致,在配置数据写入后程序会自动进行一次配置回读与比较操作,实现对写入的数据的校验。其工作流程如图 8 - 45 所示。

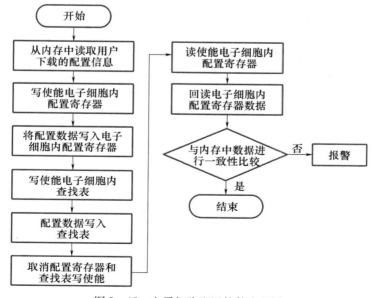

图 8 - 45　电子细胞配置软件流程图

附录 术 语

AIS	Artificial Immune System	人工免疫
ASIC	Application Specific Integrated Circuit	专用集成电路
AT	Acceptance Tests	接收测试
BC	Bus Controller	总线控制器
CAN	Controller Area Network	控制器局域网
CCD	Charge Coupled Device	电荷耦合器件
CLB	Configurable Logic Block	可配置逻辑块
CME	Coronal Mass Ejection	日冕物质抛射
COTS	Commercial-Off-The-Shelf	商用货架
CRB	Consensus Recovery Block	一致性恢复块
CSMA/CA	Carrier Sense Multiple Access / Collision Avoidance	载波侦听多路访问/冲突避免
CSSU	Cross-strapping and Switching Unit	交叉连接切换单元
CTMR	Configurable Triple Module Redundant Computer	三机变结构容错计算机
DMA	Direct Memory Access	直接存储器访问
DMR	Dual Modular Redundancy	双模冗余
DRB	Distributed Recovery Blocks	分布式恢复块
DWC-CED	Duplication With Comparison Combined to Concurrent Error Detection Block	结合并发错误检测的双备份比较
DWC	Duplication With Comparison	双备份比较
EDAC	Error Detection And Correction Codes	检错纠错码

EDC	Error Detection Coding	检错编码
EGA	Elitist Genetic Algorithm	最佳个体的遗传算法
EHW	Evolvable HardWare	可进化硬件
EMI	Electro-Magnetic Interference	电磁干扰
ESD	Electro-Static Discharge	静电放电
FDIR	Faultdetection Isolation and Recovery	故障检测、隔离和恢复
FDMU	Fault Detecting and Managing unit	故障检测管理单元
FMEA	Failure Mode and Effects Analysis	故障模式影响分析
FPGA	Field Programmable Gate Array	现场可编程门阵列
FTC	Fault Tolerant Computer	容错控制计算机
FTC	Fault Tolerant Computing	容错计算
GAL	General Array Logic	通用阵列逻辑
GCR	Galactic Cosmic Rays	银河宇宙射线
GNC	Guidance, Navigation and Control	制导、导航与控制
IP	Intellectual Property	知识产权
IPU	Isolation and Protection Unit	隔离保护单元
LEO	Low-Earth Orbit	低地球轨道
LSB	Least Significant Bit	最低有效位
LUT	Lookup Table	查找表
LVDS	Low Voltage Differential Signaling	低电压差分信号
MBU	Multiple Bit Upset	多位翻转
MOSFET	Metal Oxide Semiconductor Field-Effect Transistor	金属氧化物半导体场效应管
MSB	Most Significant Bit	最高有效位
MTBF	Mean Time Between Failure	两次故障之间的时间
MTTF	Mean Time To Failure	平均无故障时间
NCP	N-Copy Programming	N 拷贝编程
NRZ	Non Return Zero	不归零编码

NSCP	N Self-Checking Programming	N 自检软件
OSI	Open System Interconnection	开放系统互联
PAL	Programmable Array Logic	可编程阵列逻辑
RAM	Rondom Access Memory	随机访问存储器
ROM	Read Only Memory	只读存储器
RtB	Retry Block	重试块
RTOS	Real-time Operating system	实时操作系统
RT	Remote Terminal	远程终端
SEB	Single Event Burnout	单粒子烧毁
SEC	Single Error Correction	单错纠正
SEE	Single Event Effect	单粒子效应
SEFI	Single Event Functional Interrupt	单粒子引起功能中断
SEGR	Single Event Gate Rupture	单粒子栅击穿
SEL	Single Event Latch-up	单粒子锁定
SET	Single Event Transient Effect	单粒子瞬时效应
SEU	Single Event Upset	单粒子翻转
SGA	Standard/Simple Genetic Algorithm	标准/简单遗传算法
SIFT	Software Implemented Fault Tolerance	软件实现的容错
SoC	System-on-Chip	基于片上系统
SoPC	System On a Programmable Chip	可编程片上系统
SPE	Solar Particle Event	太阳粒子事件
SRAM	Static Rondom Access Memory	静态随机访问存储器
SWA	Sliding Window Algorithm	滑动窗口算法
TDM	Time Division Multiplexing	时分多路
TID	Total Ionization Dose	总剂量
TMR/S	Triple Module Redundant/Single	三模冗余/单模
TMR	Triple Modular Redundancy	三模冗余
WDT	Watching-Dog Timer	看门狗
VRC	Virtual Reconfigurable Circuit	虚拟可重配置电路

参 考 文 献

[1] Algirdas Avizienis. Toward Systematic Design of Fault-Tolerant Systems [J]. IEEE Computer Magazine, 1997,(4).

[2] White R V, Miles F M. Principles of fault tolerance [J]. IEEE proceedings of the eleventh annual applied power electronics conference and exposition,1996,1(3):18 –25.

[3] 胡谋.计算机容错技术[M].北京:中国铁道出版社,1995.

[4] 袁由光,陈以农.容错与避错技术及其应用[M].北京:科学出版社,1992.

[5] 杨士元.数字系统的故障诊断与可靠性设计[M].北京:清华大学出版社,1989.

[6] 曾声奎,赵延弟,张建国,等.系统可靠性设计分析教程[M].北京:北京航空航天大学出版社,2001.

[7] Von Neumann. Probalilistic Logics and the synthesis of Reliable Organisms from Unreliable Components. In:CE Shannon and J McCarthy,eds. Automata Studies. Princeton. Princeton University Press,1956.

[8] Benjamin A L,Lala J H. Advanced fault tolerant computing for future manned space missions[C]. 16th DASC. ,AIAA/IEEE Digital Avionics Systems Conference,1997.

[9] Cagle W B,et al. No. 1 ESS Logic Circuits and Their Application to the Design of the Central ControlBell System Tech [J]. 1964. 43(5):2055 –2095.

[10] Wensley John H,et al. SIFT:Design and Analysis of a Fault Tolerant Computer for Aircraft Control [J]. Proceedings of the IEEE,1978,66:1240 –1254.

[11] Gerd Urban, et al. A Survivable Avionics System for Space Application [J]. FTCS –28. 1998, 372 –381.

[12] Hopkins Albert L,et al. FTMP-A Highly Reliable Fault-Tolerance Multiprocessor for Aircraft. Proceedings of the IEEE,1978,66:1221 –1239.

[13] Jenkins Dennis R. Space Shuttle,The History of Developing the National Space Transportation System [M]. Walsworth Publishing Company,1996.

[14] 冯彦君,华更新,刘淑芬.航天电子抗辐射研究综述[J].宇航学报,2007,28(5):1071 –1080.

[15] Coy Kouba,Deborah Buscher,Joseph Busa,et al. The X –38 Spacecraft Fault-Tolerant Avionics System [R]. NASA Report,2003.

[16] 邹逢兴,张湘平.计算机应用系统的故障诊断和可靠性技术基础[M].北京:高等教育出版社,1999.

[17] Russell C. The Solar Wind Interaction with the Earth's Magnetosphere:a Tutorial [J]. IEEE Trans. on

Plasma Science,2000,28(6):1818 - 1830.

[18] Mullen E,Ginet G,Gussenhoven M,et al. SEE Relative Probability Maps for Space Operations [J]. IEEE Trans. Nucl. Sci. ,1998,45(6):2954 - 2963.

[19] Robinson P,Coakley P. Spacecraft Charging:Progress in the Study of Dielectrics and Plasmas [J]. IEEE Trans. on Electrical Insulation,1992,27(5):944 - 960.

[20] 杨涓,等. 等离子体干扰低轨道侦查卫星的计算分析[J]. 西北工业大学学报,2005,23(1): 93 - 97.

[21] Wilson J,Townsend L,Schimmerling W,et al. Transport Methods and Interactions for Space Radiations [M]. Reference Publication - 1257,1991.

[22] Shaneyfelt M,Schwank J,Fleetwood D,et al. Annealing Behavior of Linear Bipolar Devices with Enhanced Low-Dose-Rate Sensitivity [J]. IEEE Trans. Nucl. Sci. ,2004,51(6):3172 - 3177.

[23] Dussault H,Howard J,Block R,et al. High-Energy Heavy-Ion-Induced Charge Transport across Multiple Junctions [J]. IEEE Trans. Nucl. Sci. ,1995,42(6):1780 - 1788.

[24] 特劳特曼 R. CMOS 技术中的闩锁效应——问题及解决方法[M]. 嵇光大,等译,北京:科学出版社,1994.

[25] Koga R,Kolasinski W. Heavy Ion Induced Snapback in CMOS Devices [J]. IEEE Trans. Nucl. Sci. , 1989,36(6):2367 - 2374.

[26] Koga R,Penzin S,Crawford K,et al. Single Event Functional Interrupt (SEFI) Sensitivity in Microcircuits[A]. In:IEEE RADECS[C],1997.

[27] Adell P,Schrimpf R,Barnaby H,et al. Analysis of Single-Event Transients in Analog Circuits [J]. IEEE Trans. Nucl. Sci. ,2000,47(6):2616 - 2623.

[28] Titus J,Johnson G,Schrimpf R,et al. Single Event Burnout of Power Bipolar Junction Transistors [J]. IEEE Trans. Nucl. Sci. ,1991,38(6):1315 - 1322.

[29] Allenspach M,Brews J,Mouret I,et al. Evaluation of SEGR Threshold in Power MOSFETs [J]. IEEE Trans. Nucl. Sci. ,1994,41(6):2160 - 2166.

[30] Oldham T,Bennett K,Beaucour J,et al. Total Dose Failures in Advanced Electronics from Single Ions [J]. IEEE Trans. on Nucl. Sci. ,1993,40(6):1820 - 1830.

[31] Srour J,Marshall C,Marshall P. Review of Displacement Damage Effects in Silicon Devices [J]. IEEE Trans. Nucl. Sci. ,2003,50(3):653 - 670.

[32] Keheng Huang, Yu Hu, Xiaowei Li, et al. Exploiting Free LUT Entries to Mitigate Soft Errors in SRAM - based FPGAs. In Proc of IEEE Asia Test Symposium(ATS), 2011, 438 - 443.

[33] Leach K R. Bedingfield,Alexander M. Spacecraft System Failures and Anomalies Attributed to the Natural Space Environment[R]. NASA-RP - 1390,NASA,1996.

[34] Tafazoli M. A Study of On-Orbit Spacecraft Failures[C]//58th International Astronautical Congress, IAF/IAA,2007.

[35] 杨孟飞,郭树玲,孙增圻. 航天器控制应用的星载计算机技术[J]. 航天控制,2005,23(2):

69 – 73.

[36]　冯彦君,华更新,杨桦,等.国外星载容错计算机技术及最新进展.全国第十二届空间及运动体控制技术学术会议论文集[C].广西桂林:中国自动化学会空间及运动体控制专业委员会等,2006:452 – 457.

[37]　陆晓野. MIL – STD – 1553B 总线容错技术研究.北京:北京控制工程研究所,2000.

[38]　杨孟飞,龚健,文亮,等.基于 SRAM 的 FPGA 容错技术[M].北京:中国宇航出版社,2009.

[39]　龚健,杨孟飞.基于可进化硬件的容错技术及其原理[J].航天控制,2006,24(6):72 – 76.

[40]　龚健.基于在线进化的硬件容错方法研究[D].北京:中国空间技术研究院北京控制工程研究所,2010.

[41]　文亮.星用 SoC 片内容错方法研究[D].北京:北京控制工程研究所,2004.

[42]　王嵘.星载电子系统集成中高速串行总线的应用研究[D].北京:北京控制工程研究所,2005.

[43]　龚健.可进化硬件容错技术研究[D].北京:北京控制工程研究所,2006.

[44]　王青. SOPC 设计验证技术研究和实现[D].北京:北京控制工程研究所,2007.

[45]　肖爱斌.星载计算机拜占庭容错技术研究[D].北京:北京控制工程研究所,2008.

[46]　郝志刚. SRAM 型 FPGA 容错方法研究及实现[D].北京:北京控制工程研究所,2009.

[47]　董晹晹.基于人工免疫系统的 FPGA 容错方法研究[D].北京:北京控制工程研究所,2011.

[48]　文亮,杨孟飞.星用 SoC 片内容错方法研究[J].控制工程,2005,(2):34 – 39.

[49]　赵卫华,杨孟飞,袁艺.时钟同步方法研究综述[J].控制工程,2005,(5):11 – 19.

[50]　Keheng Huang, Yu Hu, Xiaowei Li, et al. Off-path leakage Power Aware Routing for SRAM-based FP-GAs. In Proc of IEEE/ACM Design Automation and Test in Europe Conference (DATE 2012), 87 – 92.

[51]　龚健,杨孟飞.硬件进化系统的容错性研究[J].计算机辅助设计与图形学学报,2011,23(增刊).

[52]　龚健,杨孟飞.一种基于 FPGA 位流回读与重配置的空间硬件容错方法[J].空间控制技术与应用,2012,38(1).

[53]　Jian Gong, Mengfei Yang. Robustness of evolvable hardware in the case of fault and environmental change[C]. 2009 IEEE international conference on robotics and biomimetics(ROBIO 2009),2009.

[54]　龚健,杨孟飞.一种卫星控制计算机智能容错方法[J].空间控制技术与应用,2008,34(6):31 – 35.

[55]　龚健,杨孟飞,文亮.面向进化容错的 FPGA 故障模型研究[J].中国空间科学与技术,2009,29(3):57 – 62.

[56]　袁艺,杨孟飞,赵卫华.时钟初始同步问题的软件方法实现[J].控制工程,2006(1):17 – 24.

[57]　袁艺,赵卫华,杨孟飞.时钟同步的参数关系初探.五院科技委计算机与测控专业组 2006 年学术年会文集[C].2006:97 – 102.

[58]　杨孟飞,孙增坼.应用于实时系统中存储器故障测试的一种新方法.中国空间科学技术,2005,25(6):26 ~ 29.

[59]　杨孟飞,华更新.空间计算机技术的现状和未来发展趋势.中国宇航学会首届学术年会论文集. 2005.

[60] 肖爱斌,杨孟飞,刘波. 星载计算机拜占庭容错设计与验证. 空间控制技术与应用. 2008 34
(4):17~22.

[61] 肖爱斌,杨孟飞,刘波. 一种拜占庭恢复容错计算机方案设计. 五院科技委计算机与测控专业组
2007 年学术年会论文集[C]. 2007.

[62] 肖爱斌,杨孟飞,刘波. 一种适合异构处理器的拜占庭恢复计算机同步方法[C]. 航天科技集团
公司计算机与微电子专业组 2007 年学术交流会,2007.

[63] Zhuo Li,et al. A Circuit Level Fault Model for Resistive Opens and Bridges. Proceedings of 21st VLSI
Test Symposium,2003:379 – 384.

[64] Daniel P Siewiorek,et al. A Case Study of C. mmp,Cm,and C. vmp:Part I-Experiences with Fault Tol-
erance in Multiprocessor Systems [J]. Proceedings of the IEEE,1978,66:1178 – 1199.

[65] Lamport,et al. The Byzantine Generals Problem [J]. ACM Transactions on Programming Languages and
System,1982,4(3):382 – 401.

[66] Lorraine M Fesq,Amy Stephan. Advances in Spacecraft Autonomy Using Artificial Intelligence Tech-
niques [J]. AAS. 89 – 004.

[67] Maffeis S. Piranha:A CORBA Tool for High Availability [J]. IEEE Trans. Comp,1997,30(4):
59 – 66.

[68] Zachriah S T,Chakravarty S. A Comparative Study of Pseudo Stuck-at and Leakage Fault Model[C].
Proceedings of 20th International Conference on VLSI Design,1999:91 – 94.

[69] Abraham J A,et al. A Comprehensive Fault Model for Deep Submicron Digital Circuits[C]. Proceedings of
the First IEEE International Workshop on Electrionic Design,Test and Applications,2002:360 – 364.

[70] Weiner S. A Fault Model and a Test Method for Analog Fuzzy Logic Circuits[C]. Proceedings of Inter-
national Test Conference,1995:282 – 291.

[71] Rebauengo M,et al. A New Functional Fault Model for FPGA Application-oriented Testing[C]. Pro-
ceedings of 17th IEEE International Symposium on Defect and Fault Tolerance in VLSI Systems,2002:
372 – 380.

[72] Marouf M A,Friedman A D. Design of Self-checking Checkers for Berger Codes[C]. Digest Eighth In-
ternational Fault-Tolerant Computing Symposium. IEEE Computer Society,1978:179 – 184.

[73] Avizienis,et al. The STAR(Self-Testing and Repairing) Computer:An Investigation on the Theory and
Practice of Fault-Tolerant Computer Design [J]. IEEE Trans. Comp. C – 20, 1971, (10):
1312 – 1321.

[74] Kaneda S,Fujiwara E. Single Byte Error Correcting—Double Byte Error Detecting Codes for Memory
Systems[C]. FTCS – 10,1980:41 – 46.

[75] Yea-Ling Horng,et al. A realistic Fault Model for Flash Memories[C]. Proceedings of 9th Asian Test
Symposium,2000:274 – 281.

[76] Preparata F P,G Metze,R T Chien. On the connection Assignment Problem of Diagnosable system[C].
IEEE Trans. Elec. Comp. EC – 16,1967,(10):848 – 854.

［77］ Hyde P D, Russell G. A Comparative Study of the Design of Synchronous and Asynchronous Self-chec-king RISC Processors［C］. Proceedings of 10th IEEE International On-line Testing Symposium, 2004: 89 – 94.

［78］ Shin K G, Ramanathan P. Diagnosis of Processors with Byzantine Faults in a Distributed Computing Sys-tem［C］, FTCS – 17, 1987: 55 – 60.

［79］ Simeu E, Abdelhay A. A Robust Fault Detection Scheme for Concurrent Testing of Linear Digital Sys-tems［C］. Proceedings of Seventh International On-line Testing Workshop, 2001: 209 – 214.

［80］ Pomeranz I, Reddy S M. Built-in Test Sequence Generation For Synchronous Sequential Circuits Based on Loading and Expansion of Input Sequences Using Single and Multiple Fault Detecton Times ［J］. IEEE Trans. Comp. 2002, 51(4): 409 – 419.

［81］ Shyue-Kung Lu, et al. Combinational Cirsuit Fault Diagnosis Using Logic Emulatior［C］. Proceedings of the 2003 International Symposium on Cirsuits and Systems, 2003, (5): 549 – 552.

［82］ Fenton W G, et al. Fault Diagnosis of Electronic Systems Using Intellignet Technique: a Review ［J］. IEEE Trans. on System, Man and Cybernetics, Part C: Applications and Reviews, 2001, (8) 269 – 281.

［83］ Sanghun Park, et al. Designing Built-in Self-test Circuits for Embeded Memoies Test［C］. Proceedings of the second IEEE Asia Pacific Conference on ASICs, 2000: 315 – 318.

［84］ Mine H, Hatayama K. Performance Evaluation of a Fault-Tolerant Computing System［C］. FTCS – 9, 1979: 59 – 62.

［85］ Misra K B. An Algorithm for the Reliability Evaluation of Redundant Networks ［J］. IEEE Trans. Relia-bility, 1970, R – 19(4): 146 – 151.

［86］ Ng Y W, Avizienis A. A Unified Reliability Model for Fault-Tolerant Computers ［J］. IEEE Trans. Comp, 1980, C – 29(11): 1002 – 1011.

［87］ Zang X, et al. Dependability Analysis of Distributed Computer System with Imperfect Coverage［C］. FTCS – 29, 1999: 330 – 339.

［88］ Chen L, Avizienis A. N-Version Programming: A Fault-Tolerant Approach to Reliability of Software Op-eration［C］. FTCS – 8, 1978: 3 – 9.

［89］ Avizienis A. The N-version Approach to Fault-Tolerant Software ［J］. IEEE Trans. SE, 1985. 11(12): 1491 – 1501.

［90］ Koopman P, et al. Comparing Operating Systems Using Robustness Benchmarks［C］. Proceedings Symp. On Reliable and Distributed Systems, Durham, NC, 1997.

［91］ Koopman P, DeVale J. Comparing the Robustness of POSIX Operating Systems［C］. FTCS – 29, 1999. 30 – 39.

［92］ Ivan Mura, Andrea Bondavalli. Markov Regenerative Stochastic Petri Nets to Model and Evaluate Phased Mission Systems Dependability ［J］. IEEE Tran. On Computer, 2001, 50(12): 1337 – 1351.

［93］ Caldwell D W, Rennels D A. Minimalist Fault Masking, Detection and Recovery Techniques for Mitiga-ting Single Event Effects in Spaceborne Microcontrollers［C］. UCLA Computer Science Department

Technical Report TR – 98005.

[94]　Smith T Basil. Fault-Tolerant Clocking system[C]. FTCS – 11th,1981.

[95]　Kang G Shin,P Ramanathan. Clock synchronization of Large Multiprocessor System in the Presence of Malicious Faults [J]. IEEE Transactions on Computers,1987,36(1):2 – 12.

[96]　Daniel Davies,John F Wakerly. Synchronization and Matching in Redundant Systems [J]. IEEE Transactions on Computers,1978,27(6):531 – 539.

[97]　Parameswaran Ramanathan,Kang G Shin,Ricky W Butler. Fault-tolerant clock synchronization in Distributed Systems [J]. IEEE,1990:33 – 42.

[98]　Manfred J Pfluegl,Douglas M Blough. A new and Improved Algorithm for Fault-Tolerant Clock Synchronization[C]. Journal of parallel and distributed computing 27,1995:1 – 14.

[99]　Manfed J Pfluegl,Douglas M Blough. Evaluation of a New Algorithm for Fault-Tolerant Clock Synchronization [C]. IEEE Proceedings of Pacific Rim International Symposium on Fault Tolerant Systems,1991:38 –43.

[100]　Alan Olson,Kang G Shin,Bruno J Jambor. Fault-Tolerant Clock Synchronization for Distributed Systems Using Continuous Synchronization Messages[C]. IEEE,1995:154 – 163.

[101]　Flaviu Cristian,Christof Fetzer. Probabilistic Internal Clock Synchronization[C]. IEEE Proceedings of 13th Symposium on Reliable Distributed Systems,1994:22 –31.

[102]　Alan Olson,Kang G Shin. Probabilistic Clock Synchronization in Large Distributed Systems [J]. IEEE Transactions on computers,1994,43(9):1106 – 1112.

[103]　Christof Fetzer,Flaviu Cristian. An Optimal Internal clock Synchronization Algorithm[C]. IEEE Proceedings of the Tenth Annual Conference on Computer Assurance 1995,COMPASS95,Systems Integrity,Software Safety and Process Security,1995:187 – 196.

[104]　Pease M,Shostak R,Lamport L. Reaching Agreemen in the Presence of Faults [J]. Journal of the ACM,1980,27(2):228 –234.

[105]　Meyer J F. Closed-form solutions of performability[C]. Proc. 1981 int. Symp. Fault-Tolerant Computing. Portland:ME,1981:66 – 71.

[106]　Rao T R N,Fujiwara E. Error-Control Coding for Computer Systems [J]. Englewood Cliffs,NJ:Prentice-Hall,1989.

[107]　Lala P K. Fault Tolerant and Fault Testable Hardware Design[C]. Englewood Cliffs,NJ:Prentice-Hall,1985.

[108]　Johnson B W. Design and Analysis of Fault Tolerant Digital systems[C]. Englewood Cliffs,MA:Addison-Wesley,1989.

[109]　Crouzet Y,Landrault C. Design of self-checking MOS-LSI circuits:Application to a four-bit microprocessor [J]. IEEE Trans on Computers,1980,29(6):532 – 537.

[110]　Halbert M P,Bose S M. Design approach for a VLSI self-checking MIL-STD – 1750A microprocessor [C]. FTCS – 14,Kissimmee,Florida,1984.

[111]　Chavade J,Crouzet Y. The P. A. D. :A self-checking LSI circuit for fault-detection in microcomputers

［C］. FTCS – 12,Santa Monica,1982.

［112］ Thompson A. Evolving Fault Tolerant Systems［C］. IEEE First International Conference on Genetic Algorithms in Engineering Systems:Innovations and Applications,1995:524 – 529.

［113］ Thompson A. Evolutionary Techniques for Fault Tolerance［C］. IEEE UKACC International Conference on CONTROL,September. 1996:693 – 698.

［114］ Didier Keymeulen,RicardoSalem Zebulum,Yili Jin,Adrian Stoica. Fault-Tolerant Evolvable Hardware Using Field-Programmable Transistor Arrays［J］. IEEE TRANSACTIONS ON RELIABILITY,2000,49 (3):305 – 316.

［115］ Shanthi A P,Parthasarathi Ranjani. Exploring FPGA Structures for Evolving Fault Tolerant Hardware ［C］. IEEE Proceedings of The 2003 NASA/Dod Conference on Evolvable Hardware,2003:174 – 181.

［116］ Hollingworth Gordon,Smith Steve,Tyrrell Andy. Safe Intrinsic Evolution of Virtex Devices［C］. IEEE Proceedings of The second NASA/Dod workshop on Evolvable Hardware,2000:195 – 202.

［117］ Tyrrell A M,Hollingworth G,Smith S L. Evolutionary Strategies and Intrinsic Fault Tolerance. IEEE Proceedings of The third NASA/Dod workshop on Evolvable Hardware,2001. 98 – 106.

［118］ Canham R O,Tyrrell A M. Evolved Fault Tolerance in Evolvable Hardware. IEEE Proceedings of the 2002 Congress on Evolutionary Computation,2002:1267 – 1271.

［119］ Isamu Kajitani,Tsutomu Hoshino,Masaya Iwata,et al. Variable length chromosome GA for Evolvable Hardware［C］. Proceedings of IEEE International Conference on Evolutionary Computation,1996: 443 – 447.

［120］ Vishal Sahni,V Prem Pyara. An Embryonic Approach to Reliable Digital Instrumentation Based on Evolvable Hardware［C］. IEEE Transactions on Instrumentation and Measurement,2003,52(6): 1696 – 1702.

［121］ Greenwood Garrison W. Intrinsic Evolution of Safe Control Strategies for Autonomous Spacecraft［J］. IEEE Transactions on Aerospace and Electronic Systems,2004,40(1):236 – 240.

［122］ Tan K C,Chew C M,Tan K K,et al. Autonomous Robot Navigation via Intrinsic Evolution. IEEE Proceedings of the 2002 Congress on Evolutionary Computation,2002:1272 – 1277.

［123］ Adrian Stoica. Evolvable Hardware:From On-Chip Circuit Synthesis to Evolvable Space Systems［C］. Proceedings of 30th IEEE International Symposium on Multiple-Valued Logic,2000.

［124］ 赵曙光,杨万海,刘贵喜. 基于进化的电路自动设计方法［J］. 电路与系统学报,2002,7(1): 72 – 78.

［125］ Keheng Huang, Yu Hu, Xiaowei Li. Reliability-Oriented Placement and Routing Algorithm for SRAM-based FPGAs. IEEE Trans. On Very Large Scale Integration (VLSI) Systems, 2013. 22(2): 256 – 269.

［126］ 黄柯衡, 胡瑜,李晓维, 等. 基于功能等价类的 FPGA 细粒度可靠性设计方法研究. 第十四届全国容错计算学术会议(CFTC 2011), 北京:2011.

［127］ 莫宏伟, 左兴权. 人工免疫系统. 北京:科学出版社, 2009.

[128]　祝颂和,陆诗娣,陈建明,等.离散数学[M].西安:西安交通大学出版社,1991.

[129]　D Bradley, C O Sanchez, A Tyrrell. Embryonics + immunotronics: a bio – inspired approach to fault tolerance. Proceedings of The Second NASA/DoD Workshop on Evolvable Hardware, 2000.

[130]　Time-Triggered Protocol TTP/C High-Level Specification Document Protocol Version1. 1. 4 [S]. TTTech Corp. ,2003. [OL:www. tttech. com].

[131]　王新梅,肖国镇.纠错码——原理与方法[M].西安:西安电子科技大学出版社,1991.

[132]　D W Bradley, A M Tyrrell. Immunotronics: Novel finite state machine architectures with built in self test using self – nonself differentiation. IEEE Transactions on Evolutionary Computation, 2002. 6(3): 227 – 238.

[133]　康锐,石荣德.FMECA 技术及其应用[M],北京:国防工业出版社,2006.

[134]　Stamatis D H.故障模式影响分析 FMEA——从理论到实践(第二版)[M].北京:国防工业出版社,2005.

[135]　李海泉,李刚.系统可靠性分析与设计[M].北京:科学出版社,2003.

[136]　徐福祥,林华宝,侯深渊,等.卫星工程概论(上)[M].北京:宇航出版社,2003.

[137]　刘宏泰.基于软件实现的故障注入系统设计与仿真[D].哈尔滨:哈尔滨工业大学,2003,7.

[138]　Arlat J, Fault injection and dependability evaluation of fault-tolerant systems [J]. IEEE trans. on computers,1993,42(8):913 – 923.

[139]　Barton J H. Fault injection experiments using FIAT [J]. IEEE trans. On computers,1990,39(4), 575 – 582.

[140]　Kao W L, Kyer R K. study of fault propagation using fault injection in the UNIX system[C]. Proc. IEEE second asian symp. On test,Beijing,1993:38 – 43.

[141]　Han S. Experiment evaluation of failure-detection schemes in real-time communication networks[C]. Proc. 27t′IEEE int. symp. On fault tolerant computing. WA. seattle,1997:122 – 130.

[142]　Carreira J, silva J G. Xception:A technique for the experimental evaluation of dependability in Modern computers [J]. IEEE trans. Or software engineering,1998,24(2):125 – 136.

[143]　Hsueh M C,Tsai T K,Iyer R K. Fault Injection Techniques and Tools [J]. IEEE Computer,1997,30 (4):75 – 82.

[144]　Jens Guthoff, Volkmar Sieh. Combining Software-Implemented and Simulation-Based Fault Injection into a Single Fault Injection Method ゛[C]. IEEE,1995:196 – 206.

[145]　Alireza Ejlali,Seyed Ghassem Miremadi,Hamidreza Zarandi,et la. A Hybrid Fault Injection Approach Based on Simulation and Emulation Co-operation[C]. IEEE Proceedings of the 2003 International Conference on Dependable Systems and Networks,2003.

[146]　Jean Arlat,Martine Aguera,Louis Amat,et al. Fault Injection for Dependability Validation:A Methodology and Some Applications [J]. IEEE Transactions on Software Engineering, 1990, 16 (2): 166 – 182.

[147]　Leveugle R, Ammari A. Early SEU Fault Injection in Digital, Analog and Mixed Signal Circuits: a

Global Flow [J]. Design,Automation and Test in Europe Conference and Exhibition(DATE),2004.

[148] 华更新,王远禧,等.80C86 系统总线级故障注入设备研制报告[R].1996.

[149] Hua Gengxin, Gong Jinggang. The Application of Fault Injection Technology in On-Board Computer Testing[C]. The 6th International Symposium on Test and Measurement,June1 – 4 2005;9131 – 9134.

[150] 华更新等.386EX 芯片总剂量效应实验[C].第四届卫星抗辐射加固技术学术交流文集,1999.

[151] 孙峻朝,王建莹,杨孝宗.故障注入方法与工具的研究现状[J].宇航学报,2001,22(1).

[152] 付力.实时嵌入式软件测试设备的研究与设计[D].北京:北京航空航天大学,2001.

[153] 熊振云.独立式故障注入器的研究与实现[D].北京:北京航空航天大学,2004.

[154] 董剑.嵌入式故障注入器 HFI – 4 的研究与实现[D].哈尔滨:哈尔滨工业大学,2002.

[155] Gwan S. Choi,Ravishankar K Iyer, Victor A Carreno. Simulated Fault Injection:A Methodology to E-valuate Fault Tolerant Microprocessor Architectures [J]. IEEE Transactions On Reliabilty, 1990, 39 (4):486 – 491.

[156] Gunnetlo O, Karlsson J, Tonn J. Evaluation of Error. Detection Schemes Using Fault Injection by Heavy-ion Radiation[C]. Proc. 19th Ann. Int´1 Symp. Fault-Tolerant Computing, IEEE CS Press, Los Alamitos, Calif. ,1989;340 – 347.

[157] Vargas F,Cavalcante D L,Gatti E,et al. On the Proposition of an EMI-Based Fault Injection Approach [C]. Proceedings of the 11th IEEE International On-Line Testing Symposium (IOLTS'2005).

[158] Karlsson J,Arlat J. Application of three physical fault injection techniques to the experimental assess-ment of the MARS architecture[C]. Pro. Fifth Ann. IEEE int. working conf. dependable computing for critical applications,IEEE CS press,1995,150 – 160.

[159] 傅力.总线上的实时非干预可再现故障注入模式[J].计算机工程与设计,2004.

[160] Madeira H,Rela M,Moreira F,et al. A General Purpose Pin-level Fault Injector[C]. in Proc. 1st Eu-ropean Dependable Computing Conf. (EDCC – 1), (Berlin, Germany), Springer-Verlag, 1994: 199 – 216.

[161] Seward S R,Lala P K. Fault Injection for Verifying Testability at the VHDL Level[C]. ITC INTER-NATIONAL TEST CONFERENCE. 2003;131 – 137.

[162] Baraza J B,Gracia J,Gil D,et al. A Prototype of a VHDL-Based Fault Injection Tool[C]. IEEE 2000: 396 – 404.

[163] Parrotta B,Rebaudengo M,SonzaReorda M,et al. New Techniques for Accelerating Fault Injection in VHDL descriptions[EB/OL]. http://www. cad. polito. it.

[164] Choi G S,Iyer R K,Carreno V A. Simulated Fault Injection:A Methodology to Evaluate Fault Tolerant Microprocessor Architectures [J]. IEEE Trans. on Reliability,1990,39(4):486 – 491.

[165] Choi G S,Iyer R K. FOCUS:An Experimental Environment for Fault.

[166] Sensitivity Analysis [J]. IEEE Trans. on Computers. 1992,41(12):1515 – 1526.

[167] Ries G L, Choi G S, Iyer R K. Device-Level Transient Fault Modeling[C]. Proc. 24th IEEE Int. Symp. on Fault Tolerant Computing(FTCS – 24), Austin,Texas,1994;86 – 94.

［168］ Choi G S,Iyer R K,Saab D G. Fault Behavior Dictionary for Simulation of Device-Level Transients
       ［C］. Proc. IEEE Int. Conf. on Computer－Aided Design,Sanata Clara,CA. 1993:6－9.

［169］ Ohlssan J,Rimen M,Gunneflo U. A Study of the Effects of Transient Fault Injection into a 32－bit
       RISC with Built-in Watchdog［C］. Proc. 22nd IEEE Int. Symp. on Fault Tolerant Computing（FTCS－
       22）,Boston,MA,1992:315－325.

［170］ Kalbarczyk Z,Ries G,Lee M S,et al. Hierarchical Approach to Accurate Fault Modeling for System E-
       valuation［C］. Proc. 3rd IEEE Int. Symp. on Computer Performance & Dependability（IPDS－98）,
       Durham,North Carolina,1998:249－258.

［171］ Cha H,Rudnick E M,Choi G S,et al. A Fast and Accurate Gate-Level Transient Fault Simulation En-
       vironment. Proc. 23rd IEEE Int. Symp. on Fault Tolerant Computing（FTCS－23）,Toulouse,France,
       1993:310－319.

［172］ Sieh V,Tschache O,Balbach F. VERIFY:Evaluation of Reliability Using VHDL-Models with Embed-
       ded Fault Descriptions. Proc. 27th IEEE Int. Symp. on Fault Tolerant Computing（FTCS－27）,WA,
       Seattle,1997:32－36.

［173］ Dahigren P,Liden P. A Switch-Level Algorithm for Simulation of Transients in Combinational Logic
       ［C］. Proc. 25th IEEE Int. Symp. on Fault Tolerant Computing（FTCS－25）,Pasadena,California,
       1995:207－216.

［174］ Cha H,Rudnick E M,Patel J H,et al. A Gate-Level Simulation Environment for Alpha- Particle- In-
       duced Transient Faults. IEEE Trans. On Computers,1996,45(11):1248－1256.

［175］ Clark J A,Pradhan D K. Reliability Analysis of Unidirectional Voting TMR Systems through Simulated
       Fault-Injection［C］. Proc. 22nd IEEE Int. Symp. On Fault Tolerant Computing（FTCS－22）,Boston,
       MA,1992:72－81.

［176］ Goswami K K,Iyer R K,Young L. DEPEND:A Simulation-Based Environment for System Level De-
       pendability Analysis［J］. IEEE Trans. on Computers. 1997,46(1):60－74.

［177］ Boue J,Petillon P,Crouzet Y. MEFISTO－L:A VHDL－Based Fault Injection Tool for the Experimen-
       tal Assessment of Fault Tolerance［C］. Proc. 28th IEEE Int. Symp. on Fault Tolerant Computing
       （FTCS－28）,1998:168－173.

［178］ Clark J A,Pradhan D K. REACT:A Synthesis and Evaluation Tool for Fault Tolerant Multiprocessor
       Architectures［C］. Proc. IEEE Int. Symp. on Reliability &Maintainability,Piscataway,NJ,1993:
       428 －435.

［179］ Ramamurthy B,Upadhyaya S J,Iyer R K. An Object-Oriented Testbed for the Evaluation of Check-
       pointing and Recovery Systems［C］. Proc. 27th IEEE Int. Symp. on Fault Tolerant Computing
       （FTCS－27）,WA,Seattle,1997:194－203.

［180］ Kaaniche M,Romano L,Kalbarczylc Z,et la. A Hierarchical Approach for Dependability Analysis of a
       Conunercial Cache-Based RAID Storage Achitecture［C］. Proc. 28th IEEE Int. Syrup. on Fault Tolerant
       Computing（FTCS－28）,Los Alamitos,CA（USA）,1998:6－15.

[181] Romano L, Capuozzo G, Mazzeo A, et al. A Simulated Fault Injection Tool for Dependable VoD Application Design [C]. Proc. Pacific Rim International Symp. on Dependability Computing, 1999: 170 – 177.

[182] Wang J Y, Sun J Z, LI Y C, et al. FTT – 1: A Hardware-Based Fault Injector. IEEE Int. Workshop on Computer-Aided Design, Test, and Evaluation for Dependability[C]. International Academic Publishers: 1996: 170 – 174.

[183] 贺朝会. 空间轨道单粒子翻转率预估方法研究[J]. 空间科学学报, 2001, 21(3).

[184] 李冬梅, 王志华, 高文焕, 等. FPGA 中的空间辐射效应及加固技术[J]. 电子技术应用, 2000, (8).

[185] 王长龙, 沈石芩, 张传军. 星载设备抗单粒子效应的设计技术初探[J]. 航天控制. 1995, (3).

[186] Velazco R, Ecoffet R, Faure F. How to Characterize the Problem of SEU in processors & Representative Errors Observed on Flight[C]. Proceedings of the 11th IEEE International On-Line Testing Symposium (IOLTS'05), 2005.

[187] Madeira H, Rela M, Moreira F, et al. Rifle: a general purpose pin-level fault injector [C]. Proc. EDCC – 1, Berlin. 1994, 199 – 216.

[188] Jenn E, Arlat J, Rimen M, et al. Fault injection into VHDL models: the MEFISTO tool[C]. Twenty-Fourth International Symposium on Fault-Tolerant Computing. Austin, Texas, France, 1994: 66 – 75.

[189] Gunnetlo O, Karlsson J, and Tonn J. Evaluation of Error Detection Schemes Using Fault Injection by Heavy—ion Radiation. IEEE Transactions on Fault—Tolerant Computing, 1 989, 34(9): 340 – 347.

[190] Carreira J, Madeira H, Silva J G. Xception: software fault injection and monitoring in processor functional units [J]. IEEE Trans on Software Engineering, 1998, 24(2): 1 – 25.

[191] Han S, Shin K, Rosenberg H. DOCTOR: An Integrated Software Fault Injection Environment for Distributed Real-Time Systems[C]. In Int. Computer Performance and Dependability Symp. (IPDS'95), Erlangen, Germany, 1995, 204 – 213.

[192] Stott D T, Floering B, Burke D, et al. Nftape: a framework for assessing dependability in distributed systems with lightweight fault injectors[C]. Int. Computer Performance and Dependability Symp. Chicago IL. 2000, 91 – 100.

[193] Benso A, Prinetto P, Rebaudengo M. et al. Exfi: a low-cost fault injection system for embedded microprocessor-based boards [J]. ACM Trans. On Design automation of electronic systems, 1998, 3 (4): 626 – 634.

[194] Aidemark J, Vinter J, Folkesson P, et al. Goofi: Generic, object-oriented fault injection tool[C]. DSN 2001. Gothenburg, Sweden. 2001, 1 – 6.

[195] Kanawati G A, Kanawati N A, Abraham J A. Ferrari: a tool for the validation of system dependability properties[C]. FTCS – 22. Boston. 1992: 336 – 344.

[196] 朱鹏, 张平. 基于单片机的故障注入系统[J]. 计算机测量与控制, 2004, 12(10): 996 – 998.

[197] 王建莹, 孙峻朝, 杨孝宗. 容错计算机系统可靠性评估工具: HFI – 2 故障注入器[J]. 电子学报, 1999, 27(11): 24 – 26.

内 容 简 介

本书系统介绍了航天器控制计算机所涉及的多种容错技术,内容主要包括:航天器控制计算机所面临的空间环境及其故障模型;容错系统结构和时钟同步技术;故障检测技术;多种空间总线容错技术;单版本和多版本等软件容错技术;基于冗余设计和重构的 SRAM 型 FPGA 容错技术;多种故障注入技术;以可进化硬件容错和人工免疫硬件容错为代表的智能容错技术。本书可作为各种高可靠计算机,特别是航天器计算机和电子系统研究和设计人员的参考用书,也可作为从事该方向研究的研究生教材。

In this book, fault tolerance techniques are systematically presented for space-craft control computer. The contents of this book are as follows: space environment where spacecraft control computers operate and fault models of control computers, fault tolerance architecture and clock synchronization techniques, fault detection techniques, space bus fault tolerance techniques, software fault tolerance techniques including single version and N-version, SRAM-based FPGA fault tolerance techniques with redundancy and reconfiguration, fault injection techniques, intelligence fault tolerance techniques such as evolvable hardware fault tolerance and artificial immune hardware fault tolerance. This book can be consulted by ones whose research fields are relative to high reliability computer, especially the spacecraft computer and electronics system. This book is also suitable for the graduates whose research fields are as above.